江苏省"十四五"职业教育规划教材

食品添加剂应用技术

第三版

吴君艳　李琴　主编
贾韶千　主审

SHIPIN TIANJIAJI
YINGYONG JISHU

化学工业出版社
·北京·

内容简介

《食品添加剂应用技术》（第三版）是在"十二五"职业教育国家规划教材的基础上修订的，入选江苏省"十四五"职业教育规划教材，江苏省高等学校重点教材建设立项项目。

本书将党的二十大精神融入教材中，推进文化自信自强，培养食品从业人员"民以食为天，食以安为先"的职业素养和守法意识，提升食品添加剂安全应用的能力和食品安全意识。

全书按照食品添加剂的分类，根据企业岗位需求，将相关知识分解到具体的项目及任务中，内容包括《食品安全国家标准 食品添加剂使用标准》（GB 2760—2024）中常用的食品添加剂的作用机理、结构、理化性质、毒性、使用范围和用量用法等，内容突出岗位技能培养。全书由 4 个模块、11 个项目、23 个任务构成，主要包括食品添加剂基础知识、保质作用类食品添加剂（防腐剂、抗氧化剂）、色香味形作用类食品添加剂（着色剂、护色剂、漂白剂、香精和香料、呈味剂、乳化剂和增稠剂等）、功能性食品添加剂（酶制剂、食品营养强化剂、食品加工助剂）等。

本书编写依据最新国家标准、法规，吸纳企业新技术，内容新颖，各任务可供读者灵活调整，以保证内容有用、够用、能用，教材配有数字化教学资源，可扫描二维码学习观看，电子课件可从 www.cipedu.com.cn 下载参考。

本书适合作为职业教育食品类专业师生的教材，也可供食品生产企业、食品添加剂生产企业的技术员阅读参考。

图书在版编目（CIP）数据

食品添加剂应用技术 / 吴君艳，李琴主编 . — 3 版 . —
北京：化学工业出版社，2025. 4. —（江苏省"十四五"
职业教育规划教材）. — ISBN 978-7-122-47307-3

Ⅰ. TS202.3

中国国家版本馆 CIP 数据核字第 2025F9X674 号

责任编辑：迟 蕾 李植峰 王嘉一 装帧设计：王晓宇
责任校对：王鹏飞

出版发行：化学工业出版社
　　　　　（北京市东城区青年湖南街 13 号 邮政编码 100011）
印　装：河北延风印务有限公司
787mm×1092mm 1/16 印张 15¼ 字数 349 千字
2025 年 1 月北京第 3 版第 1 次印刷

购书咨询：010-64518888 售后服务：010-64518899
网　址：http://www.cip.com.cn
凡购买本书，如有缺损质量问题，本社销售中心负责调换。

定　价：48.00 元 版权所有 违者必究

《食品添加剂应用技术》（第三版）
编审人员

主　编　吴君艳　　李　琴

副主编　许旖旎　　吴存兵　　李　隽　　薛　雯

　　　　高　鲲　　张怀辉

编　者　（按照姓名汉语拼音排列）

　　　　丁　琳　　（河南轻工职业学院）

　　　　高　鲲　　（辽宁农业职业技术学院）

　　　　李　峰　　（抚顺职业技术学院）

　　　　李　隽　　（江苏食品药品职业技术学院）

　　　　李　琴　　（江苏食品药品职业技术学院）

　　　　刘娜丽　　（山西药科职业学院）

　　　　鲁慧芳　　（河南农业职业学院）

　　　　王朝臣　　（天津渤海职业技术学院）

　　　　王金玲　　（黑龙江职业学院）

　　　　吴存兵　　（江苏财经职业技术学院）

　　　　吴君艳　　（江苏食品药品职业技术学院）

　　　　许旖旎　　（江苏食品药品职业技术学院）

　　　　薛　雯　　（杨凌职业技术学院）

　　　　张怀辉　　（云南农业职业技术学院）

主　审　贾韶千　　（江苏食品药品职业技术学院）

前 言

《食品添加剂应用技术》（第三版）是"十二五"职业教育国家规划教材，江苏省"十四五"职业教育规划教材，江苏省高等学校重点教材建设立项项目。《食品添加剂应用技术》教材自2016年第一次出版以来，已多次重印，深受广大读者欢迎，至2024年已更新至第三版。本次修订以习近平新时代中国特色社会主义思想为引导，深入贯彻落实党的二十大精神，依据最新的《食品安全国家标准 食品添加剂使用标准》（GB 2760—2024）等一系列标准、规定以及近年来食品添加剂最新的研究进展，有效融入教材。

本次修订，在第二版体系结构的基础上，增加了课程思政，教学视频，食品安全国家标准的更新，重点进行部分内容和数字资源更新，具体修订内容及特色如下：

1. 将党的二十大精神有机融入教材，落实立德树人的根本任务。

根据课程特点，深入挖掘思政元素，围绕职业素养、守法意识，工匠精神等融入教学内容，教材强调思政教育与专业课程学习的有机融合，有效发挥教材育人功能。

2. 岗课赛证融通，突显职业教育特色。

将食品生产岗位技能要求，全国职业院校技能大赛食品安全与质量检测赛项标准，粮农食品安全评价，食品合规管理"1＋X"职业技能等级考核标准有关内容有机融入教材，增强教材适用性、科学性、先进性，落实立德树人的根本任务，发挥综合育人功能。

3. 校企"双元"合作团队，深化工学结合，产教融合。

参编教师包括江苏食品药品职业技术学院、江苏财经职业技术学院、天津渤海职业技术学院、杨凌职业技术学院、辽宁农业职业技术学院等中国特色高水平院校、国家级骨干高职院校的教师，具有多年的教学和企业实践经验；同时对食品和食品添加剂生产企业进行广泛调研，邀请企业技术专家指导工作，结合企业岗位对人才素质和能力的要求定位教材重点、难点内容。在此向桓德选（苏州天康生物科技）、刘燕（颖乐福食品添加剂制造公司）表示感谢。

4. "互联网＋"立体化教学资源配套，打造全方位学习辅助平台。

在全新构建纸质教材的同时，适应"互联网＋课程"的广泛学习的新需求，本课程已在国家级资源库食品智能加工技术资源库、智慧职教云平台等建设了丰富的立体课程资源，已实现基于"互联网＋课程"线上线下混合教学，坚持课程内容实时更新，教与学的即时互动。课程资源平台，涵盖课程标准、教案、多媒体课件、教学视频、微课、动画、案例库、试题库、拓展资源库、论坛、相关网络链接、参考资料目录等全方位立体教学资源。本教材配备有丰富的数字化教学资源，可通过扫描二维码学习观看；电子课件可登录www.cipedu.com.cn下载参考。

5. 再版修订体现教材的实时性。

再版修订过程中，及时更新食品安全国家标准、《中华人民共和国食品安全法》等相关的标准及法律法规文件，更新旧的知识点、技术、方法等，以达到教材的与时俱进。

由于编者水平、经验所限，尽管多次校对，书中难免存在缺点和疏漏之处，敬请广大读者批评指正，以便进一步修改、完善和提高。

编　者
2024 年 12 月

目录

模块三　色香味形作用类食品添加剂 /079

模块四　功能性食品添加剂 /201

模块一
食品添加剂基础知识

📇 知识目标

1. 了解食品添加剂的定义、分类、作用和一般要求。
2. 了解我国食品添加剂的法律、法规及使用标准。
3. 了解世界各国对食品添加剂的管理。
4. 掌握我国食品添加剂使用标准 GB 2760—2024 的查询方法。
5. 了解我国食品添加剂发展的现状和趋势。

认识食品添加剂

📇 职业素养目标

1. 由三大食品安全事件（"瘦肉精"、苏丹红、三聚氰胺），正确认识食品添加剂，培养食品安全意识、良好的职业道德和透过现象看本质分析问题的哲学思维。

2. 介绍食品添加剂在中国的应用历史，增强文化自信和民族自豪感。

3. 由食品添加剂的毒性，讨论食品添加剂与食品安全的关系，深度剖析违反使用原则和使用规定的案例，培养理性思维、辩证思维、诚信意识和法治观念、社会责任感和职业操守。

食品添加剂的使用、发展历史悠久，是一个古老而永恒的常青产业。早在古代的《食经》和《齐民要术》等书中就对食品加工有了记载。如用盐使食品防腐，在磨好的豆浆煮开后添加卤水［氯化镁（$MgCl_2$）］可做成豆腐等。魏晋时期，人们把发酵技术首次运用到馒头蒸制之中，为了解决面酸问题，采用了碱面，从南宋始，用"一矾二碱三盐"作为添加剂制作油条的方法，一直沿用至今。生活水平的提高使人们对食品的要求不再仅限于数量、价格和口感，而对卫生和安全性的要求越来越高。

食品在人类生存与发展中发挥着不可替代的重要作用，是维持人类正常生活作息的不可缺少的物质。食品添加剂是食品生产中最活跃、最有创造力的一个领域，对食品工业的发展起着举足轻重的作用。食品添加剂在食品成分中仅占 0.01%～0.1%，但对食品的品质、营养结构、加工条件、保质期等都能产生极大的影响。科学合理地使用食品添加剂，可以成为推动食品工业快速发展的动力。

在近年来的社会发展中，走进超市和市场，就会发现琳琅满目、档次不同的各种食品和加工食品。这些食品在生产和加工的过程中离不开食品添加剂的配合与参与。食品添加剂在食品的保鲜、调味等方面发挥着无可替代的作用。因此，没有食品添加剂，就没有现代食品工业。

随着全球工业食品总量的快速增加和化学合成技术的进步，食品添加剂品种不断增加，产量持续上升。据资料报道，目前，全世界应用的食品添加剂品种已多达 25000 余种（其中 80％为香料），直接使用的有 3000～4000 种，其中常用的有 600～1000 种。由于各国对食品安全控制的要求和技术上存在着一定的差异，所以允许使用的食品添加剂品种和范围也有所不同。随着食品工业的发展和人类对物质要求的提高，食品添加剂发展仍然具有巨大的空间，预计今后若干年内国际食品添加剂销售额的年总增长率约保持在 2.5％～4％，其中增稠剂、防腐剂、甜味剂、酸味剂、着色剂、营养强化剂（维生素、氨基酸）等种类仍将保持稳定增长。事实上，食品添加剂的发展水平是一个国家发展水平的重要标志之一。越是发达国家，食品添加剂品种越多，人均使用量越大，比如美国就是世界上食品添加剂人均消费量最大的国家。

知识一　食品添加剂的定义、分类和作用

一、食品添加剂的概念

1. 中国

按照《食品安全国家标准 食品添加剂使用标准》（GB 2760—2024）规定：食品添加剂是为改善食品品质和色、香、味，以及为防腐、保鲜和加工工艺的需要而加入食品中的人工合成或天然物质。食品用香料、胶基糖果中基础剂物质、食品工业用加工助剂、营养强化剂也包括在内。

食品添加剂
的定义

2. 日本

食品添加剂是指在食品制造过程中，即食品加工中，为了保存的目的而加入食品中，使之混合、浸润及为其他目的所使用的物质。

3. 美国

食品添加剂是由于生产、加工、贮存或包装而存在于食品中的物质或物质的混合物，而不是基本的食品成分。

4. 世界组织

CAC（Codex Alimentarius Commission，食品法典委员会）规定："食品添加剂是指本身不作为食品消费，也不是食品特有成分的任何物质，而不管其有无营养价值。它们在食品生产、加工、调制、处理、充填、包装、运输、贮存等过程中，由于技术（包括感官）的目的，有意加入食品中或者预期这些物质或其副产物会成为（直接或间接）食品的一部分，或者改善食品的性质。它不包括污染物或为保持、提高食品营养价值而加入食品中的物质。"此定义不包括污染物，不包括食品营养强化剂。

二、食品添加剂在食品加工中的意义与作用

对于现代化食品加工业而言，食品添加剂是其不可或缺的一部分。食品添加剂行业的健康、快速发展，是推动食品工业技术创新和发展的重要力量。食品添加剂的消费水平与食品加工业和生活水平紧密相关。食品添加剂常用品种有 3000～4000 种，如防腐剂、凝固剂、甜味剂、抗结剂、膨松剂、保湿剂、增香剂、酶制剂、乳化剂等。

1. 食品添加剂的合理使用

（1）有利于提高食品的质量

① 提高食品的贮藏性，防止食品腐败变质　除少数物品如食盐外，食品几乎全都来自动植物。各种生鲜食品，在植物采收或动物屠宰后，若不及时加工或有效保存，往往会腐败变质。防腐剂可防止微生物引起的食品变质，延长食品保存期；抗氧化剂可阻止或推迟食品氧化变质，提高其稳定性和耐藏性。

② 改善食品的感官性状　食品的色、香、味、形态和质地等是衡量食品感官质量的重要指标。食品加工后会出现褪色、变色、风味和质地的改变。适当使用着色剂、护色剂、漂白剂、香料、乳化剂和增稠剂，可明显提高食品的感官质量，满足消费者的不同需要。

③ 保持或提高食品的营养价值　食品质量的高低与其营养价值密切相关，食品应富有营养，但食品加工不可避免地造成一定的营养素损失。食品加工时适当地添加某些属于天然营养素范围的食品营养强化剂，可大大提高食品的营养价值，这对于防止营养不良和营养缺乏、促进营养平衡、提高人们健康水平具有重要意义。

（2）增加食品的品种和方便性　食品添加剂可大大促进食品品种的开发和方便食品的发展，今天已有多达 2 万种以上的食品，大多是具有防腐、抗氧、乳化、增稠、着色、增香、调味等不同功能食品添加剂配合使用的结果。

（3）有利于食品的加工操作，适应生产的机械化和自动化　如在面包的加工中膨松剂是必不可少的基料。在制糖工业中添加乳化剂，可缩短糖膏煮炼时间，消除泡沫，提高过饱和溶液的稳定性，使晶粒分散、均匀，降低糖膏黏度，提高热交换系数，稳定糖膏，进而提高糖果的产量与质量。在食品加工中使用消泡剂、助滤剂、稳定和凝固剂等，有利于食品的加工操作。例如，当使用葡萄糖酸-δ-内酯作为豆腐凝固剂时，可实现豆腐生产的机械化和自动化。

（4）有利于满足不同人群的特殊营养需要　研究开发食品必须考虑如何满足不同人群的需要，这就要借助于各种食品添加剂。食品应满足人们的不同需求；如糖尿病人不能吃糖，则可用无营养甜味剂或低热能甜味剂（木糖醇或天门冬酰苯丙氨酸甲酯）；碘强化食盐，可预防缺碘性甲状腺肿。

（5）有利于开发新的食品资源　许多天然植物都已被重新评价，丰富的野生植物资源亟待开发利用。

（6）有利于原料的综合利用　各类食品添加剂可使原来被认为只能丢弃的东西重新得到利用并开发出物美价廉的新型食品。

（7）提高经济效益和社会效益　食品添加剂的使用不仅增加食品的花色品种并提高品质，丰富了老百姓的物质生活，而且在生产过程中使用稳定剂、凝固剂等各种食品添加剂能

降低原材料的消耗、提高产品产量、降低成本，产生明显的经济效益。

2. 食品添加剂的不合理使用引发的食品不安全问题

（1）违规使用食品添加剂　什么物质可以作食品添加剂，以及食品添加剂的使用量，卫生部门都已经给予了严格的规定。虽然在规定范围内使用食品添加剂一般对人体无害，但如果违反规定，将违禁物质当做食品添加剂，或者超量使用食品添加剂，均会损害人体健康。

食品添加剂与
非法添加物

（2）超量使用食品添加剂　目前，违规使用食品添加剂的情况主要表现为超量使用。例如，人工合成色素大多以煤焦油为原料制成，其化学结构属偶氮类化合物，可在体内代谢生成 β-萘胺和 α-氨基-1-萘酚，这两种物质具有潜在的致癌性，因此，人工合成色素的用量须严格控制。又如，着色剂硝酸钠和亚硝酸钠，不仅对肉类食品有着优良的着色作用，还具有增强肉制品风味和抑菌的作用，特别是对肉毒梭菌抑菌效果更好，但两种盐均有毒，超量使用时副作用相当明显。

（3）违禁使用食品添加剂　凡将不能作为食品添加剂的物质添加到食品中，或对允许使用的食品添加剂超范围使用，均属于违禁使用食品添加剂。常见的违禁使用食品添加剂的情况如下。①亚硝酸钠用于加工熟食肉制品：硝酸盐与亚硝酸盐主要用于腌制或熏制肉类食品，但不能用于加工熟食肉制品，更不能直接用于肉制品的烧制；②吊白块用于加工熏制面粉或其他食品：吊白块主要应用于印染工业作拔染剂、拔色剂、还原剂及用作丁苯橡胶和合成树脂活化剂，但绝不允许用于食品的熏蒸或直接添加于食品中；③甲醛用于加工和保存水发制品：甲醛虽然可使海产品、水发制品色泽鲜艳，但它是国家明文规定的禁止在食品中使用的添加剂；④用罂粟壳作卤料及火锅配料等：罂粟壳由于能改善口感，使食用者成瘾，常被用作卤料或火锅配料，这也是不被允许的违法行为。

三、食品添加剂的分类

食品添加剂有多种分类方法，可按其来源、功能、安全性评价及行业管理的不同等来分类。

食品添加剂
的种类

1. 按来源分类

食品添加剂可分为天然食品添加剂和化学合成食品添加剂两类。

天然食品添加剂，指利用动植物或微生物的代谢产物等为原料，经提取所获得的天然物质；化学合成食品添加剂，利用各种化学反应如氧化、还原、缩合、聚合、成盐等得到的物质，其中又可分为一般化学合成品与人工合成天然等同物。

2. 按功能分类

我国在《食品安全国家标准 食品添加剂使用标准》(GB 2760—2024) 中，将食品添加剂分为 23 类，分别为：①酸度调节剂；②抗结剂；③消泡剂；④抗氧化剂；⑤漂白剂；⑥膨松剂；⑦胶基糖果中基础剂物质；⑧着色剂；⑨护色剂；⑩乳化剂；⑪酶制剂；⑫增味剂；⑬面粉处理剂；⑭被膜剂；⑮水分保持剂；⑯营养强化剂；⑰防腐剂；⑱稳定剂和凝固剂；⑲甜味剂；⑳增稠剂；㉑食品用香料；㉒食品工业用加工助剂；㉓其他（上述功能类别中不能涵盖的其他功能）。

3. 按安全性评价分类

按安全性评价分 A、B、C 三类，每类再细分为两类。

A 类——JECFA（食品添加剂联合专家委员会）已制定人体每日允许摄入量（ADI）和暂定 ADI 者。

A1 类：经 JECFA 评价认为毒理学资料清楚，已制定出 ADI 值或者认为毒性有限无需规定 ADI 值者。

A2 类：JECFA 已制定暂定值，但毒理学资料不够完善，暂时许可用于食品者。

B 类——JECFA 曾进行过安全性评价，但未建立 ADI 值，或者未进行过安全性评价者。

B1 类：JECFA 曾进行过评价，因毒理学资料不足未制定 ADI 者。

B2 类：JECFA 未进行过评价者。

C 类——JECFA 认为在食品中使用不安全或应该严格限制作为某些食品的特殊用途者。

C1 类：JECFA 根据毒理学资料认为在食品中使用不安全者。

C2 类：JECFA 认为应严格限制在某些食品中作特殊应用者。

4. 按行业管理分类

在生产中，作为行业管理，还要考虑其规模和批量，有一定产量，并在食品行业中有一定地位的食品添加剂才会列入管理的日程。从这个角度考虑，我国食品添加剂又分为七大类，即食用色素、食用香精、甜味剂、营养强化剂、防腐-抗氧-保鲜剂、增稠-乳化-品质改良剂、发酵制品（包括味精、柠檬酸、酶制剂、酵母、淀粉糖等几大类）。

四、食品添加剂的应用原则

① 不应对人体产生任何健康危害。

② 不应掩盖食品腐败变质。

③ 不应掩盖食品本身或加工过程中的质量缺陷或以掺杂、掺假、伪造为目的而使用。

④ 不应降低食品本身的营养价值。

⑤ 在达到预期目的的前提下尽可能降低在食品中的使用量。

⑥ 选用的食品添加剂应符合相应的质量标准和使用标准。

⑦ 食品工业中用的加工助剂一般应在制成最后成品之前除去，有规定食品中残留量的除外。

⑧ 价格低廉、来源充足，使用方便、安全，易于贮运和处理。

现代食品工业的发展已离不开食品添加剂，当前食品添加剂已经进入到粮油、肉禽、果蔬加工等各个领域，也是烹饪行业必备的配料，并已进入了家庭的一日三餐。例如，方便面中含有丁基羟基茴香醚（BHA）、二丁基羟基甲苯（BHT）等抗氧化剂，海藻酸钠等增稠剂，味精、肌苷酸等风味剂，磷酸盐等品质改良剂；豆腐中含有凝固剂，如 $CaCl_2$、$MgCl_2$、$CaSO_4$、葡萄糖酸-δ-内酯等，消泡剂单甘酯等；酱油中含有防腐剂，如尼泊金酯、苯甲酸钠，食用色素酱色等；饮料中含有酸味剂，如柠檬酸，甜味剂，如甜菊苷、阿斯巴甜，香精，如橘子香精，色素，如胭脂红、亮蓝、柠檬黄、β-胡萝卜素等；冰淇淋中含有乳化剂，如聚甘油脂肪酸酯、蔗糖酯、司盘（Span）、吐温、单甘酯等，增稠剂，如明胶、羧甲基纤维素（CMC）、瓜尔豆胶，还含有色素、香精、营养强化剂等；面包中含有酵母食料，如 NH_4Cl、$CaCO_3$、$MgSO_4$、$CaHPO_4$、维生素 C 等，也含有面粉改良剂，如溴酸钾、过硫酸铵、二氧化氯、偶氮甲酰胺、维生素 C 等，还含有乳化剂，如吐温 60、琥珀酸单甘油酯、硬脂酸乳酸钠等。

知识二　食品添加剂的安全性评价

一、毒理学评价原则

要保证食品添加剂使用安全，必须对其进行安全性评价。毒理学评价需要进行一定的毒理学试验。按照《食品安全性毒理学评价程序》（GB 15193.1—2014）的规定，食品安全性毒理学评价分为四个阶段：第 1 阶段，急性毒性试验；第 2 阶段，遗传毒性试验、短期喂养试验和传统致畸试验；第 3 阶段，亚慢性毒性试验；第 4 阶段，慢性毒性试验。食品添加剂在进行动物毒性试验时，通常做急性毒性试验、亚急性毒性试验、慢性毒性试验。慢性毒性试验还要进行特殊试验，如繁殖试验、致癌试验、致畸试验等。在多数情况下，只做急性、亚急性和慢性等一般毒性试验。只有发生可疑情况时才进行特殊试验。

二、食品添加剂安全性评价依据

1. 半数致死量（或称致死中量）LD_{50}（50% lethal dose）

半数致死量：能使一群试验动物中毒死亡一半的添加剂剂量（单位：mg/kg 体重）。剂量大于 500mg/kg 体重，被试验动物无死亡可认为该添加剂毒性极低，即相对无毒。半数致死量是判断食品添加剂急性毒性的重要指标，一般将受试物质按其对大鼠口服的急性毒性大小作划分，见表 1-1。

一般而论，对动物毒性很低的物质，对人的毒性往往也低。对于食品添加剂来说，其 LD_{50} 大多属实际无毒或无毒（仅个别品种如亚硝酸钠属中等毒，其 LD_{50} 为 220mg/kg 体重）。

表 1-1　急性毒性剂量分级

毒性级别	LD_{50}（大鼠口服）/（mg/kg 体重）	相当于人的致死剂量	
		/（mg/kg 体重）	/[g/人（50kg 体重）]
极毒	<1	稍尝	0.05
剧毒	1～50	500～4000	0.5
中等毒	51～500	4000～30000	5
低毒	501～5000	30000～250000	50
实际无毒	5001～15000	250000～500000	500
无毒	>15000	>500000	2500

2. 每日容许摄入量

每日容许摄入量（acceptable daily intake，ADI）的定义：指人类每日摄入某物质直至终身，而不产生可检测到的对健康产生危害的量，以每千克体重可摄入的量表示。这是评价食品添加剂最重要、也是最终的标准，可由对小动物的长期毒性试验所得无作用量（no observable effect level，NOEL）除以适当的安全系数（一般为100）求得。

三、食品添加剂安全性评价内容

1. 对一般食品添加剂的毒理学评价规定

① 凡属毒理学资料比较完整、世界卫生组织已公布日容许摄入量或不需规定日容许摄入量者或多个国家批准使用的，如果质量规格与国际质量规格标准一致，则要求进行急性经口毒性试验和遗传毒性试验。如果质量规格标准不一致，则需增加28天经口毒性试验，根据试验结果考虑是否进行其他相关毒理学试验。

② 凡属一个国家批准使用，世界卫生组织未公布日容许摄入量或资料不完整的，则可先进行急性经口毒性试验、遗传毒性试验、28天经口毒性试验和致畸试验，根据试验结果判定是否需要进一步的试验。

③ 对于由动、植物或微生物制取的单一组分、高纯度的食品添加剂，凡属新品种的，需要先进行急性经口毒性试验、遗传毒性试验、90天经口毒性试验和致畸试验，经初步评价后，决定是否需进行进一步试验。凡属国外有一个国际组织或国家已批准使用的，则进行急性经口毒性试验、遗传毒性试验和28天经口毒性试验，经初步评价后，决定是否需进行进一步试验。

2. 对于香料的规定

香料品种繁多、化学结构大不相同，用量又很少，故我国食品添加剂标准化技术委员会对其规定如下。

① 凡属WHO已建议批准使用或已制定ADI者，以及（美国）食用香料制造者协会（FEMA）、欧洲理事会（COE）和国际香料工业组织（IOFI）等四个国际组织中两个或两个以上允许使用的品种，在进行急性毒性试验后，参照国外资料或规定进行评价。

② 凡属资料不全或只有一个国际组织批准使用者，先进行急性毒性试验和本程序所规定的致突变试验中的一项，经初步评价后决定是否需进行进一步的毒性试验。

③ 凡属尚无资料可查，国际组织未允许使用者，先进行第一、二阶段毒性试验，经初步评价后决定是否需进行进一步的毒性试验。

④ 从食用动植物可食部分提取的单一高纯度天然香精，如其化学结构及有关资料并未提示具有不安全性者，一般不要求进行毒理学试验。

3. ADI的分类

① 类别ADI　指对毒性作用类似的几种化合物用于食品时所制定的ADI，用以限制其累加摄入。

② ADI无需规定　指根据已有资料（化学、生化和毒性等），表明对某受试物的毒性很低，且其使用量和膳食中的总摄入量对人体健康不产生危害，可不必制定具体ADI。

③ 暂定 ADI　指某物质的安全性资料有限，或根据最新资料对已制定 ADI 的某种物质的安全性提出疑问，要求进一步提供所需安全性资料。

④ ADI 不能提出　指安全性资料不充分，在食品中应用不安全，以及未制定特性鉴定与纯度检测方法、说明等，不能制定 ADI。

4. 一般公认安全

美国 FDA 将列入一般公认安全（generally recognized as safe，GRAS）者定为安全性较大的食品添加剂。凡属 GRAS 的物质一般均以良好生产规范为限。按照 FDA 的规定，GRAS 物质应满足下述一种或几种条件。

① 某一天然食品中存在。

② 已知在人体内极易代谢（一般剂量范围内）。

③ 其化学结构与某一已知安全的物质非常近似。

④ 在较大地理范围内证实已有长期安全食用历史，如在某些国家已经使用 30 年以上，或者符合下述条件。

a. 在某一国家最近已使用 10 年以上。

b. 在任一最终食品中平均最高用量不超过 10mg/kg。

c. 在美国的年消费量低于 454kg（1000lb）。

d. 从化学结构、成分或实际应用中，均证明在安全性方面没有问题。

四、食品添加剂的使用标准制定程序

对某一种或某一组食品添加剂来说，制定使用标准的一般程序是以下几步。

（1）确定最大无作用剂量　根据动物毒性试验确定最大无作用剂量或无作用剂量〔机体长期摄入受试物而无任何中毒作用表现的每日最大摄入剂量，单位为 mg/kg 体重，缩写为 MNL，是添加剂长期（终生）摄入对本代健康无害、对下代生长无影响的重要指标〕。

（2）定出一个合理的安全系数，一般定为 100 倍　将动物试验所得到的数据用于人体时，由于存在个体和种系差异，故应该定出一个合理的安全系数。一般安全系数可根据动物毒性试验的剂量缩小至若干分之一来确定。一般安全系数定为 100 倍。

（3）据试验结果确定每日允许摄入量

$$ADI = MNL/安全系数(100)$$

从动物试验的结果确定试验人体每日允许摄入量（ADI）。以体重为基础来表示的人体每日允许摄入量，即指每日能够从食物中摄入的量，此量根据现有已知的事实，即使终身持续摄取，也不会显示出危害性。每日允许摄入量以 mg/kg 体重为单位。

（4）计算每人每日允许摄入总量

$$A = ADI × 平均体重$$

将每日允许摄入量（ADI）乘以平均体重即可求得每人每日允许摄入总量（A）。

（5）确定每日摄食量及最高允许量　有了该物质每人每日允许摄入总量之后，还要根据人群的膳食调查，搞清膳食中含有该物质的各种食品的每日摄食量（C），然后即可分别算出其中每种食品含有该物质的最高允许量（D）。

（6）制定最大使用量 根据该物质在食品中的最高允许量（D），制定出该种添加剂在每种食品中的最大使用量（或残留量）（E）。在某种情况下，二者可以吻合，但是为了人体安全起见，原则上总希望食品中最大使用量（或残留量）标准低于最高允许量，具体要按照其毒性及使用等实际情况确定。

知识三　食品添加剂的管理及标准化

食品添加剂关系到消费者的身体健康，这就要求在某一化学物质成为食品添加剂之前必须进行一定的安全性评价。评价内容包括生产工艺、理化性质、质量标准、使用效果和范围、加入量、毒理学及检验方法等综合性的安全评价。与此同时，各国大都制定了法规对食品添加剂进行管理，对食品添加剂的生产、经营和使用都要求严格遵守有关的法律和条例。

一、联合国 FAO/WHO 对食品添加剂的管理

1955 年 9 月在日内瓦，联合国下属的世界粮农组织（FAO）和世界卫生组织（WHO）组织召开第一次国际食品添加剂会议，协商有关食品添加剂的管理和成立世界性国际机构等事宜。1956 年在罗马成立了 FAO/WHO "食品添加剂专家委员会（Joint FAO/WHO Expert Commission on Food Additives，简称 JECFA）"和"食品法典委员会（Codex Alimentarius Commission，简称 CAC）"，每年定期召开会议，对 JECFA 所通过的各种食品添加剂的标准、试验方法、安全性评价等进行审议和认可，再提交 CAC 复审后公布，以期在广泛的国际贸易中，制定统一的规格和标准，确定统一的试验方法的评价等，克服各国法规不同所造成的贸易上的障碍。

FAO/WHO 食品添加剂专家委员会（JECFA）负责对食品添加剂的安全进行评价，对食品添加剂加强了安全性审查，根据毒理学资料的充分与否，以 ADI 作为判断食品添加剂毒性大小的标准，将食品添加剂分为四类，如前所述，即 GRAS 物质、A 类、B 类和 C 类。

二、欧盟对食品添加剂的管理

欧盟为了避免各成员国的食品添加剂管理和使用条件的差异阻碍食品的自由流通，创建了一个公平竞争的环境以促进共同市场的建立和完善，通过立法实现所有成员国实施一致的食品添加剂批准、使用和监管制度。必须获得许可也是欧盟食品添加剂的立法原则，其基本框架为《协调成员国有关人类消费用食品的食品添加剂的法律趋于一致的 1988 年 12 月 21 日欧洲理事会指令 89/107/EEC》《欧洲议会和理事会关于供食品中使用的甜味剂指令 94/35/EC》《欧洲议会和理事会关于供食品中使用的着色剂指令 94/36/EC》《欧洲议会和理事会关于供食品中使用的除着色剂和甜味剂以外的其他食品添加剂指令 95/2/EC》，食品添加剂通用要求指令为纲领性文件，以着色剂指令和着色剂纯度指令、甜味剂指令和甜味剂纯度指令以及其他添加剂指令和其他添加剂纯度指令三组特定指令为基本构成。

根据欧盟立法，食品添加剂是指，无论是否具有营养价值，其本身通常不作为食品消费，也通常不用作食品特有成分的任何物质。它们在食品的生产、加工、制备、处理、包装、运输或存储的过程中，由于技术的目的有意加入食品中会成为或者可合理地预期这些物质或其副产物会直接或间接地成为食品的组成部分。

欧盟将食品添加剂分为以下24类。

着色剂；防腐剂；抗氧化剂；乳化剂；乳化用盐；增稠剂；胶凝剂；稳定剂（包括泡沫稳定剂）；增味剂；酸；酸度调节剂；抗结剂；改性淀粉；甜味剂；膨松剂；消泡剂；抛光剂（包括润滑剂）；面粉处理剂；固定剂/硬化剂；水分保持剂；螯合剂；酶制剂；膨松剂；推进气和包装气。

甜味剂不允许用于指令89/398/EEC所涉及的婴儿和儿童食品。

33类食品不得使用着色剂，除另有规定外，不得添加着色剂的食品如下。

①未加工食品；②所有瓶装或包装水；③乳、半脱脂乳和脱脂乳，巴氏杀菌法的或灭菌的（包括UHT灭菌）；④巧克力乳；⑤发酵乳（未调味的）；⑥保鲜乳；⑦酪乳（未调味的）；⑧稀奶油和稀奶油粉（未调味的）；⑨动植物油脂；⑩蛋和蛋制品；⑪面粉和其他碾碎的产品以及淀粉；⑫面包和类似产品；⑬面食和汤团；⑭糖，包括所有的单糖和二糖；⑮番茄酱以及罐装和瓶装的番茄；⑯番茄沙司；⑰果汁、果酒和蔬菜汁；⑱罐装、瓶装或干燥的水果、蔬菜〔包括马铃薯（土豆）〕和菌类植物；加工过的水果、蔬菜〔包括马铃薯（土豆）〕和菌类植物；⑲浓果酱、浓果冻和栗子泥，李脯乳酪；⑳鱼、软体动物和甲壳类动物、肉、禽和野味及其配制品，但不包括含这些配料的预加工餐；㉑可可制品和巧克力产品中的巧克力成分；㉒焙烤咖啡、茶、菊苣，茶和菊苣的提取物，浸泡用茶、植物、水果和谷物的配制品，以及上述产品的混合食品和速溶混合食品；㉓盐、盐的替代品、香料和香料混合物；㉔葡萄酒；㉕Korn/Kornbrand（传统上产自德国或以德语为官方语言之一的地区并不加入任何添加剂的粮谷白酒）、水果烈性酒饮料、水果烈性酒、茴香利口酒（一种希腊产的无色不甜的烈性酒）、意大利果渣白兰地、克利特葡萄渣蒸馏酒、马其顿齐普罗酒、塞萨利齐普罗酒、泰西利齐普罗酒、卢森堡果渣白兰地、卢森堡黑麦白兰地、伦敦金酒；㉖萨姆布卡酒、樱桃利乔酒和意大利茴香利口酒；㉗桑格里厄汽酒、西班牙甜葡萄酒和Zurra（在桑格利亚酒和西班牙甜葡萄酒中加入白兰地或葡萄蒸馏酒所获得的饮料）；㉘葡萄酒醋；㉙婴儿和儿童食品；㉚蜂蜜；㉛麦芽和麦芽制品；㉜熟化和未熟化的干酪（未调味的）；㉝来自绵羊和山羊乳的黄油。

健康和消费者保护总局负责欧盟食品添加剂的管理，受理有关食品添加剂列入许可的申请，在安全评估通过后，负责启动相关的法规修正程序，在两年内，欧盟各成员国有权批准该添加剂在其境内暂时上市。

食品添加剂的安全评价由食品科学委员会执行，其责任是对于食品消费、整个食品生产链、营养、食品技术，以及与食品接触材料涉及消费者健康、食品安全等科学技术问题向欧盟委员会提出建议。

欧盟有关食品添加剂的管理制度，有如下实施特点。

① 以欧盟理事会89/107/EEC作为"框架指令"，规定适用于食品添加剂的一般要求，同时针对各种不同的食品添加剂，通过作为实施细则的相应指令进行具体规范。

② 以许可清单的方式列出食品添加剂，并且有相关的法规和规范限制其使用的范围、用量等使用条件，没有列入清单的添加剂均在禁止使用之列。

③ 食品添加剂必须是食品生产、贮藏必需的，存在合理的工艺要求，具有其他物质不能实现的特定用途。

三、美国对食品添加剂的管理

美国最早于 1908 年制定有关食品安全的《食品卫生法》（*Pure Food Act*），于 1938 年修订成《食品药物与化妆品法》（*Food Drug and Cosmetic Act*，FD & C）。美国食品添加剂的基本法为：《联邦法典》中的《食品和药品》第 21 卷《食品和药物行政法规》《食品、药品和化妆品法》《食品添加剂补充法案》《着色剂补充法案》等。

美国在 1959 年颁布的《食品添加剂法》中规定，食品添加剂是指具有明确的或有理由认为合理的预期用途的，直接或间接地，或者成为食品的一种成分，或者会影响食品特征的所有物质。出售食品添加剂之前需经毒理试验，食品添加剂的使用安全和效果的责任由制造商承担，但对已列入 GRAS 者例外。凡是新食品添加剂在未得到食品药品监督管理局（FDA）批准之前，绝对不能生产和使用。食品添加剂须经两种以上的动物试验，证明没有毒性反应，对生育无不良影响，不会引起癌症等，用量不得超过动物试验的最大无作用剂量的 1%。该法规分别由美国 FDA 和美国农业部（USDA）贯彻实施。

此外，FDA 根据食用香料制造者协会（FEMA）的建议，属于 GRAS 类的食品添加剂由美国联邦法规索引公布。对于各种食品添加剂的质量标准和各种指标的分析方法管理，由美国国家科学院出版社定期出版《食品化学品法典》（FCC）。

另外，对营养强化剂的标签标示，FDA 在国家标准和教育法令（NLEA）中规定了新标示管理条例。其中要求维生素、矿物质、氨基酸及其他营养强化剂的制造商对其产品作有益健康的标示声明，于 1994 年 5 月 8 日生效。

四、我国对食品添加剂的管理

1. 我国食品添加剂的安全监管体系

(1) 食品添加剂安全标准 国家卫生健康委员会深入贯彻落实关于"最严谨的标准"重要指示精神，不断完善我国食品添加剂安全标准体系，已制定发布食品添加剂相关食品安全国家标准近 700 项，包括食品添加剂使用标准、食品添加剂产品质量规格标准、食品添加剂标签标识标准、食品添加剂生产通用卫生规范标准、食品中食品添加剂的检验方法标准等，保证标准的科学性、适用性。

(2) 食品添加剂监督管理 食品安全监管部门承担食品添加剂生产、使用监督管理工作。国家市场监督管理总局高度重视食品添加剂监管，严格依据《食品安全法》、食品安全国家标准等，加强生产许可和监督检查，严厉打击滥用食品添加剂等违法行为，具体包括：一是严格食品添加剂生产企业监管。根据食品安全法对食品添加剂生产实施生产许可管理，督促食品添加剂生产企业严格依据国家标准规定的原料和工艺组织生产。二是加强食品生产企业使用添加剂的监管。督促食品生产企业落实企业主体责任，建立食品添加剂采购、查验、使用记录制度，严格按照食品安全国家标准规定的使用范围、使用量使用食品添加剂。

三是加强食品添加剂经营环节监管。根据《食品安全法》规定，食品添加剂经营无需取得许可。食品添加剂经营者采购食品添加剂应当依法查验供货者的许可证和产品合格证明文件，如实记录食品添加剂的名称、规格、数量、生产日期或者生产批号、保质期、进货日期以及供货者名称、地址、联系方式等内容，并保存相关凭证。四是加强特殊食品中食品添加剂的监管。根据《食品安全法》，保健食品注册审查的内容包括对食品添加剂在内的产品配方各种原料和辅料的审查。保健食品中食品添加剂的使用按照保健食品注册证书中批准的内容执行。此外，我国对婴幼儿配方乳粉产品配方和特殊医学用途配方食品实施注册管理制度，按照食品安全国家标准及相关法律法规审评审批，并要求企业按照注册批准内容进行生产。各级市场监管部门按照《食品安全国家标准 婴儿配方食品》（GB 10765—2021）、《食品安全国家标准 幼儿配方食品》（GB 10767—2021）、《食品安全国家标准 食品添加剂使用标准》（GB 2760—2024）、《食品安全国家标准 食品营养强化剂使用标准》（GB 14880—2012）等食品安全国家标准，对婴幼儿配方食品生产经营企业实施最严格的监督管理，对违法违规企业依法落实最严厉的处置，督促企业落实食品安全主体责任，确保婴幼儿配方食品符合法律法规及食品安全国家标准要求。五是加强食品添加剂抽检力度。国家市场监督管理总局将食品添加剂抽检作为国家食品安全抽检计划重要抽检事项。六是严厉打击超限量、超范围使用食品添加剂的违法违规行为，一经查实立即严惩重处，涉嫌犯罪的，及时移送公安机关。

市场监管总局高度重视食品添加剂生产和使用安全监管工作，2019 年 9 月印发《关于规范使用食品添加剂的指导意见》（市监食生〔2019〕53 号），加强日常监督检查，防控食品添加剂"两超"风险。2021 年以来市场监管总局将食品添加剂规范使用情况纳入食品安全评议考核内容，将食品添加剂规范使用情况作为监督检查的重要内容。在餐饮服务环节，2023 年 3 月市场监管总局发布《关于进一步规范餐饮服务提供者食品添加剂管理的公告》（2023 年第 8 号），规范食品添加剂管理。

2. 食品添加剂的法律、法规及标准

在我国，食品添加剂的使用要严格遵守国家的法律和法规，经过 20 多年的建设和发展，我国已经形成了有关食品添加剂的法律和法规体系及标准管理体系，主要有《中华人民共和国刑法》《中华人民共和国食品安全法》《食品安全国家标准 食品添加剂使用标准》《食品营养强化剂使用标准》《食品安全国家标准 复配食品添加剂通则》《食品标签通用标准》《食品安全风险监测管理规定（试行）》《食品安全风险评估管理规定（试行）》《食品安全性毒理学评价程序与方法》《食品添加剂生产许可审查通则》《食品添加剂生产监督管理规定》《食品生产企业卫生规范》《食品添加剂新品种管理办法》（代替《食品添加剂卫生管理办法》）《食品添加剂新品种申报与受理规定》等，还有关于产品质量和规格的国家标准、行业标准200 多个，这些法律和法规及标准，对于我国食品添加剂的安全使用起到了积极的促进作用。

3.《食品安全国家标准 食品添加剂使用标准》（GB 2760—2024）条文解读

（1）《食品安全国家标准 食品添加剂使用标准》基本框架 《食品安全国家标准 食品添加剂使用标准》基本框架见表 1-2。

表 1-2　《食品安全国家标准 食品添加剂使用标准》（GB 2760—2024）框架

《食品安全国家标准 食品添加剂使用标准》（GB 2760—2024）	前言
	食品添加剂使用标准
	附录 A 食品添加剂的使用规定
	表 A.1 中例外食品编号对应的食品类别
	表 A.3 按生产需要适量使用的食品添加剂所例外的食品类别名单
	附录 B 食品用香料使用规定
	表 B.1 不得添加食用香料、香精的食品名单
	表 B.2 允许使用的食品用天然香料名单
	表 B.3 允许使用的食品用合成香料名单
	附录 C 食品工业用加工助剂使用规定
	表 C.1 可在各类食品加工过程中使用，残留量不需限定的加工助剂名单(不含酶制剂)
	表 C.2 需要规定功能和使用范围的加工助剂名单(不含酶制剂)
	表 C.3 食品用酶制剂及其来源名单
	附录 D 食品添加剂功能类别
	附录 E 食品分类系统
	附录 F 附录 A 中食品添加剂使用规定索引

（2）GB 2760—2024 与 GB 2760—2014 的差异　本标准与 GB 2760—2014 相比，主要变化如下。

① 增加了国家卫生健康委员会（原国家卫生和计划生育委员会）2015 年 1 号公告、2016 年 8 号公告、2016 年 9 号公告、2016 年 14 号公告、2017 年 1 号公告、2017 年 3 号公告、2017 年 8 号公告、2017 年 10 号公告、2017 年 13 号公告、2018 年 2 号公告、2018 年 8 号公告、2019 年 2 号公告、2019 年 4 号公告、2019 年 6 号公告、2020 年 4 号公告、2020 年 6 号公告、2020 年 8 号公告、2020 年 9 号公告、2021 年 2 号公告、2021 年 5 号公告、2021 年 6 号公告、2021 年 9 号公告、2022 年 1 号公告、2022 年 2 号公告、2022 年 5 号公告、2023 年 1 号公告、2023 年 3 号公告、2023 年 5 号公告的食品添加剂规定。

② 修改了正文有关内容：

a. 修改了 2.1 食品添加剂的定义，增加了营养强化剂；

b. 将原标准中 2.5 "国际编码系统（INS）" 和 2.6 "中国编码系统（CNS）" 合并为 2.5 "食品添加剂编码"，并修改其定义描述；

c. 删除了原标准中 4 "食品分类系统" 中 "如允许某一食品添加剂应用于某一食品类别时，则允许其应用于该类别下的所有类别食品，另有规定的除外"，将其在附录 A 中 A.3 体现；

d. 增加了第 8 章 "食品添加剂的功能类别" 和第 9 章 "附录 A 中食品添加剂使用规定索引"。

③ 修改了附录 A 食品添加剂的使用规定：

a. 修改了部分食品添加剂英文名称、INS 号、CNS 号；

b. 修改了附录 A 中食品添加剂使用规定的查询方式，将表 A.3 的内容在表 A.1 和表

A.2 中体现，原表 A.2 合并入表 A.1；

    c. 删除了附录 A 中消泡剂功能；

    d. 修改部分食品添加剂的使用规定。

④ 修改了附录 B 食品用香料、香精的使用规定：

    a. 修改了食品用香料、香精的使用原则中部分描述；

    b. 修改了部分食品用香料的规定、中文名称、英文名称和编号。

⑤ 修改了附录 C 食品工业用加工助剂（以下简称"加工助剂"）使用规定：

    a. 将过氧化氢从表 C.1 放入表 C.2，并规定其使用功能和范围；

    b. 修改部分加工助剂的名称和使用范围的描述。

⑥ 修改了附录 D 食品添加剂功能类别：

    a. 增加了营养强化剂的编号和定义；

    b. 修改了食品用香料的定义。

⑦ 修改了附录 E 食品分类系统：修改了 05.01.03、12.03、12.03.02、12.04.02、12.05、12.10.03.01 等的食品分类名称，并按照调整后的食品类别对食品添加剂使用规定进行了调整。

⑧ 修改了附录 F "附录 A 中食品添加剂使用规定索引"：增加了食品添加剂的 INS 号。

(3) GB 2760—2024 食品添加剂使用标准范围　本标准规定了食品添加剂的使用原则、允许使用的食品添加剂品种、使用范围及最大使用量或残留量。

(4) 术语和定义

① 食品添加剂　为改善食品品质和色、香、味，以及为防腐、保鲜和加工工艺的需要而加入食品中的人工合成或者天然物质。食品用香料、胶基糖果中基础剂物质、食品工业用加工助剂、营养强化剂也包括在内。

② 最大使用量　食品添加剂使用时所允许的最大添加量。

③ 最大残留量　食品添加剂或其分解产物在最终食品中的允许残留水平。

④ 食品工业用加工助剂　保证食品加工能顺利进行的各种物质，与食品本身无关。如助滤、澄清、吸附、脱模、脱色、脱皮、提取溶剂、发酵用营养物质等。

⑤ 食品添加剂编码　用于代替复杂的化学结构名称表述的编码，包括食品添加剂的国际编码系统（INS）和中国编码系统（CNS）。

(5) 食品添加剂的使用原则

① 食品添加剂使用时应符合以下基本要求：

    a. 不应对人体产生任何健康危害；

    b. 不应掩盖食品腐败变质；

    c. 不应掩盖食品本身或加工过程中的质量缺陷或以掺杂、掺假、伪造为目的而使用食品添加剂；

    d. 不应降低食品本身的营养价值；

    e. 在达到预期效果的前提下尽可能降低在食品中的使用量。

② 在下列情况下可使用食品添加剂：

a. 保持或提高食品本身的营养价值；

b. 作为某些特殊膳食用食品的必需配料或成分；

c. 提高食品的质量和稳定性，改进其感官特性；

d. 便于食品的生产、加工、包装、运输或者贮藏。

③ 食品添加剂质量标准　按照本标准使用的食品添加剂应当符合相应的质量规格要求。

④ 带入原则　在下列情况下食品添加剂可以通过食品配料（含食品添加剂）带入食品中：

a. 根据本标准，食品配料中允许使用该食品添加剂；

b. 食品配料中该添加剂的用量不应超过允许的最大使用量；

c. 应在正常生产工艺条件下使用这些配料，并且食品中该添加剂的含量不应超过由配料带入的水平；

d. 由配料带入食品中的该添加剂的含量应明显低于直接将其添加到该食品中通常所需要的水平。

当某食品配料作为特定终产品的原料时，批准用于上述特定终产品的添加剂允许添加到这些食品配料中，同时该添加剂在终产品中的量应符合本标准的要求。在所述特定食品配料的标签上应明确标示该食品配料用于上述特定食品的生产。

(6) 食品添加剂分类　根据食品添加剂功能，我国《食品安全国家标准 食品添加剂使用标准》（GB 2760—2024）将食品添加剂分为23类，见表1-3。

表 1-3　食品添加剂功能分类

分类	食品添加剂功能类别	分类	食品添加剂功能类别
01	酸度调节剂	13	面粉处理剂
02	抗结剂	14	被膜剂
03	消泡剂	15	水分保持剂
04	抗氧化剂	16	营养强化剂
05	漂白剂	17	防腐剂
06	膨松剂	18	稳定剂和凝固剂
07	胶基糖果中基础剂物质	19	甜味剂
08	着色剂	20	增稠剂
09	护色剂	21	食品用香料
10	乳化剂	22	食品工业用加工助剂
11	酶制剂	23	其他
12	增味剂		

① 酸度调节剂：用以维持或改变食品酸碱度的物质。

② 抗结剂：用于防止颗粒或粉状食品聚集结块，保持其松散或自由流动的物质。

③ 消泡剂：在食品加工过程中降低表面张力，消除泡沫的物质。

④ 抗氧化剂：能防止或延缓油脂或食品成分氧化分解、变质，提高食品稳定性的物质。

⑤ 漂白剂：能够破坏、抑制食品的发色因素，使其褪色或使食品免于褐变的物质。

⑥ 膨松剂：在食品加工过程中加入的，能使产品发起形成致密多孔组织，从而使制品具有蓬松、柔软或酥脆等特点的物质。

⑦ 胶基糖果中基础剂物质：赋予胶基糖果起泡、增塑、耐咀嚼等作用的物质。

⑧ 着色剂：使食品着色和改善食品色泽的物质。

⑨ 护色剂：能与肉及肉制品中成色物质作用，使之在食品加工、保藏等过程中不致分解、破坏，呈现良好色泽的物质。

⑩ 乳化剂：能改善乳化体中各种构成相之间的表面张力，形成均匀分散体或乳化体的物质。

⑪ 酶制剂：由动物或植物的可食或非可食部分直接提取，或由传统或通过基因修饰的微生物（包括但不限于细菌、放线菌、真菌菌种）发酵、提取制得，用于食品加工，具有特殊催化功能的生物制品。

⑫ 增味剂：补充或增强食品原有风味的物质。

⑬ 面粉处理剂：促进面粉的熟化和提高制品质量的物质。

⑭ 被膜剂：涂抹于食品外表，起保质、保鲜、上光、防止水分蒸发等作用的物质。

⑮ 水分保持剂：有助于保持食品中水分而加入的物质。

⑯ 营养强化剂：其定义符合《食品安全国家标准 食品营养强化剂使用标准》（GB 14880）中的规定。

⑰ 防腐剂：防止食品腐败变质、延长食品储存期的物质。

⑱ 稳定剂和凝固剂：使食品结构稳定或使食品组织结构不变，增强黏性固形物的物质。

⑲ 甜味剂：赋予食品甜味的物质。

⑳ 增稠剂：可以提高食品的黏稠度或形成凝胶，从而改变食品的物理性状，赋予食品黏润、适宜的口感，并兼有乳化、稳定或使呈悬浮状态作用的物质。

㉑ 食品用香料：能够用于调配食品香精，并使食品增香的物质。

㉒ 食品工业用加工助剂：有助于食品加工能顺利进行的各种物质，与食品本身无关。如助滤、澄清、吸附、脱模、脱色、脱皮、提取溶剂等。

㉓ 其他：上述功能类别中不能涵盖的其他功能。

（7）食品添加剂编码　用于代替复杂的化学结构名称表述的编码，包括食品添加剂的国际编码系统（INS）和中国编码系统（CNS）。

中国编码系统（CNS）：食品添加剂的中国编码，由食品添加剂的主要功能类别［见《食品安全国家标准 食品添加剂使用标准》（GB 2760—2024）附录 D］代码和在本功能类别中的顺序号组成。中国编码通常以五位数字表示，其中前两位数字码为类别表示，小数点后三位数字表示在该功能类别中的编号代码。如苯甲酸及其钠盐，CNS 号 17.001、17.002，17 代表防腐剂，001/002 代表防腐剂中编号代码。

（8）食品分类系统　食品分类系统适用于界定食品添加剂的使用范围，只适用于本标准，见附录 E。

4. 我国食品添加剂行业管理

中国食品添加剂生产应用工业协会负责食品添加剂生产的行业管理，从 2007 年起更名为"中国食品添加剂和配料协会"。在生产中，作为行业管理，还要考虑其规模和批量，有一定产量，并在食品行业中有一定地位才会列入管理的日程。从这个角度考虑，我国将食品添加剂分为八大类管理（专业委员会），即着色剂、甜味剂、食用香精香料、防腐-抗氧-保鲜剂、增稠-乳化-品质改良剂、营养强化剂和特种营养食品、天然提取物、食品加工助剂。

另设法规和技术委员会协调产业内参与相关法规的制定。

知识四　食品添加剂的现状及发展趋势

一、食品添加剂行业发展现状

1. 市场规模庞大且发展迅速

中国食品添加剂市场规模庞大，是国内食品工业的重要组成部分，近年来发展迅速，得益于国内食品工业的蓬勃发展和消费者需求的增长。国内市场已批准使用的添加剂共有 23 类 2300 多种，产品门类齐全，基本可以满足食品产业的需要。

近年来，我国食品添加剂行业进入了稳定发展时期，已成为食品工业中最活跃、发展最快的行业之一。中国食品添加剂和配料协会数据显示，2019～2022 年我国食品添加剂主要品种总产量从 1269 万吨增长到 1530 万吨，年均复合增长率为 6.4%。

食品添加剂的
历史与发展现状

2. 国内龙头企业作用显著

国内龙头企业，在中国食品添加剂市场中占据重要地位，具有较高的市场份额和品牌影响力。这些企业和品牌通过优质的产品质量、技术创新和市场拓展，赢得了消费者的信任和认可，推动了食品添加剂行业的发展。

3. 存在问题与挑战

在发展过程中，也存在一些问题和挑战，如添加剂的安全性和质量控制等。这就需要企业遵守法规标准，建立完善的合规体系，确保产品的生产、流通和使用符合法规要求。同时，随着消费者对食品安全和健康的关注度提高，食品添加剂行业面临着越来越严格的监管和审查，企业需要加大研发投入，开发更安全、健康的食品添加剂以适应市场需求和法规要求。

目前各国政府都加强了对食品添加剂的管理和监管，严格限制添加剂的使用量和类型，以保障消费者的健康和安全。同时，越来越多的食品生产商开始采用更加天然、健康、可持续食品添加剂，并致力于提高产品质量和安全性。

我国地域辽阔，资源丰富，发展天然食品添加剂有着独特的优势，来源于天然生长的植物的绿色食品添加剂将成为行业发展的主流。食品添加剂行业已呈现出紧跟消费升级的发展新趋势即天然食品添加剂；有机食品、绿色食品、保健食品等成为市场增长点，带动营养保健型食品添加剂快速发展；功能多元、风味优化的复合食品大量增加，形成了对复配型添加剂的潜在需求。

二、食品添加剂发展趋势

目前，世界各国都在致力于研发新的食品添加剂及其新技术，未来食品添加剂的研发趋势是天然型、高效安全型、复合型等。

食品添加剂
的发展趋势

1. 大力开发天然食品添加剂

每年都会不断曝出的食品安全问题，再次使添加剂成为消费者关注的焦点，国外天然产品的消费趋势已经逐步形成，这一点也正在为国内市场所认可，部分消费者心目中已经形成"纯天然就是安全的""天然的毕竟要比合成的安全"等观念。现在，回归自然、绿色食品、有机食品已经成为食品发展的一大潮流。开发天然食品添加剂，如天然色素、天然防腐剂、天然抗氧化剂等是今后食品添加剂产品发展的主要方向。目前国内的天然抗氧化剂如茶多酚、天然甜味剂如甘草提取物、天然抗菌剂如大蒜素、天然色素、天然香料等受到国际市场的普遍青睐，回归自然已经成为不可抗拒的潮流。一些化学合成的食品添加剂被明令禁止使用，如合成色素奶油黄，合成色素的品种从最多时的 100 多种已降至目前的 10 种左右。我国自然资源丰富，与欧美国家相比具有明显优势，我国天然绿色食品添加剂的发展存在巨大的潜力。

2. 大力开发复合添加剂

复合添加剂可以将同种类型添加剂复合，也可以将不同类型添加剂复合在一起，便于应用或是发挥协同增效的作用。复合添加剂的开发及应用正受到食品生产企业的重视，尤其是在液态乳、蛋糕、冰淇淋领域。目前乳品乳化剂、冰淇淋乳化稳定剂、饮料悬浮剂、米面制品改良剂、食用香精香料以及合成色素等方面都有复合形式产品上市。从调查结果看，添加剂应用企业对复合添加剂持支持态度，这无疑将推动其快速发展。

3. 大力研发生物食品添加剂

目前有许多食品添加剂都采用生物技术制备，如木糖醇、甘露糖醇和甜味多肽等都可以采用发酵法生产；利用酶解技术和美拉德（Maillard）反应生产调味料已经获得工业化应用；具有良好防腐性能的天然防腐剂聚赖氨酸已实现发酵法的工业生产。通过生物高新技术生产的食品添加剂属于天然产物，在很大程度上满足了消费者对天然产品的心理需求。另一方面，生物高新技术与传统的化学合成工艺相比，对环境污染小，属于环境友好的绿色技术。因此，无论在食品添加剂新品种开发还是现有品种工艺改进方面，生物高新技术的应用将成为一个重要的发展方向。

4. 大力研发营养功能型的食品添加剂

随着人们生活水平的提高，消费者健康意识增强，既要求食品的色、香、味、形等感官质量，又要求具有保健、营养等功效；女性要考虑肥胖问题，老年人要考虑对血脂的影响，儿童要避免龋齿，这些不断出现的新要求，促进食品添加剂生产企业加大研究力度、改进工艺并发明新技术，以适应消费者的消费习惯变化来安排产品研发，营养型、功能型的添加剂品种成为食品添加剂的发展方向。

目标检测

1. 食品添加剂是否属于食物的正常成分？
2. 不使用添加剂的食品质量就好吗？

3. 我国在食品添加剂使用方面有什么法律和标准？

4. 食品添加剂最大用量的确定步骤是什么？

5. 天然物质是否是食品添加剂生产的发展趋势？

6. 对于一种添加剂，应该了解哪些方面的内容？

7. 什么叫食品添加剂？举例说出生活中常用的食品添加剂。

模块二
保质作用类食品添加剂

保质作用类食品添加剂是针对食品的贮藏和保鲜而使用的一类物质。在生产、运输、贮藏和销售的过程中，食物在自身酶以及外界的微生物、氧、光和热等多种因素作用下，色、香、味及质量要素会发生不良变化，营养价值降低，产生有毒有害物质，影响食品的安全性和可接受性。合理地使用这类食品添加剂能有效地防止食物腐败变质，延长食品的货架期限，提高食品资源的利用率。与此相关的食品添加剂主要包括防腐剂、杀菌剂和抗氧化剂。

项目一 防腐剂

知识目标

1. 掌握防腐剂的定义、种类及其作用机理。
2. 熟悉各类常用防腐剂的性质、防腐性能、安全性、应用范围及使用量。
3. 了解防腐剂使用的一般原则以及在应用中的注意事项。

技能目标

1. 在典型食品加工中能正确使用防腐剂。
2. 对食品中使用的防腐剂进行快速定性鉴定。

职业素养目标

1. 由食品腐败变质的过程，引出"千里之堤溃于蚁穴"，小问题要及时改正，避免酿成大错，防微杜渐，要防患于未然，要有危机意识。
2. 由山梨酸钾和苯甲酸钠的代谢途径，用好食品添加剂这把双刃剑，使用防腐剂是服务于食品安全的，学会用科学的头脑分析问题。
3. 天然食品防腐剂的开发，科学在不断进步，要有创新精神，强调创新对食品防腐剂研发的推动作用。

知识一 防腐剂概述

一、食品的腐败变质

食品在化学或物理性质上发生的不利改变都称为食品变质。造成食品变质的原因包括物理、化学和生物三个方面。由于微生物的作用，食品发生了有害变化，降低或失去了原有的或应有的营养价值和商品价值的过程被称为食品的腐败变质。食品腐败变质是微生物的污染、食品的性质和环境条件综合作用的结果。

1. 微生物的污染

引起食品腐败变质的微生物种类很多，有各种细菌、霉菌和酵母菌。例如嗜热脂肪芽孢杆菌就是最常见的导致食品腐败的微生物之一，可导致罐藏食品平酸腐败。微生物引起食品腐败变质的类型包括：细菌引起的腐败变质、霉菌引起的霉变以及食品发酵。

2. 食品的性质

食品腐败变质的程度和快慢也与食品本身的营养成分、水分、pH、酶和渗透压等因素有关。例如，食品的 pH 为 6 时最适合微生物增殖，pH＜4.5 时可抑制多种细菌的生长；含水量高的食品比含水量低的食品容易腐败，当水分活度 A_w＜0.7 时，一般微生物不能繁殖；高渗透压可以抑制微生物的生命活动，10％盐渍或 60％糖渍的食品可耐保藏。

3. 环境条件

微生物在适宜的食品上能否生长繁殖，造成食品腐败变质，还受到外界条件的影响。适宜的温度可加速食品的变质；高湿度会为微生物提供良好的增殖条件。此外，紫外线、氧对食品腐败变质也有影响。

二、食品防腐剂

自古以来，人们为了确保非食物产出季节有足够的维持生存的食物，摸索发现了多种预防食品腐败变质的方法。从日晒、风干、雪藏的原始作业，到盐腌、糖渍、醋泡、烟熏等保藏方法的积累，再到加热、干燥、气调、冷冻等大规模的物理防腐方法，人类对食品有效保藏方法的寻找从未停止。然而，最有效、最经济便捷的方法还是使用防腐剂。

防腐剂是指一类加入食品中能防止或延缓食品腐败的食品添加剂，其本质是具有抑制微生物增殖或杀死微生物功能的一类化合物。

1. 防腐剂抗菌作用的机理

防腐剂的防腐作用主要是通过延缓或抑制微生物增殖来实现的。一般认为，主要是其能够影响细胞的亚结构，这些亚结构包括细胞壁、细胞膜、与代谢有关的酶、蛋白质合成系统及遗传物质。由于每个亚结构对菌体而言都是必需的，因此食品防腐剂只要作用于其中的一个亚结构便能达到杀菌或抑菌的目的。

防腐剂抑制与杀死微生物的机理十分复杂，目前使用的防腐剂的作用机制一般认为是对微生物具有以下几方面的作用。

（1）作用于微生物的细胞壁和细胞膜系统　通过对微生物细胞壁或细胞膜的作用，影响其细胞壁的合成或造成细胞质膜中巯基的失活，可使三磷酸腺苷等细胞物质渗出，甚至导致细胞溶解。

（2）作用于微生物的细胞原生质　通过对部分遗传机制的作用，抑制或干扰细菌等微生物的正常生长，甚至令其失活，从而使细胞凋亡。

（3）作用于微生物中的酶或功能蛋白　通过与酶的巯基作用，破坏多种含硫蛋白酶的活性，干扰微生物体的正常代谢，从而影响其生长和繁殖。通常防腐剂作用于微生物的呼吸酶系，如乙酰辅酶 A 缩合酶、脱氢酶、电子传递酶系等。通过作用于蛋白质，导致蛋白质部分变性、蛋白质交联而使其他的生理作用不能进行。

一般来说，防腐剂的抗菌效果是多种作用的结果，但并不是各种防腐剂都具有全部的作用，这些作用是相互关联、相互制约的。原则上说，防腐剂也能对人体细胞有同样的抑制作用，但决定的因素是防腐剂的使用浓度，在微生物细胞中所需要的抑制浓度远比人体细胞中的要小。就大多数防腐剂而言，在人体器官中很快能被分解或者从体内排泄出去，因此，在一定的浓度范围内不会对人体造成显著伤害。

2. 防腐剂的分类

按照防腐剂抗微生物的主要作用性质，可将其大致分为具有杀菌作用的杀菌剂和仅具抑菌作用的抑菌剂。实际上，杀菌或抑菌并无绝对界限，同一物质，浓度高时可杀菌，而浓度低时只能抑菌，作用时间长可杀菌，作用时间短则只能抑菌。另外，由于各种微生物性质的不同，同一物质对一种微生物具有杀菌作用，而对另一种微生物可能仅有抑菌作用。

按照防腐剂的应用对象，可分为鱼类、肉类防腐剂，面包、糕点防腐剂，饮料、酱料防腐剂，水果、蔬菜防腐剂，谷物、干果防腐剂等。

按照防腐剂的来源可将其分为化学合成防腐剂和天然防腐剂两大类。

化学合成防腐剂包括酸型、酯型和无机盐型。在食品工业中，酸型防腐剂最常用的有苯甲酸及其盐类、山梨酸及其盐类以及丙酸等。酸型防腐剂具有应用体系酸性越强、防腐效果越佳的特点，而在碱性条件下，酸型防腐剂几乎没有防腐效果。在食品工业中，酯型防腐剂最常用的有尼泊金酯类防腐剂及抗坏血酸棕榈酸酯防腐剂。酯型防腐剂的特点是：低毒广谱，对人体危害弱，且在很宽的 pH 范围内使用都有效。无机盐型防腐剂在食品工业中应用较多的主要有二氧化硫、亚硫酸盐、焦亚硫酸盐等，但是添加这些无机盐型防腐剂的食品中易残留二氧化硫，这对某些人特别是患有哮喘等呼吸道系统疾病的人危害极大。正因如此，国家及地方对该类无机盐型食品防腐剂的使用有特殊规定，对其使用的食品范围、添加量、残留量等有严格限制。例如广西等地方就规定米粉中二氧化硫的残留量要在方法检出限之下。

天然防腐剂泛指从自然界的动植物和微生物中分离提取的一类防腐物质。因为具有天然、环保、高效等优点，天然防腐剂已成为未来食品防腐剂中最有研究及开发价值的一类。天然防腐剂按来源不同大致可分为动物源防腐剂、植物源防腐剂和微生物源防腐剂三大类：

动物源防腐剂是从动物身体、组织器官或代谢产物中提取出来的，品种较多，常见的主要有蜂胶、鱼精蛋白、抗菌肽和壳聚糖等；植物源防腐剂是指从植物中提取的一类具有防腐功效的生理活性物质，是目前食品防腐剂中研发的新热点，有许多国外专家在该领域进行了深入研究，并取得了一系列的成果，主要有果胶分解物、香精油、茶多酚等；微生物源防腐剂是指从微生物中分泌或从其代谢产物中提取出来的防腐剂，安全、高效且环保，最典型的是纳他霉素，还有细菌素、乳酸链球菌素等。

3. 防腐剂选用原则

一般情况下，一种理想的防腐剂应具备以下特点。

① 符合卫生标准，与食品不发生化学反应。

② 抗菌效果好，使用量少，杀菌效率高，对多种微生物起作用。

③ 对人类及动物、植物等安全性高，无伤害或低伤害。

④ 使用时效长，较长时间内防腐性能稳定。

⑤ 稳定性高，抗外界影响能力强。

⑥ 方便添加，使用简单，价格便宜。

⑦ 物性好，无特殊颜色或气味，对人体无不良反应，环保易循环降解。

知识二　常用防腐剂

美国允许使用的食品防腐剂有 50 余种，日本有 40 余种。我国《食品安全国家标准 食品添加剂使用标准》（GB 2760—2024）中共列出 25 种具有防腐功能的化学品，其中用于果蔬保鲜剂的有 6 种，兼具防腐功能的有 8 种。

一、化学合成防腐剂

1. 苯甲酸及其钠盐（CNS：17.001，17.002；INS：210，211）

苯甲酸及其钠盐是使用较早的一类酸性防腐剂，其防腐原理为：使微生物细胞的呼吸系统发生障碍，阻碍细胞膜的正常生理作用，抑制微生物体内的酶活性，破坏微生物的正常代谢。

苯甲酸又称安息香酸，是苯环上的一个氢被羧基（—COOH）取代形成的化合物。苯甲酸钠是苯甲酸的钠盐，有防止变质发酸、延长保质期的效果，在世界各国均被广泛使用。

【性质】　苯甲酸为具有苯或甲醛的气味的鳞片状或针状结晶。熔点 122.13℃，沸点 249.2℃，相对密度 1.2659。25％饱和水溶液的 pH 为 2.8。在 100℃时迅速升华，蒸气有很强的刺激性，吸入后易引起咳嗽。微溶于水，易溶于乙醇、乙醚等有机溶剂。苯甲酸是弱酸，比脂肪酸强。它们的化学性质相似，都能形成盐、酯、酰卤、酰胺、酸酐等，都不易被氧化。苯甲酸的苯环上可发生亲电取代反应，主要得到间位取代产物。

苯甲酸钠是无色或白色的结晶或颗粒粉末，无臭或带苯甲酸气味，易燃，低毒，味甜涩而有收敛性。可溶于水，水溶液呈弱碱性，也溶于甘油、甲醇、乙醇。水中溶解度为 53.0g/100mL，溶液的 pH 为 8。

【性能】 苯甲酸及其钠盐属于酸型防腐剂，一般用在酸性条件下，其防腐功能在 pH 为 2.5～4.0 时最佳，在碱性介质中则无杀菌和抑菌作用。此类防腐剂对酵母菌、部分细菌防腐效果很好，对霉菌的效果差一些，但在允许使用的最大范围内，在 pH4.5 以下，对各种菌都有效。

苯甲酸 pH 为 3.5 时，0.125% 的溶液在 1h 内可杀死葡萄球菌和其他菌；pH 为 4.5 时，对一般菌类的抑制最小浓度约为 0.1%；pH 为 5.0 时，即使 5% 的溶液，杀菌效果也不可靠。

苯甲酸钠 pH 为 3.5 时，0.05% 的溶液能完全抑制酵母生长；pH 为 6.5 时，溶液的浓度需提高至 2.5% 方能有此效果。这是因为苯甲酸钠只有在游离出苯甲酸的条件下才能发挥防腐作用。在较强酸性食品中，苯甲酸钠的防腐效果好。1.18g 苯甲酸钠的防腐效能相当于 1.0g 苯甲酸，而 1g 苯甲酸钠相当于 0.847g 苯甲酸。

由于苯甲酸钠的水溶性远大于苯甲酸，在水介质中更容易溶解和分散，而且在空气中稳定，因此比苯甲酸用得多。

【安全性】 苯甲酸 ADI 为 0～5mg/kg 体重，MNL 为 0.5g/kg 体重，大鼠经口 LD_{50} 为 2.7～4.44g/kg 体重。苯甲酸钠 ADI 为 0～5mg/kg 体重，大鼠经口 LD_{50} 为 2.7g/kg 体重。

苯甲酸及其盐类天然存在于蓝莓、蔓越莓、梅干、肉桂和丁香中。少量的苯甲酸钠对人体无毒害，在体内可以很快被吸收，主要与甘氨酸结合以马尿酸的形式排出体外，也有一小部分与葡糖醛酸结合为 1-苯甲酰葡糖醛酸而排出。10～14h 便可从体内全部排出，因此少量的苯甲酸钠不会有积蓄作用。但是猫对苯甲酸比较敏感，容易出现兴奋、神经过敏、失去听力和平衡等症状，因此在制造宠物食品时需注意。此外，苯甲酸的微晶或粉尘对皮肤、眼、鼻、咽喉等有刺激作用。即使其钠盐，如果大量服用，也会对胃有损害。操作人员应穿戴防护用具。需贮存于干燥通风处，防潮、隔热、远离火源。

美国 FDA 规定食品中的苯甲酸钠含量不得超过 0.1%（以质量计）。国际化学品安全署的研究发现，每天摄入 647～835mg/kg 体重的苯甲酸钠不会对健康产生负面影响。有调查显示，人体过量食用苯甲酸及其盐类，会出现肝脏的代谢功能障碍，血压升高，心脏、肾功能异常等不良现象，甚至会引发乳酸酸中毒、昏厥和哮喘等病症，故其应用范围日益缩小，有些国家如日本已经停止生产苯甲酸钠，并对它的使用作出限制。

苯甲酸盐类防腐剂（苯甲酸钠、苯甲酸钾）可以与维生素 C 反应生成具有致癌性的苯。由于各国对于饮料中苯的含量标准不一，不同的饮料中苯的含量也不相同，而且上述分解反应也与光照、加热和贮存时间等诸多因素有很大关系，因此目前对苯甲酸盐产生的苯是否超标没有定论。这使得公众对苯甲酸盐毒性的质疑持续不断。

【应用】 按我国《食品安全国家标准 食品添加剂使用标准》（GB 2760—2024），苯甲酸及其钠盐作为防腐剂，其使用范围和最大使用量（以苯甲酸计，g/kg）为：风味冰、冰棍类、果酱（罐头除外）、腌渍的蔬菜、调味糖浆、食醋、酱油、酿造酱、半固体复合调味料、液体复合调味料、果蔬汁（浆）类饮料、蛋白饮料、风味饮料、茶、咖啡、植物（类）饮料 1.0，蜜饯凉果 0.5，胶基糖果 1.5，除胶基糖果以外的其他糖果、果酒 0.8，复合调味料 0.6，浓缩果蔬汁（浆）（仅限食品工业用）2.0，碳酸饮料、特殊用途饮料 0.2，配制酒 0.4。

苯甲酸在常温下难溶于水，因此使用时应根据食品特点选用热水或乙醇溶解，对不宜有酒味的食品不能用乙醇溶解。另一种方法是加适量碳酸氢钠或碳酸钠，用90℃以上的热水溶解，使其转化成苯甲酸钠后再使用，但此法不适合用于醋等酸性食品。溶解用的容器器壁要高些，搅拌要轻缓，防止溶解时溶液溅出。因苯甲酸易随水蒸气挥发，加热溶解时要戴口罩，避免操作工长期接触，对身体产生不良影响。

使用苯甲酸钠时，一般把苯甲酸钠调制成20%～30%的水溶液，再加入食品中，搅拌均匀即可。如果苯甲酸钠直接与酸性饮料相接触，容易转化成难溶于水的苯甲酸，如果不采取相应的措施，就会沉淀在容器底部。一般汽水、果汁使用苯甲酸钠时，多在配制糖浆时添加，即先将砂糖溶化、煮沸、过滤后可一边搅拌一边将苯甲酸钠投入糖浆中，待苯甲酸钠完全溶解后再分别加入增稠剂和柠檬酸。

2. 山梨酸及其钾盐（CNS：17.003，17.004；INS：200，202）

山梨酸最早是在一种生长在山上的草莓中被发现的，故以此命名。山梨酸又名花椒酸，天然存在于花椒树籽中。尽管目前使用的山梨酸是人工合成的，但它应该说是"等同天然物"。山梨酸（钾）能有效地抑制霉菌、酵母菌和好氧性细菌的活性，从而有效地延长食品的保存时间，并保持原有食品的风味。

【性质】 山梨酸为无色针状结晶体或白色结晶性粉末，无臭或微带刺激性臭味，耐光、耐热性好，在140℃下加热3h无变化，长期暴露在空气中则被氧化而变色。山梨酸难溶于水，溶于乙醇（1g/10mL）、乙醚（1g/20mL）、丙二醇（5.5g/100mL）、无水乙醇（13.9g/100mL）、花生油（0.9g/100mL）、甘油（0.3g/100mL）、冰醋酸（11.5g/100mL）、丙酮（9.7g/100mL）。在30℃水中溶解度为0.25%，100℃时为3.8%，其饱和水溶液pH为3.6，熔点133～135℃，沸点228℃。

山梨酸钾为无色或白色至浅黄色鳞片状结晶、结晶状粉末或颗粒。无臭或稍有臭味。在空气中不稳定，长时间放置时吸湿并氧化分解而着色。常温下密封保存不会分解，对热稳定性好，分解温度高达270℃。相对密度1.363，易溶于水、乙醇、丙二醇。1%的山梨酸钾水溶液的pH为7～8。山梨酸钾由碳酸钾或氢氧化钾中和山梨酸制得。

【性能】 山梨酸属于酸型防腐剂，防腐效果受pH影响。山梨酸只有透过细胞壁进入微生物体内才能起作用。实验证明，分子态的山梨酸才能进入细胞内，因此，其抗菌力是在非解离分子的作用下产生的，在食品中至少应保持10%～30%的非解离分子。pH愈低，防腐能力愈强，宜在pH为5～6以下时使用。山梨酸对霉菌、酵母和好气性细菌等均具有抑制作用，还能防止肉毒杆菌、葡萄球菌、沙门菌等有害微生物的生长和繁殖，从而有效地延长食品的保存时间，并保持食品原有的风味。其抑菌作用比杀菌作用强，但对厌氧细菌和嗜酸乳杆菌无效。山梨酸的防腐原理是山梨酸分子结构中含有羧基和共轭双键，羧基使山梨酸的酸性增强，抑制微生物生长；共轭双键可与微生物酶的巯基结合（pH<6的情况下），从而破坏酶系结构，使酶失去活性，最终抑制微生物繁殖，达到防腐保鲜的目的。其防腐效果是同类产品苯甲酸钠的5～10倍。

由于山梨酸在水中的溶解度较低，影响了它在食品中的应用。所以，食品添加剂生产企业通常将山梨酸制成溶解性能良好的山梨酸钾，以扩大山梨酸类产品的应用范围。山梨酸钾要转化为未解离的山梨酸后才具有防腐性能。山梨酸1g相当于山梨酸钾1.33g，山梨酸钾

1g 相当于山梨酸 0.746g。山梨酸和山梨酸钾的防腐原理和防腐效果是一样的。

【安全性】 山梨酸 ADI 为 $0\sim25mg/kg$ 体重，大鼠经口 LD_{50} 为 10.5g/kg 体重，大鼠 MNL 为 2.5g/kg 体重。山梨酸钾 ADI 为 $0\sim25mg/kg$ 体重（以山梨酸计，FAO/WHO），大鼠经口 LD_{50} 为 4.92g/kg 体重。

与其他天然的脂肪酸一样，山梨酸在人体内参与新陈代谢过程，并被人体消化和吸收，产生二氧化碳和水。从安全性方面来讲，山梨酸是一种国际公认安全（GRAS）的防腐剂，安全性很高，联合国粮农组织、世界卫生组织、美国 FDA 都对其安全性给予了肯定。山梨酸对人体不会产生致癌和致畸作用。作为一种安全高效的防腐剂，山梨酸钾代替苯甲酸钠是食品工业发展的趋势。

【应用】 按我国《食品安全国家标准 食品添加剂使用标准》（GB 2760—2024），山梨酸及其钾盐作为防腐剂，其使用范围和最大使用量（以山梨酸计，g/kg）为：熟肉制品、预制水产品（半成品）0.075，葡萄酒 0.2，配制酒 0.4；风味冰、冰棍类，经表面处理的鲜水果、蜜饯，经表面处理的新鲜蔬菜，加工食用菌和藻类，酿造酱，饮料类〔包装饮用水、果蔬汁（浆）除外〕，果冻，胶原蛋白肠衣 0.5；果酒 0.6；干酪、再制干酪、干酪制品及干酪类似品、氢化植物油、人造黄油及其类似制品（如黄油和人造黄油混合品），果酱（罐头除外）、腌渍的蔬菜、豆干再制品、新型豆制品（大豆蛋白及其膨化食品、大豆素肉等）、除胶基糖果以外的其他糖果、面包、糕点、焙烤食品馅料及表面用挂浆、风干、烘干、压干等水产品、熟制水产品（可直接食用）、其他水产品及其制品、调味糖浆、酱油、食醋、复合调味料、乳酸菌饮料、脂肪含量 80% 以下的乳化制品 1.0；胶基糖果、杂粮灌肠制品、米面灌肠制品、肉灌肠类、蛋制品 1.5；浓缩果蔬汁（浆）（仅限食品工业用）2.0。

由于山梨酸难溶于水，使用时应先将其溶于乙醇或者碳酸氢钠、碳酸氢钾溶液中。溶解山梨酸时，不能与铜、铁接触，以免形成不良色泽。为防止山梨酸挥发，在食品生产中应先加热食品，再加山梨酸。例如在生产果酱时，可在果酱浓缩终点前加入，并使之在果酱中均匀分布。山梨酸应避免在有生物活性的动植物组织中应用，因为有些酶可以使山梨酸分解为1,3-戊二烯，不仅使山梨酸丧失防腐性能，还产生不良气味。另外，山梨酸也不宜长期与乙醇共存，因为乙醇与山梨酸作用会生成具有特殊气味的物质，影响食品风味。山梨酸在贮存时应注意防湿、防热（温度以低于 38℃ 为宜），保持包装完整，防止氧化。使用山梨酸（钾）作为防腐剂时，若食品已被微生物严重污染，山梨酸（钾）则不能产生防腐效果，反而成为微生物的营养源，从而加速食品腐败。山梨酸（钾）与其他食品防腐剂如苯甲酸、丙酸等复配使用时可产生协同作用，提高防腐效果。需要注意的是，山梨酸（钾）会刺激眼睛，若在使用过程中不慎进入眼中，需立即用水冲洗，及时就医。此外，山梨酸（钾）使用方式灵活，可以采用直接添加、喷洒、浸渍、干粉喷雾、在包装材料上处理等多种方式。正是由于其具有使用灵活的特点，所以联合国粮农组织、世界卫生组织以及美国、英国、日本、中国以及东南亚等国家，都推荐山梨酸及山梨酸钾作为多种食品的防腐保鲜剂。

3. 丙酸及其钠盐、钙盐（CNS：17.029，17.006，17.005；INS：280，281，282）

在我国广泛使用的三大防腐剂苯甲酸、丙酸、山梨酸中，丙酸是世界上公认的最经济实惠、安全有效的食用性防腐剂，较常用的丙酸盐有丙酸钙、丙酸钠等。

【性质】 丙酸是三个碳的羧酸，纯的丙酸是无色、有腐蚀性的液体，带有刺激性气味。

分子量为 74.08，熔点为 $-22℃$，沸点为 140.7℃，相对密度 0.99，溶于水、乙醇、乙醚等。高浓度接触时会引起皮肤、眼黏膜表面的局部损伤。

丙酸钠是白色透明有特异臭气的颗粒或结晶，无臭或微带特殊臭味，对光和热稳定，熔点在 400℃ 以上，在湿空气中潮解。易溶于水（15℃时 100g、100℃ 时 150g），溶于乙醇（15℃时 4.4g、100℃时 8.4g），微溶于丙酮（15℃时 0.05g），由丙酸与碳酸钠反应而得。10% 的丙酸钠水溶液 pH 为 8.49，在 10% 的丙酸钠水溶液中加入同量的稀硫酸，加热后即产生有丙酸臭味气体。

丙酸钙是丙酸的钙盐。白色粉末或单斜结晶，无臭或微带丙酸气味。用作食品添加剂的丙酸钙为一水盐。对光和热稳定，有吸湿性。在 100g 水中的溶解度为：20℃，39.85g；50℃，38.25g；100℃，48.44g。微溶于乙醇和甲醇，几乎不溶于丙酮和苯。丙酸钙可直接由氧化钙合成。在 10% 的丙酸钙水溶液中加入同量的稀硫酸，加热后即产生有丙酸臭味气体。丙酸钙呈碱性，其 10% 的水溶液 pH 为 8～10。

【性能】 丙酸及其盐类的有效成分均为丙酸，必须在酸性环境中才能产生抑菌作用。抑菌浓度在 pH 为 5.0 时最小，为 0.01%，pH 为 6.5 时为 0.5%。在酸性介质中对各类霉菌、好氧芽孢杆菌或革兰氏阴性杆菌有较强的抑制作用，对防止黄曲霉毒素的产生有特效，而对酵母几乎无效。其防腐原理为：①单体丙酸分子可以在霉菌细胞外形成高渗透压，使霉菌细胞内脱水，失去繁殖力；②丙酸活性分子可以穿透霉菌等的细胞壁，抑制细胞内的酶活性，阻碍微生物合成 β-丙氨酸，进而阻止霉菌的繁殖。

【安全性】 丙酸是人体正常代谢的中间产物，可被代谢和利用，安全无毒。丙酸进入人或动物体后，可以依次转变成丙酰辅酶 A、D-甲基丙二酸单酰辅酶 A、L-甲基丙二酸单酰辅酶 A 和琥珀酰辅酶 A。琥珀酰辅酶 A 既可以进入三羧酸循环彻底氧化分解，又可以进入糖异生途径合成葡萄糖或糖原。在动物的代谢途径中，某些反刍动物（如牛）瘤胃中的细菌能将糖（如纤维素）发酵成丙酸，通过上述途径进入脂质代谢与糖代谢，因此并不对反刍动物健康造成损害。

丙酸钠 ADI 不做限制性规定（FAO/WHO），小鼠经口 LD_{50} 为 5.1g/kg 体重。丙酸钙 ADI 不做限制性规定（FAO/WHO），小鼠经口 LD_{50} 为 3340mg/kg 体重。

丙酸盐不受食品中其他成分影响，具有腐蚀性低、刺激性小、适于长期贮存等优点。我国饲料生产中使用的霉敌、除霉净等主要成分均为丙酸盐。另外，由于丙酸盐不具有熏蒸作用，因此，对粮食类食品的混合均匀度要求较高。

【应用】 按我国《食品安全国家标准 食品添加剂使用标准》（GB 2760—2024），丙酸及其钠盐、钙盐作为防腐剂，其使用范围和最大使用量（以丙酸计，g/kg）为：豆类制品、面包、糕点、食醋、酱油、液体复合调味料 2.5，生面湿制品（面条、饺子皮、馄饨皮、烧麦皮）0.25，原粮 1.8，调理肉制品（生肉添加调理料），熏、烧、烤肉类 3.0。一般使用 3%～5% 丙酸钠溶液浸泡杨梅，浸泡后需要洗净才能用于加工杨梅罐头。

作为食品防腐剂的丙酸盐，丙酸钙抑制霉菌的有效剂量比丙酸钠小，但丙酸钙的优点在于，在糕点、面包和干酪中使用可补充食品中的钙质。丙酸钙主要用于面包，因为丙酸钠使面包的 pH 升高，延迟生面的发酵；糕点中多用丙酸钠，因为糕点的膨松采用合成膨松剂，丙酸钙能降低化学膨松剂的作用。作为饲料防腐剂时，丙酸钠的效果优于丙酸钙，但丙酸钙比丙酸钠稳定。丙酸钠和丙酸钙是瑞士干酪等产品中的天然产物，因此，国外常用于加工干酪，最大使用量为 3g/kg。在 pH 为 5.8 的面团中加入 0.188% 或在 pH 为 5.6 的面团中加入 0.156% 的丙酸钙可防止发生"黏丝病"（由枯草芽孢杆菌引起），并可避免对酵母菌的正常发酵产生影响。面包中加入 0.3% 丙酸钙，可延长 2～4d 不长霉；月饼中加入 0.25%，可延长 30～40d 不长霉。番茄酱罐头开罐后易生霉，若加入 0.2% 的丙酸钙，可延长保存期。

我国丙酸消费结构为：60% 用于谷物和饲料保存剂、食品保鲜剂，20% 用于除草剂敌稗和禾乐灵等的原料，20% 用于生产香料和香精等。近 10 年来，我国丙酸需求迅猛增长，未来数年这种增长趋势将会继续。

此外，丙酸钙也可作为牙膏、化妆品的添加剂，起到良好的防腐作用，是食品、酿造、饲料、中药制剂等方面的一种新型、安全、高效、广谱食品与饲料用防霉剂。

4. 对羟基苯甲酸酯类及其钠盐（对羟基苯甲酸甲酯钠，对羟基苯甲酸乙酯及其钠盐）（CNS：17.032，17.007，17.036；INS：219，214，215）

对羟基苯甲酸酯类（尼泊金酯）是苯甲酸的衍生物，具有挥发性差、杀菌能力强和稳定性高等特点，是一类低毒高效的防腐剂。1924 年被研究者发现具有抗菌活性，1932 年首次被添加到食品中。该类防腐剂被广泛用于食品、化妆品、医药等许多方面，仅在化妆品行业全国每年的需求量就超过 50t。

常用的对羟基苯甲酸酯类防腐剂主要有对羟基苯甲酸甲酯、对羟基苯甲酸乙酯、对羟基苯甲酸丙酯、对羟基苯甲酸丁酯等。

【性质】 对羟基苯甲酸甲酯钠为白色或类白色结晶性粉末。在水中易溶，在乙醇中微溶，在二氯甲烷中几乎不溶。

对羟基苯甲酸乙酯，又名尼泊金乙酯、羟苯乙酯、4-羟基苯甲酸乙酯。熔点 116～118℃，沸点 297～298℃，密度 1.168g/cm³。白色结晶或结晶性粉末，有特殊香味。易溶于乙醇、乙醚和丙酮，微溶于水、氯仿、二硫化碳和石油醚。pH3～6 的水溶液在室温稳定，能在 120℃灭菌 20min 不分解，pH＞8 时水溶液易水解。

对羟基苯甲酸乙酯钠为白色吸湿性粉末。易溶于水，呈碱性。

【性能】 对羟基苯甲酸酯类的作用机制基本上与苯酚类似，可破坏微生物的细胞膜，使细胞内蛋白质变性，并抑制微生物细胞的呼吸酶系与电子传递酶系的活性。对羟基苯甲酸酯类分子内的羧基已经酯化，不再电离，所以它的防腐效果不易随 pH 的变化而变化，其抗菌作用在 pH 为 4～8 时均有很好的效果。对羟基苯甲酸酯类除对真菌有效外，由于它具有酚羟基结构，所以抗细菌性能比苯甲酸、山梨酸都强。对于肉制品、豆乳饮料等 pH 接近中性的许多食品，对羟基苯甲酸酯类具有更高的应用价值。对羟基苯甲酸酯在 pH 为 6.8 时的抑菌作用是苯甲酸钠的 2～8 倍。

将几种酯混合在一起使用，不仅可以提高溶解度，而且由于它们之间存在协同作用，具有更好的防腐能力。国内外大量的实际应用也证实了复配的对羟基苯甲酸酯类比单一使用的抑菌效果强。对羟基苯甲酸酯类与苯甲酸钠混合使用时也可产生协同作用。对羟基苯甲酸酯类抑菌作用随着醇烷基碳原子数的增加而增加，如对羟基苯甲酸辛酯对酵母菌生长与繁殖的抑制作用是丁酯的 50 倍，比乙酯强 200 倍左右；而在水中的溶解度则随着醇烷基的碳原子数增加而降低。另外，碳链愈长，毒性愈小，用量愈少。通常的做法是将几种产品混合使用，以提高溶解度，并通过协同增效作用提高其防腐能力。

1923 年，对羟基苯甲酸酯类即被建议作为食品和药品的防腐剂，但自苯甲酸大量生产后，对羟基苯甲酸酯类的应用大量减少。对羟基苯甲酸酯类的特点是其毒性比苯甲酸低，抑菌作用与 pH 无关。但由于其水溶性比较低和具有特殊气味，其在食品防腐上的应用受到限制。对羟基苯甲酸酯类也用于药物和化妆品防腐，在美国，对羟基苯甲酸庚酯用于啤酒防腐。国内生产厂家的产品都是一些短链酯（如对羟基苯甲酸甲酯、对羟基苯甲酸乙酯、对羟基苯甲酸丙酯与对羟基苯甲酸丁酯等），对一些长链酯（如对羟基苯甲酸庚酯、对羟基苯甲酸辛酯、对羟基苯甲酸壬酯等），国内尚未生产。因此，对该类产品的系列化研究非常重要。目前，在精细化工领域中研究、开发新型对羟基苯甲酸酯类异常活跃，预计对羟基苯甲酸酯类将会有很大发展。

【安全性】 对羟基苯甲酸甲酯钠 ADI 为 0～10mg/kg 体重。对羟基苯甲酸乙酯 ADI 为 0～10mg/kg 体重，小鼠经口 LD_{50} 为 5000mg/kg 体重，对羟基苯甲酸乙酯的安全性为其在食品中扩大使用范围提供了基础。对羟基苯甲酸乙酯钠是由对羟基苯甲酸乙酯与氢氧化钠进行中和反应再进行干燥而得。对羟基苯甲酸乙酯钠有时会引起过敏，出现皮炎。但急性毒性和慢性毒性很低，小鼠经口 LD_{50} 为 8g/kg 体重，ADI 为 0～10mg/kg 体重，一般公认是安全的。

对羟基苯甲酸酯类在人体肠道中很快被吸收，与苯甲酸类防腐剂一样，在肝、肾中酯键水解，产生对羟基苯甲酸，直接由尿排出，或再转变为羟基马尿酸、葡萄糖醛酸酯后排出，在体内不积累，较为安全。

【应用】 按我国《食品安全国家标准 食品添加剂使用标准》（GB 2760—2024），对羟基苯甲酸酯类及其钠盐作为防腐剂，其使用范围和最大使用量（以对羟基苯甲酸计，g/kg）为：经表面处理的鲜水果、经表面处理的新鲜蔬菜 0.012，热凝固蛋制品（如蛋黄酪、松花蛋肠）、碳酸饮料 0.2，果酱（罐头除外）、食醋、酱油、酿造酱、调味酱、液体复合调味料、果蔬汁（浆）类饮料、风味饮料（仅限果味饮料）0.25，焙烤食品馅料及表面用挂浆（仅限糕点馅）0.5。

对羟基苯甲酯类用于酱油和醋时，一般配成 10% 丙二醇溶液后再加到酱油和醋中。酱油中如果含有酯酶会分解对羟基苯甲酸酯类。为了避免其分解，可先将酱油经 75℃、30min 的热处理后再添加。对羟基苯甲酸酯类用于果酱时，一般将其溶于乙酸后，再与果酱混合。有些对羟基苯甲酸酯盐类在饮料和果蔬汁中使用时容易析出白色沉淀，主要是由于对羟基苯甲酸酯根离子在酸性或弱酸性条件下容易结合溶液中的氢离子，重新形成对羟基苯甲酸酯，在局部浓度过高的情况下，析出对羟基苯甲酸酯沉淀。因此，在酸性或弱酸性食品中使用时，应配成浓度为 20% 左右的溶液，并且要在搅拌下缓慢加入，以防止局部浓度过高而析出沉淀。在使用中，应特别注意避免先加入酸度调节剂，或者同时加入对羟基苯甲酸酯钠和酸度调节剂。对羟基苯甲酸酯钠溶于水后不能长时间放置，以免发生酯水解作用而降低其防腐作用，一般要求现用现配，避免过夜。

对羟基苯甲酸酯类可以混合使用，按对羟基苯甲酸的总量计算用量。

5. 双乙酸钠 [CNS：17.013；INS：262（ii）]

【性质】 双乙酸钠（SDA）又称二醋酸钠。白色吸湿性结晶粉末或结晶状固体，带乙酸气味，有吸湿性，无毒。易溶于水和乙醇，1g 可溶于约 1mL 水中。加热至 150℃ 以上分解，可燃。10% 双乙酸钠溶液的 pH 为 4.5～5.0。

【性能】 双乙酸钠的抑菌作用源于乙酸，其溶于水时释放出 42.25% 的乙酸。乙酸分子与类酯化合物的相溶性好。研究表明，乙酸主要是通过有效地渗透入霉菌的细胞壁而干扰酶的相互作用，或使微生物细胞内蛋白质变性，从而抑制霉菌的产生，达到高效防霉、防腐等功能。双乙酸钠对黑曲霉、黑根霉、黄曲霉、绿色木霉的抑制效果优于山梨酸钾，防霉、防腐效果也优于苯甲酸盐类。双乙酸钠与山梨酸钾、丙酸钙复配使用有协同增效的作用。

双乙酸钠的酸味柔和，克服了丙酸盐特有的刺激气味。它的添加不会改变食品特性，不受食品本身 pH 影响，在弱碱性条件下对霉菌的抑菌能力也较强。除了抑制霉菌，双乙酸钠对大肠杆菌、金黄色葡萄球菌、李斯特菌、革兰阴性菌也有一定的抑制作用。

【安全性】 双乙酸钠的毒性很低，小鼠经口 LD_{50} 为 3.31g/kg 体重，大鼠经口 LD_{50} 为 4.96g/kg 体重，ADI 为 0～15mg/kg 体重。双乙酸钠参与人体的新陈代谢，产生 CO_2 和 H_2O，可看成食品的一部分。

【应用】 按我国《食品安全国家标准 食品添加剂使用标准》（GB 2760—2024），双乙酸钠作为防腐剂，其使用范围和最大使用量（g/kg）为：豆干类、豆干再制品、原粮、熟制水产品（可直接使用）、膨化食品 1.0；调味品 2.5；预制肉制品、熟肉制品 3.0；粉圆、糕点 4.0；复合调味料 10.0。

双乙酸钠使用范围广泛，操作方便灵活，可直接添加也可喷洒或浸渍。除了用于各类食品的防霉、防腐外，在医药、烟草、造纸、水果保鲜、饲料等行业中也有很大应用，双乙酸钠用于谷物防霉时，应注意控制温度和湿度。在含水量 21.5% 的粮食中加入双乙酸钠，可使粮食贮存期由 90d 延至 208d。在生面团中加入 0.2% 的双乙酸钠，在 37℃ 下保存时间由 3h 延至 72h。此外，双乙酸钠也可用作螯合剂屏蔽食品中引起氧化作用的金属离子。

6. 脱氢乙酸及其钠盐 [CNS：17.009（i），17.009（ii）；INS：265，266]

【性质】 脱氢乙酸（DA），又名二乙酰基乙酰乙酸，固态无色至白色针状或板状结晶或白色结晶粉末。无臭，略带酸味。熔点 108～111℃，沸点 269.9℃。易溶于固定碱的水溶液，难溶于水，1g 约溶于 35mL 乙醇和 5mL 丙酮。脱氢乙酸饱和水溶液 pH 为 4。

脱氢乙酸钠为白色或近白色结晶性粉末，无臭。易溶于水、甘油、丙二醇，微溶于乙醇和丙酮。熔点约为 295℃，其水溶液在 120℃ 下不发生变化，于 120℃ 加热 2h 仍保持稳定，呈中性或微碱性。耐光、耐热性好。

【性能】 脱氢乙酸是广谱防腐剂，对霉菌和酵母的抑菌能力特别强，为苯甲酸钠的 2～10 倍，浓度为 0.1% 的脱氢乙酸可有效抑制霉菌，在高剂量时才能抑制细菌，抑制细菌的有效浓度为 0.4%。脱氢乙酸电离常数较低，尽管其抗菌活性和水溶液稳定性随 pH 增高而下降，但在较高 pH 范围内仍有很好的抗菌抑菌效果，当 pH 大于 9 时，抗菌活性才减弱。

【安全性】 脱氢乙酸及其钠盐是 FAO/WHO 批准使用的一种安全食品防腐剂。脱氢乙酸钠在新陈代谢过程中逐渐降解为乙酸，对人体无毒，使用时不影响食品的口味。脱氢乙酸，大鼠经口 LD_{50} 为 1000mg/kg 体重。脱氢乙酸钠，大鼠经口 LD_{50} 为 570mg/kg 体重。

【应用】 按我国《食品安全国家标准 食品添加剂使用标准》（GB 2760—2024），脱氢乙酸及其钠盐作为防腐剂，其使用范围和最大使用量（以脱氢乙酸计，g/kg）为：腌渍的蔬菜、腌渍的食用菌和藻类、发酵豆制品0.3，熟肉制品、复合调味料0.5。

7. 单辛酸甘油酯（CNS：17.031；INS：—）

单辛酸甘油酯是一种新型、无毒、高效、广谱防腐剂。20世纪80年代开发成功并投放市场，规定为不需限量的食品防腐剂。

【性质】 单辛酸甘油酯是由八个碳的直链饱和脂肪酸辛酸和甘油各1mol酯化合成。熔点为40℃，难溶于冷水，加热后易溶，水溶液为不透明的乳状液，易溶于乙醇、丙二醇等有机溶剂。常温下固态，稍有芳香味。

【性能】 单辛酸甘油酯对细菌、霉菌、酵母均有抑制作用，对革兰阴性菌效果略差。其作用机理目前仍是一些假设，如脂肪酸与酯及微生物膜的关系假说，脂肪酸与酯首先接近微生物细胞膜的表面，然后亲油部分的脂肪酸或其酯在细胞膜中多数呈刺入状态。这种状态下在物理方面细胞膜的脂质机能低下，结果其细胞机能终止。只有用一些方法使刺入的脂肪酸及其酯离开，细胞才能恢复机能。

单辛酸甘油酯在肉制品中添加浓度为0.05%～0.06%时，对细菌、霉菌、酵母完全抑制；在生切面中使用0.04%，保质期比对照组从2d增至4d；在内酯豆腐中使用，有同样效果。

【安全性】 FAO/WHO/JECFA对单辛酸甘油酯ADI值不做限量。它在体内和脂肪一样，能分解代谢，分解成甘油和脂肪酸，经β-氧化途径和TCA循环，最终生成二氧化碳和水，可供给身体能量，无任何积蓄和不良反应。

大鼠经口LD_{50}为26.1g/kg体重。大鼠分别用150mg/kg、750mg/kg、3750mg/kg喂养90d，无有害反应。

【应用】 按我国《食品安全国家标准 食品添加剂使用标准》（GB 2760—2024），单辛酸甘油酯作为防腐剂，其使用范围和最大使用量（g/kg）为：生湿面制品（如面条、饺子皮、馄饨皮、烧麦皮）、糕点、焙烤食品馅料及表面用挂浆（仅限豆馅）1.0，肉灌肠类0.5。

8. 二甲基二碳酸盐（CNS：17.033；INS：242）

【性质】 二甲基二碳酸盐又名维果灵，外观为无色透明液体，稍有涩味，沸点172℃，低于17℃时凝固。20℃时相对密度1.25，蒸汽压0.07kPa，闪点85℃。水中溶解度为3.65%。

【性能】 二甲基二碳酸盐是酸型防腐剂，对酵母菌和细菌有良好的抑制作用，但对乳酸菌和乙酸菌的抑制效果不佳。二甲基二碳酸盐的作用机理可能是抑制乙酸盐激酶和L-谷氨酸脱羧酶的活性，也可能是使乙醇脱氢酶和甘油醛-3-磷酸脱氢酶的组氨酸部分的甲氧羰基化。

【安全性】 二甲基二碳酸盐的ADI为0～0.25g/kg体重，美国FDA 1988年批准作为葡萄酒的酵母抑制剂，剂量为200mg/L，但作为食品加工助剂，不需要特殊注明。

【应用】 按我国《食品安全国家标准 食品添加剂使用标准》（GB 2760—2024），二甲基二碳酸盐作为防腐剂，其使用范围和最大使用量（g/kg）为：果蔬汁（浆）类饮料、碳酸饮料、风味饮料、茶（类）饮料、其他饮料类（仅限麦芽汁发酵非酒精饮料）、特殊用途饮料0.25。

在饮料生产中，应用二甲基二碳酸盐，能够实现在传统灌装工艺的基础上，生产出稳定且口感纯正的饮料。即使在较低的浓度下，二甲基二碳酸盐也能极其有效地杀灭饮料中的有害微生物。一旦加入饮料中，二甲基二碳酸盐迅速完全水解成微量的二氧化碳和痕量的甲醇。因为其彻底水解的特性，二甲基二碳酸盐不会对饮料的口味、气味和颜色产生影响，可保证饮料的纯正新鲜。二甲基二碳酸盐与玻璃、金属和塑料如 PET 或 PVC 饮料包装都是兼容的。使用二甲基二碳酸盐有很多优势，因此越来越多的饮料制造商开始使用。

在添加二甲基二碳酸盐时，不要直接接触，工作环境应有良好的通风条件，最好通过计量系统将其加在灌装之前的暂存罐中或者在灌装时在线添加。

二、天然防腐剂

化学合成防腐剂均有一定的毒性，如对其使用标准不注意，则容易产生毒副作用。随着生活水平的提高，人们对食品的关注也越来越多，对食品的安全、健康、天然的要求越来越高。对此，除开发符合这些要求的新型化学合成食品防腐剂以外，更应充分利用天然的食品防腐剂。

1. 乳酸链球菌素（CNS：17.019；INS：234）

乳酸链球菌素（nisin）亦称乳酸链球菌肽。1947 年 A. T. R. Mattick 从乳酸链球菌的发酵物中制备出了这种多肽，命名为 nisin；1951 年，Hiish 等人首先将其用于食品防腐，成功地控制了由肉毒梭菌引起的奶酪膨胀腐败；1953 年一种命名为 Nisapin 的商品化产品在英国面世；1969 年，FAO/WHO 确认乳酸链球菌素为食品防腐剂。这是第一个被批准用于食品中的细菌素。由于乳酸链球菌素可抑制大多数革兰阳性菌，并对芽孢杆菌的孢子有强烈的抑制作用，因此被作为食品防腐剂广泛应用于食品行业。目前已被 50 多个国家使用。商品制剂常用国际单位（IU）表示。

【性质】 乳酸链球菌素，是一种多肽化合物，由 34 个氨基酸组成。白色至淡黄色结晶性粉末或颗粒，略带咸味。乳酸链球菌素不溶于非极性溶剂，使用时需溶于水或液体中，且在不同 pH 下溶解度不同。溶解度随 pH 上升而下降，pH2.5 时为 12%；pH5.0 时为 4%，中性、碱性时几乎不溶解。乳酸链球菌素的稳定性也与溶液的 pH 有关。如溶于 pH 为 6.5 的脱脂牛奶中，经 85℃ 巴氏灭菌 15min 后，活性仅损失 15%，当溶于 pH 为 3 的稀盐酸中，经 121℃ 15min 高压灭菌后仍保持 100% 的活性，其耐酸、耐热性能优良。

乳酸链球菌素在天然状态下主要有两种形式，分别为 nisin A 和 nisin Z，由乳酸链球菌发酵培养精制而成，后者的溶解度和抗菌能力均大于前者。

【性能】 乳酸链球菌素能有效抑制引起食品腐败的许多革兰阳性菌，如乳杆菌、明串珠菌、小球菌、葡萄球菌、李斯特菌等，特别是对产芽孢的细菌如芽孢杆菌、梭状芽孢杆菌有很强的抑制作用，而对霉菌和酵母菌则无作用。通常，产芽孢的细菌耐热性很强，如鲜乳采用 135℃、2s 超高温瞬时灭菌，非芽孢细菌的死亡率为 100%，芽孢细菌的死亡率为 90%，还有 10% 的芽孢细菌不能杀灭。若鲜乳中添加 0.03～0.05g/kg nisin 就可抑制芽孢杆菌和梭状芽孢杆菌孢子的发芽和繁殖。它还可以与化学防腐剂结合使用，从而减少化学防腐剂的用量，还可与某些络合物（如 EDTA 或柠檬酸）等一起作用，可使部分细菌对之敏感。nisin 主要用于蛋白质含量高的食品的防腐，如肉类、豆制品等，不能用于蛋白质含量低的食品，否则，反而会被微生物作为氮源利用。

其防腐机理是：乳酸链球菌素对微生物的作用首先是分子对细胞膜的吸附，在此过程中，分子能否通过细胞壁是一个关键因素。同时，pH、Mg^{2+}、乳酸浓度、氮源种类等均可影响它对细胞的吸附作用。带有正电荷的乳酸链球菌素吸附在膜上后，利用离子间的相互作用及其分子的 C 末端、N 末端对膜结构产生作用，形成"穿膜"孔道，从而引起细胞内物质泄漏，导致细胞解体死亡。

【安全性】　通过病理学家研究以及毒理学试验都证明乳酸链球菌素是完全无毒的。食用后在人体的生理 pH 条件和 α-胰凝乳蛋白酶作用下很快水解成氨基酸。人在吸入含乳酸链球菌素液体 10min 后，在唾液中就已测不到乳酸链球菌素，因此，它在临床使用方面不会有治疗作用，也不会改变人体肠道内正常菌群以及产生如其他抗生素所出现的抗性问题，更不会与其他抗生素出现交叉抗性，是一种高效、无毒、安全、无副作用的天然食品防腐剂。大鼠经口 LD_{50} 为 7000mg/kg 体重，ADI 为 0～0.875mg/kg 体重。

【应用】　按我国《食品安全国家标准 食品添加剂使用标准》（GB 2760—2024），乳酸链球菌素作为防腐剂，其使用范围和最大使用量（g/kg）为：食醋 0.15，酱油、酿造酱、复合调味料、饮料类［（包装饮用水、浓缩果蔬汁（浆）］0.2，其他杂粮制品（仅限杂粮灌肠制品）、方便米面制品（仅限方便湿面制品）、方便米面制品（仅限和高温灭菌米面灌肠制品）、蛋制品（改变其物理性状）0.25，面包、糕点 0.3，乳及乳制品（巴氏杀菌乳、灭菌乳、发酵乳、乳粉和奶油粉、稀奶油除外）、卤制豆干、预制肉制品、熟肉制品、熟制水产品（可直接食用）、腌渍的蔬菜、加工食用菌和藻类 0.5g/kg。

世界上有不少国家如英国、法国、澳大利亚等，在包装食品中添加乳酸链球菌素，通过此法可以降低灭菌温度，缩短灭菌时间，降低热加工温度，减少营养成分的损失，改进食品的品质和节省能源，并能有效地延长食品的保藏时间。还可以取代或部分取代化学防腐剂、护色剂（如亚硝酸盐），以满足生产保健食品、绿色食品的需要。几种具体应用如下。

① 在肉制品中的应用　能有效地抑制引起食品腐败的革兰阳性菌，如李斯特菌、金黄色葡萄球菌、肉毒梭菌及多种腐败微生物等，防腐效果明显，能显著延长 2～3 倍的货架期。添加 5～15g/100kg 的乳酸链球菌素，复合少量其他防腐剂，可使低温肉制品保质期在常温条件下达三个月以上。

② 在乳制品中的应用　添加 0.08～0.1g/kg 乳酸链球菌素于罐装无糖炼乳中可抑制耐热性孢子的生长，减少热处理时间 10min；在干酪中，添加 0.05～0.1g/kg 的乳酸链球菌素可解决在干酪加工过程中耐热性革兰阳性菌孢子（如肉毒梭菌和其他厌氧梭菌、保加利亚乳杆菌等）引起的腐败。

③ 在罐头食品中的应用　罐头食品中经常污染一些极为耐热的细菌芽孢，如嗜热脂肪芽孢杆菌和热解糖梭菌的芽孢，一旦条件适宜，它们就会生长，引起产气、产酸腐败。0.1g/kg 的乳酸链球菌素添加于罐头食品中，可以使罐头食品在炎热的条件下保存 2 年，并能减少热处理强度的 1/2，节省能源，使罐头食品保持良好营养价值、外观、风味、色泽、保持产品品质、延长食品保质期，其效果优于山梨酸钾。

④ 在海产品中的应用　鱼、鲜虾等海鲜制品以其美味及高营养价值深受人们喜爱，且多冷食，因易腐败变质，易遭受李斯特菌和肉毒杆菌的污染，控制半成品、成品中的细菌数

就显得十分重要。加入 0.1~0.15g/kg 的 nisin 就可抑制腐败细菌的生长和繁殖，延长产品的新鲜度和货架期。以生虾肉为主料，加工的虾肉糜，一般只有 2d 的保质期，加入 nisin 后可使保质期达到 60~70d。

⑤ 在植物蛋白食品中的应用　在豆乳、花生牛乳等中添加乳酸链球菌素 0.1~0.15g/kg，保质期延长 3 倍以上；内酯豆腐中添加 0.1g/kg 的乳酸链球菌素，能使保质期延长 5 倍以上；豆干中添加 0.1g/kg 的乳酸链球菌素，复合少量其他防腐剂，经合适的灭菌，保质期可达 6 个月。

⑥ 在果汁饮料中的应用　引起果汁和果汁饮料酸败的原因来自酸土芽孢杆菌，该菌是一种耐酸且耐热的产芽孢杆状细菌。它适于在 25~60℃、pH 为 2.5~6.0 的环境下生长繁殖，在饮料生产和用水过程中均有酸土芽孢杆菌的存在，很容易被带入果汁和果汁饮料的产品中，引起果汁类产品的腐败。添加 0.05~0.1g/kg 乳酸链球菌素，经巴氏灭菌可以阻止存活的酸土芽孢杆菌孢子的生长和繁殖，防止产品腐败，达到保质要求。

⑦ 在液体蛋及蛋制品中的应用　0.05~0.1g/kg 乳酸链球菌素添加到蛋制品中，可有效抑制引起产品腐败的耐热性孢子，将原来保存期 7d 的蛋制品的保质期延长到 1 个月以上。

⑧ 在调味品中的应用　0.05~0.2g/kg 的乳酸链球菌素加入沙拉酱中，可有效抑制乳酸菌和孢子的生长，使低脂、低盐产品的腐败性降低，延长保存期 3 倍以上。

⑨ 在酿酒工艺中的应用　由于乳酸链球菌素不能抑制酵母菌，因而可用于啤酒、果酒及其他酒类产品来防止乳酸菌引起的腐败。

⑩ 在烘焙食品中的应用　在发面烤饼、甜面包和煎饼等中添加 nisin，对引起产品腐败的耐热蜡状芽孢杆菌有很强的抑制作用，可延长制品的保质期。添加 0.2g/kg 的乳酸链球菌素于产品中即可达到抑菌要求。

2. 纳他霉素（CNS：17.030；INS：235）

纳他霉素也称匹马菌素、游霉素，1955 年首次从纳塔尔链霉菌中分离得到，其活性远优于山梨酸。1982 年 6 月，美国 FDA 正式批准纳他霉素可用作食品防腐剂，还将其归类为 GRAS 产品之列。

【性质】　纳他霉素分子结构属于多烯烃大环内酯类，四烯系统是全顺式，内酯环上 C3~C9 部位是半缩醛结构，含有一个糖苷键连接的碳水化合物基团，即氨基二脱氧甘露糖。熔点 280℃，无臭无味，白色或奶油色粉末状结晶，几乎不溶于水、高级醇、醚、酯，微溶于冰醋酸等溶剂。室温下水中溶解度为 30~100mg/L。pH 低于 3 或高于 9 时，其溶解度会有提高，但会降低纳他霉素的稳定性。此外，高温、紫外线、氧化剂及重金属等也会影响纳他霉素的稳定性。

【性能】　纳他霉素是一种由链霉菌发酵产生的天然抗真菌化合物，既可以广泛有效地抑制各种霉菌、酵母菌的生长，又能抑制真菌毒素的产生，可广泛用于食品防腐保鲜以及抗真菌治疗。纳他霉素对细菌没有抑制作用，因此不影响酸乳、奶酪、生火腿、干香肠的自然成熟过程。纳他霉素不干扰其他食品组分，适用于各种食品和饮料。

其作用机理为：纳他霉素依靠其内酯环结构与真菌细胞膜上的甾醇化合物作用，形成抗生素-甾醇化合物，从而破坏真菌的细胞质膜结构。大环内酯的亲水部分（多醇部分）在膜上形成水孔，损伤细胞膜通透性，进而引起菌内氨基酸、电解质等物质渗出，菌体死亡。当某些微生物细胞膜上不存在甾醇化合物时，纳他霉素就对其无作用，因此纳他霉素只对真菌产生抑制，对细菌和病毒不产生抗菌活性。

【安全性】 纳他霉素 ADI 为 $0\sim0.3$mg/kg 体重，小鼠经口 LD_{50} 为 $1.5\sim2.5$mg/kg 体重，大鼠经口 LD_{50} 为 2.73mg/kg 体重。我国《食品安全国家标准 食品添加剂使用标准》（GB 2760—2024）规定，食物中纳他霉素的最大残留量为 10mg/kg。

纳他霉素很难被消化吸收，因为纳他霉素难溶于水和油脂，大部分摄入的纳他霉素可能会随粪便排出。

【应用】 按我国《食品安全国家标准 食品添加剂使用标准》（GB 2760—2024），纳他霉素作为防腐剂，其使用范围和最大使用量（g/kg）为：发酵酒（葡萄酒除外）0.01g/L；蛋黄酱，沙拉酱 0.02；干酪、再制干酪、干酪制品及干酪类似品，糕点，酱卤肉制品类，熏、烧、烤肉类，油炸肉类，西式火腿（熏烤、烟熏、蒸煮火腿）类，肉灌肠类，发酵肉制品类 0.3。

酸乳中添加纳他霉素可以高效、低成本地抑制真菌，果蔬汁中添加纳他霉素可以有效防止因真菌而引起的变质。肉类保鲜方面可采用浸泡或喷涂肉类食品来达到防止霉菌生长的目的。由于它溶解度低，只停留在食品表面，所以适用于食品的表面处理。具体应用为以下几种。

① 乳酪　纳他霉素可防止乳酪在成熟时发霉，以限制霉菌毒素的形成。因它很难透入乳酪，只停留在乳酪表面，所以在控制乳酪表面霉菌生长方面很有优势，而且不影响乳酪的成熟过程。具体的应用方法有三种：a. $0.05\%\sim0.28\%$ 纳他霉素喷于乳酪制品的表面；b. 把盐渍后的乳酪在 $0.05\%\sim0.28\%$ 浓度悬浮液中浸泡 $2\sim4$min；c. 把 0.05% 纳他霉素加到覆盖乳酪的涂层中。

② 广式月饼　使用时一般采用喷洒法。将纳他霉素产品配制成 $0.02\%\sim0.04\%$ 的悬浮液，月饼烘烤后冷却至常温时，将纳他霉素悬浮液喷涂在月饼的表面四周及底部，即可完成外部防霉。生咸蛋黄入炉烤至七八成熟，取出冷却后浸泡于纳他霉素悬浮液中约 2min，即可防止蛋黄馅的霉变。

③ 面包糕点　将 $100\sim500$mg/kg 纳他霉素溶液喷在烘焙食品如蛋糕、白面包、酥饼的表面，或将纳他霉素喷洒在未烘烤的生面团的表面，其防霉保鲜效果非常理想，对产品的口感不产生任何影响。

④ 肉制品　采用浸泡或喷洒肉类食品的方法，使用 4mg/cm^2 纳他霉素时即可达到安全而又有效的防霉目的。以 $0.5\sim2$g/L 浓度的纳他霉素悬浮液浸泡肠衣，或用来浸泡或喷洒已经填好馅料的香肠表面，都可有效地防止香肠表面长霉。烤肉、烤鸭等烤制品以及鱼干制品，亦可通过喷洒 $0.5\sim1$g/L 浓度纳他霉素悬浮液，延长产品的货架期。

⑤ 沙拉酱　文献报道沙拉酱中加入 10mg/kg 纳他霉素，试验期间未发现变质现象，微生物数量无显著变化。沙拉酱与乳酪相似，脂肪含量较高，试验说明纳他霉素对高脂肪食品抑菌效果确切。

⑥ 酱油　室温较高的夏季，在酱油中添加 15mg/kg 的纳他霉素，可有效抑制酵母菌的生长与繁殖，防止白花出现。将纳他霉素和乳酸链球菌素结合起来应用于酱油防霉，可以更有效地抑菌，并降低抑菌浓度。

3. ε-聚赖氨酸（CNS：17.037；INS：—）

1977年，日本学者 S. Shima 和 H. Sakai 在从微生物中筛选 Dragendo-Positive（简写为DP）物质的过程中，发现一株放线菌 No.346 能产生大量而稳定的 DP 物质。通过对酸水解产物的分析及结构分析，证实该 DP 物质是一种含有 25～30 个赖氨酸残基的同型单体聚合物，是赖氨酸残基通过 α-羧基和 ε-氨基形成的酰胺键连接而成，称为 ε-聚赖氨酸（ε-PL）。

【性质】 ε-聚赖氨酸为淡黄色粉末，吸湿性强，略有苦味，是赖氨酸的直链状聚合物。由于聚赖氨酸是混合物，所以没有固定的熔点，250℃以上开始软化分解。ε-聚赖氨酸溶于水，微溶于乙醇，但不溶于乙酸乙酯、乙醚等有机溶剂。

【性能】 ε-聚赖氨酸不受 pH 影响，对热稳定，120℃加热 20min 仍有抑菌特性，能抑制耐热菌，故加入后可进行热处理。但遇酸性多糖类、盐酸盐类、磷酸盐类、铜离子等可能因结合而使活性降低。与盐酸、柠檬酸、苹果酸、甘氨酸和高级脂肪甘油酯等合用又有增效作用。分子量在 3600～4300 的 ε-聚赖氨酸抑菌活性最好，当分子量低于 1300 时，ε-聚赖氨酸失去抑菌活性。它具有很好的杀菌能力和热稳定性，在中性和酸性范围内抑菌效果良好。对各种细菌、真菌和耐热芽孢杆菌都有显著抑制作用，ε-PL 不仅可抑制耐热性较强的革兰阳性菌（G$^+$）的微球菌，而且对其他天然防腐剂（如 nisin）不易抑制的革兰阴性菌（G$^-$）的大肠杆菌、沙门菌抑制效果亦非常好，同时还可抑制保加利亚乳杆菌、嗜热链球菌、酵母菌的生长。但是单独使用 ε-PL 时对枯草芽孢杆菌、黑曲霉抑制不明显，采用 ε-PL 与乙酸复合处理，对枯草芽孢杆菌抑制作用增强，经高温处理后的 ε-PL 对微球菌仍有抑菌活性。它是具有优良防腐性能和巨大商业潜力的天然食品防腐剂，已广泛应用到食品加工业的各个领域。

ε-聚赖氨酸的作用机理主要表现在：ε-聚赖氨酸呈高聚合多价阳离子态，能破坏微生物的细胞膜结构，引起细胞的物质、能量和信息传递中断，所有合成代谢受阻，活性的动态膜结构不能维持，代谢方向趋于水解，最后产生细胞自溶；还能与胞内的核糖体结合影响生物大分子的合成，最终导致细胞死亡。

【安全性】 ε-聚赖氨酸是一种具有抑菌功效的多肽，这种生物防腐剂在 20 世纪 80 年代就首次应用于食品防腐。2003 年 10 月美国 FDA 批准 ε-聚赖氨酸为安全食品保鲜剂。我国2014 年正式批准其为食品添加剂品种。

ε-聚赖氨酸能在人体内分解为赖氨酸，而赖氨酸是人体必需的 8 种氨基酸之一，也是世界各国允许在食品中强化的氨基酸。因此 ε-聚赖氨酸是一种营养型抑菌剂，安全性高于其他化学防腐剂，其急性口服毒性为 5g/kg。

【应用】 按我国《食品安全国家标准 食品添加剂使用标准》（GB 2760—2024），ε-聚赖氨酸作为防腐剂，其使用范围和最大使用量（g/kg）为：焙烤食品 0.15，熟肉制品 0.25，果蔬汁（浆）饮料 0.2g/L。

日本规定 ε-聚赖氨酸在鱼片和寿司中的用量为 1000～5000mg/kg，在米饭（快餐盒）、面汤和其他汤类、面条、煮熟蔬菜等中的添加量为 10～500mg/kg，还可用于土豆色拉、日本牛排、蛋糕等食品中。美国规定在米饭和寿司食品中，ε-聚赖氨酸推荐使用量为 5～50mg/kg。

研究还发现，ε-聚赖氨酸和其他天然抑菌剂配合使用，有明显的协同增效作用，可以提高其抑菌能力。ε-聚赖氨酸和甘氨酸混合能延长牛奶保质期；以 ε-聚赖氨酸与大蒜为主要原料混合制成食品防腐剂，使用时加入食品中或喷淋到食品表面，均具有显著的抗菌防腐作用，能杀死或抑制食品内部或表面的致病性微生物。

4. 溶菌酶（CNS：17.035；INS：1105）

溶菌酶又称胞壁质酶或 N-乙酰胞壁质聚糖水解酶，是一种能水解致病菌中黏多糖的碱性酶。在人体中，溶菌酶在细胞分泌液，如唾液、泪液以及其他一些体液中广泛存在；也存在于线粒体中的细胞质颗粒体中。此外，蛋清中也有大量的溶菌酶。

【性质】 溶菌酶是白色或微黄色粉末或晶体，无臭，味甜，溶于水，不溶于乙醚和丙酮。溶菌酶是很稳定的蛋白质，有较强的抗热性，是已知的最耐热的酶，最适温度为 $45\sim50℃$。在酸性介质中可稳定存在，碱性介质中易失活，最适 pH 为 6.5。pH 为 3 条件下，96℃加热 15min 后活力保持 87%。而在 pH 为 7 时，在温度 100℃下加热 10min，或 80℃加热 30min，便可失去活性。溶菌酶不会因为有机溶剂的处理而失活，当转移到水溶液中时，溶菌酶的活力可全部恢复。溶菌酶可被冷冻或干燥处理，且活力稳定。

【性能】 溶菌酶的抑菌机理为：溶菌酶能有效地水解细菌细胞壁的肽聚糖，其水解位点是 N-乙酰胞壁酸（NAM）的 1 位碳原子和 N-乙酰葡萄糖胺（NAG）的 4 位碳原子间的 β-1,4-糖苷键。肽聚糖是细菌细胞壁的主要成分，由 NAM、NAG 和肽"尾"（一般是 4 个氨基酸）组成。NAM 与 NAG 通过 β-1,4-糖苷键相连，肽"尾"则是通过 D-乳酰羧基连在 NAM 的第 3 位碳原子上，肽尾之间通过肽"桥"（肽键或少数几个氨基酸）连接，NAM、NAG、肽"尾"与肽"桥"共同组成了肽聚糖的多层网状结构。作为细胞壁的骨架，上述结构中的任何化学键断裂，皆能导致细菌细胞壁的损伤，细胞壁破裂后内容物逸出而使细菌溶解。对于革兰阳性菌（G^+），如藤黄微球菌、枯草杆菌或溶壁微球菌等，与革兰阴性菌（G^-），如大肠杆菌、变形杆菌、痢疾杆菌、肺炎杆菌等，其细胞壁中肽聚糖含量不同，G^+ 细菌细胞壁几乎全部由肽聚糖组成，而 G^- 细菌只有内壁层为肽聚糖，因此，溶菌酶对于破坏 G^+ 细菌细胞壁的作用较 G^- 细菌强。溶菌酶还可与带负电荷的病毒蛋白直接结合，与 DNA、RNA、脱辅基蛋白形成复盐，使病毒失活。因此，该酶具有抗菌、消炎、抗病毒等作用。溶菌酶的最低有效浓度为 0.05%。与植酸、聚合磷酸盐、甘氨酸等配合使用，可提高其防腐效果。

【安全性】 溶菌酶作为防腐剂安全性高。溶菌酶是一种天然蛋白质，存在于人体正常体液及组织中。多数商品使用的溶菌酶是从鸡蛋清中提取的蛋清溶菌酶。溶菌酶对微生物的细胞壁的溶解作用具有专一性，对无细胞壁的人体细胞不会有作用，因此不会对人体产生不良影响。FAO/WTO 已经认定溶菌酶在食品中应用是安全的。

【应用】 按我国《食品安全国家标准 食品添加剂使用标准》（GB 2760—2024）规定，溶菌酶作为防腐剂，其使用范围和最大使用量（g/kg）为：发酵酒（葡萄酒除外）0.5，干酪、再制干酪、干酪制品及干酪类似品按生产需要适量使用。

在干酪生产过程中添加少量的溶菌酶可防止因微生物污染引起的酪酸发酵，保证奶酪的质量。在清酒中加入 15mg/kg 的溶菌酶可抑制乳酸菌的生长引起的变质和变味。在水产品上喷洒溶菌酶可起到防腐保鲜的作用。溶菌酶可以代替化学防腐剂用于肉制品中，能有效延长保质期，如用 0.05% 的溶菌酶和 0.05% 乳酸链球菌素混合液保鲜猪肉，4℃下可保鲜

12d，真空包装保鲜期可达 24d。溶菌酶还可用于水果保鲜，如草莓、杨梅等水果的涂膜保鲜。另外，可将溶菌酶固定在食品包装材料上，生产出有抗菌功效的食品包装材料，以达到抗菌保鲜功能。

建议在阴凉干燥的环境下避光保存，贮存温度在 0℃以下。贮藏过久或贮藏条件不利，会使酶活性不同程度地降低，如温度、湿度过高，则需要适当地增加使用量。

天然食品防腐剂作为一类新型安全高效的防腐剂，已成为食品科学研究的热点之一。随着生物技术的不断发展，利用动物、植物、微生物或其代谢产物等为原料，经提取、酶法转化或者发酵等技术生产的天然抗菌物质会越来越多。天然食品防腐剂也是今后防腐剂市场发展的主要方向。但天然食品防腐剂在实际应用中还存在很多问题，如天然食品防腐剂的作用机理、抗菌谱研究不够深刻，天然食品防腐剂的使用范围、使用量、使用方法也需要进一步明确，天然食品防腐剂对食品风味的影响，如何最大限度地发挥天然食品防腐剂的功效等都需要进一步探索，同时如何将不同来源的天然食品防腐剂配合使用，协同作用，达到互补或协同增效作用，也值得深入探讨，这些问题会制约和影响天然食品防腐剂的开发利用。尽管天然食品防腐剂由于众多原因还不能完全取代化学防腐剂，但天然食品防腐剂正以它抗菌性强、安全无毒、热稳定性好、作用范围广等优点在食品工业上越来越引起关注和重视。

三、果蔬保鲜剂

采摘后的果蔬仍是有生命的活机体，其生理活动的重要标志是进行呼吸作用。呼吸作用是果蔬采收后最主要的代谢过程，是在一系列酶的催化作用下，把复杂的有机物质逐步降解为 CO_2、H_2O 等简单物质，同时释放出能量，以维持正常的生命活动。研究表明，呼吸对果蔬品质的影响很大。果蔬的呼吸作用受到环境温度、湿度、气体组成、机械损伤及植物激素含量水平等因素的影响。如果不进行保鲜处理，将使果蔬的新鲜度和品质迅速下降。果蔬保鲜的目的主要是保持果实在采摘后到货架上出售期间能维持正常的风味、品质、营养成分和外观，提高其商品价值。当前，对果蔬保鲜技术的研究主要集中在两个方面：一是采用各种手段抑制果蔬的新陈代谢活动，使其内部的各种生理生化过程减缓，最大限度地保持果蔬的风味和品质；二是用各种方法阻断周围环境中的各种微生物侵染果蔬表层，防止果蔬腐烂变质。

我国作为农业大国，果蔬品种繁多，但由于缺乏必要的手段，致使我国果蔬腐烂损失率每年多达 20%～25%。为了充分利用食物资源，满足人们的生活需要，许多科研、生产、销售部门纷纷研究果蔬保鲜技术并推广使用。目前，我国常用的果蔬保鲜贮藏方法主要有假植贮藏保鲜、气调贮藏保鲜、辐照保鲜、低温保鲜、生物技术保鲜和化学保鲜等。长期以来，冷藏保鲜法和气调贮藏保鲜法是延长果蔬采摘后寿命和货架期最有效的方法，虽然这两种方法保鲜效果良好，但都需要大量的设备和条件，对技术要求较高，投资大，不易在我国广大农村地区和分散式的经营条件下实施。为此，化学保鲜法近年来引起了广泛重视，得到了发展和推广应用。

化学保鲜是利用化学药剂涂抹或喷施在果蔬表面，或置于果蔬贮藏室中，以达到杀死或抑制果蔬表面、内部和环境中的微生物，以及调节环境中气体成分的目的，从而实现果蔬的保鲜的方法。果蔬的化学保鲜法因其设备投资小、节能降耗、使用成本低、简便易行以及安全性高的优势得到了普遍认可，逐渐成为果蔬保鲜的一条重要途径。

目前，在果蔬保鲜中常用的化学保鲜剂主要有以下几类。

（1）吸附型防腐保鲜剂　主要通过清除果蔬贮藏环境中的乙烯，降低 O_2 的含量或脱除过多的 CO_2 而抑制果蔬的后熟，以达到保鲜的目的，如乙烯吸收剂、吸氧剂、CO_2 吸附剂等。

（2）溶液浸泡型防腐保鲜剂　将这类保鲜剂通过浸泡、喷施等方式达到防腐保鲜的目的，是最常用的防腐保鲜剂，其作用有的是能够杀死或控制果蔬表面或内部的病原微生物，有的还可以达到调节果蔬采后代谢的目的，如防护型杀菌剂、苯并咪唑及其衍生物、中草药煎剂等。

（3）熏蒸型防腐剂　熏蒸型防腐剂是指在室温下能挥发成气体形式以抑制或杀死果蔬表面的病原微生物，而其本身对果蔬毒害作用较小的一类防腐剂。目前已大量应用于果蔬及谷物防腐，常用的有仲丁胺、O_3、SO_2 释放剂、二氧化氯和联苯等。

《食品安全国家标准 食品添加剂使用标准》（GB 2760—2024）中规定了可以作为果蔬保鲜剂的化学防腐剂，如桂醛、乙氧基喹、联苯醚、2,4-二氯苯氧乙酸等。

1. 桂醛（CNS：17.012；INS：—）

【性质】　桂醛又称 β-苯丙烯醛、肉桂醛，无色至淡黄色油状液体，具有强烈的肉桂气味。沸点 248℃，凝固点 −75℃，折射率 1.618～1.623，相对密度 1.048～1.052。几乎不溶于水，能溶于乙醇、乙醚、氯仿、油脂等。

【性能】　当桂醛浓度为 2.5×10^{-4} 时，对黄曲霉、黑曲霉、橘青霉、串珠镰刀菌、交链孢霉、白地霉、酵母，均有强烈的抑菌效果。其抑菌效果不太受 pH 的影响。

【安全性】　桂醛大鼠口服 LD_{50} 为 2220mg/kg 体重，MNL 为 125mg/kg 体重，ADI 不能提出（FAO/WHO）。桂醛在人体内有轻度蓄积性，蓄积指数为 6。

【应用】　按我国《食品安全国家标准 食品添加剂使用标准》（GB 2760—2024），桂醛作为防腐剂，其使用范围和最大使用量为：经表面处理的鲜水果，按生产需要适量使用，其残留量为 0.3mg/kg 及以下。

美国香料生产者协会（FEME）规定：最大使用量为软饮料 9.0mg/kg，冷饮 7.7mg/kg，调味品 20mg/kg，肉类 60mg/kg，糖果 700mg/kg，焙烤食品 180mg/kg，胶基糖果 4900mg/kg。

作为防腐剂主要用于苹果、柑橘等水果的贮藏期防腐，可将其制成乳液浸果，也可将其涂到包裹纸上，利用肉桂醛的熏蒸性而起到防腐保鲜作用。包果纸含肉桂醛 0.012～0.017mg/m^2，这样的包裹纸用于柑橘，贮藏后残留量：橘皮小于 0.6mg/kg、橘肉小于 0.3mg/kg。可作为食用香料成分使用。

2. 乙氧基喹（CNS：17.010；INS：324）

【性质】　乙氧基喹又称虎皮灵、抗氧喹，淡黄色至琥珀色黏稠液体，在光照和空气中长期放置逐渐变为暗棕色液体，但不影响其抗氧化作用，沸点 134～136℃（13.33Pa），折射率 1.569～1.672，相对密度 1.029～1.031，不溶于水，可与乙醇任意混溶。

【性能】　乙氧基喹有一定的防霉作用，能保持饲料或香辛料中的天然胡萝卜素及维生素

A、维生素 E 等脂溶性维生素的活性，延长贮存期。能够防止叶黄素以及色素原料的氧化与损耗，防止脂肪与油脂的酸败变质，保持能量与营养成分。

【安全性】 乙氧基喹小鼠口服 LD_{50} 为 $1680\sim1808mg/kg$ 体重，大鼠口服 LD_{50} 为 $1470mg/kg$ 体重。ADI 为 $0.06mg/kg$ 体重。经 ^{14}C 示踪试验表明，乙氧基喹可很快通过机体排泄，由消化道吸收，在体内大部分脱去乙基或羟基后由尿排出，少量未经代谢部分由胆汁排出，无蓄积作用。

【应用】 按我国《食品安全国家标准 食品添加剂使用标准》（GB 2760—2024），乙氧基喹作为防腐剂，其使用范围和最大使用量为：经表面处理的鲜水果，按生产需要适量使用，其残留量为 $1mg/kg$ 及以下。实际使用中，若用 $4000mg/kg$ 乙氧基喹乳液浸红香蕉苹果，贮藏 2 个月的残留量为 $0.7mg/kg$；贮藏 4 个月为痕量；贮藏 6 个月后未检出。

乙氧基喹还可用于苹果、梨贮藏期虎皮病的防治。可将乙氧基喹制成乳液浸果，药液浓度 $2\sim4g/kg$，也可将其加到包装纸上制成包果纸，加到塑料膜中制成单果包装袋，或与果箱等结合，借其熏蒸性而起作用。还可与其他防腐剂等配合作用。

3. 联苯醚（CNS：17.022；INS：—）

【性质】 联苯醚，又称二苯醚，无色结晶体或液体，类似天竺葵气味。蒸气压 $101.08kPa$，熔点 27℃，沸点 259℃。不溶于水、无机酸、碱液，溶于乙醇、乙醚等。相对密度（水＝1）$1.07\sim1.08$，相对密度（空气＝1）1.0。遇高热、明火或与氧化剂接触，有引起燃烧的危险。

【安全性】 联苯醚的毒性属低毒类。对黏膜和皮肤有刺激作用。急性毒性：LD_{50} 为 $3.99g/kg$ 体重（大鼠经口）。

【应用】 按我国《食品安全国家标准 食品添加剂使用标准》（GB 2760—2024），联苯醚作为防腐剂，其使用范围和最大使用量为：经表面处理的鲜水果（仅限柑橘类）$3.0g/kg$，其残留量为 $12mg/kg$ 及以下。

知识三　防腐剂应用技术

一、防腐剂应用注意事项

与各类食品添加剂一样，防腐剂必须严格按照我国《食品安全国家标准 食品添加剂使用标准》的规定添加，不能超量、超范围使用。防腐剂在实际应用中存在很多问题，如达不到防腐效果，影响食品的风味和品质等。在食品的生产加工过程中，由于防腐剂在种类、性质、使用范围、毒性和价格等方面各不相同，因此在应用时应注意以下几点。

（1）正确选择使用防腐剂 不同的防腐剂理化特性不同，食品加工的方式方法也不同，食品的质地、外观和内容物不同。防腐剂的风味与理化特性与食品相容，则可用于这些食品，相反则不能。另外，每种防腐剂往往只对一类或某几种微生物有较强抑制作用（表 2-1），如乙酸抗酵母菌和细菌比真菌强，常用于蛋黄酱、醋泡蔬菜、面包和焙烤食品；苯甲酸抗酵母菌和霉菌能力较强，常用于酸性食品饮料以及水果制品；丙酸主要用于焙烤食品；联苯醚主要用于水果外表防霉。

表 2-1　一些常用食品防腐剂对微生物的作用

防腐剂	细菌	真菌	酵母菌
二氧化硫	＋＋	＋	＋
丙酸	＋	＋＋	－
山梨酸	＋	＋＋＋	＋＋＋
苯甲酸	＋＋	＋＋＋	＋＋＋
尼泊金酯	＋＋	＋＋＋	＋＋＋
联苯醚	－	＋＋	＋＋
甲酸	＋	＋＋	＋＋
亚硝酸钠	＋＋	－	－

注：表中－表示基本无作用；＋表示有作用；＋＋表示中强作用；＋＋＋表示强作用。

防腐剂的优点是使用方便，无需特殊设备，较经济，对食品结构影响较少。缺点是存在安全性问题，低浓度时抑菌作用有限。

（2）注意防腐剂有效的 pH 范围　应了解各类防腐剂的有效使用环境，酸型防腐剂只能在酸性环境中使用才有较强的防腐作用，但用在中性或偏碱性的环境中却没有多少作用，如山梨酸钾、苯甲酸钠等。

（3）防腐剂的溶解与分散　防腐剂必须在食品中均匀分散，如果分散不均匀就达不到较好的防腐效果，所以防腐剂要充分溶解并分布于整个食品中。对于水溶性好的防腐剂，可以先将其溶于水，或直接加入食品中充分混匀；对于难溶于水的防腐剂，可将其先溶解于适当的食品级有机溶剂中，然后在充分搅拌下加入食品。这些溶剂必须与食品相配合，例如食品不能有酒味，就不能用乙醇作为溶剂；有的食品不能过酸，就不能用太多的酸溶解。

另外，还要注意食品中不同相的防腐剂分散特性，如在油和水中的分配系数不同，油水相不同的防腐剂对微生物作用的效果就会不一样，如微生物开始出现于水相，而使用的防腐剂却大量分配在油相，这样，防腐可能无效，这时要选择合适分配系数的防腐剂，才有可能有效。

（4）食品的热处理　一般情况下加热可增强防腐剂的防腐效果，在加热杀菌时加入防腐剂，杀菌时间可以缩短。例如在 56℃时，使酵母营养细胞数减少到十分之一需要 180min，若加入对羟基苯甲酸丁酯 0.01％，则缩短为 48min，若加入 0.5％，则只需要 4min。但是，必须注意加热的温度不宜太高，否则防腐剂会与水蒸气一起挥发而失去防腐作用。

（5）防腐剂并用　各种防腐剂都有各自的作用范围，在某些情况下两种以上的防腐剂并用，往往具有协同作用，比单独使用更为有效。例如饮料中并用苯甲酸钠与二氧化硫，有的果汁中并用苯甲酸钠与山梨酸，可达到扩大抑菌范围的效果。复合防腐剂必须符合我国有关规定，不同防腐剂的使用量占其最大使用量的比例之和不应超过 1。

（6）减少食品的染菌　在添加防腐剂之前，应保证食品灭菌完全，所用容器、设备等应彻底消毒，不应有大量的微生物存在，否则防腐剂的加入将不会起到理想的效果。如山梨酸钾，不但不会起到防腐的作用，反而会成为微生物繁殖的营养源。

（7）确定合理的添加时机　防腐剂是在原料中添加还是添加到半成品中，或者添加在成品表面，应根据产品的工艺特点及食品的保存期来确定，不同制品的添加时机不同。

二、防腐剂的添加方式

1. 直接添加

可在加工过程中，将防腐剂直接添加到食品中，与配料一起混合均匀，如面包和糕点等食品的保鲜。

2. 表面喷洒或涂布

将防腐剂喷洒或涂布在食品表面，形成一层能有效防止微生物生长的液膜，如水果和蔬菜的保鲜。

3. 气调外控

对于易气化或易升华的防腐剂，可通过气相防腐剂控制食品周围的环境因素，从而防止食品的腐败变质，如果蔬、糕点等的保鲜。

三、防腐剂的应用和发展中存在的问题

为使食品防腐剂能得到合理的应用和发展，仍需要企业、消费者及相关部门作出共同的努力：食品企业应依法正确使用，消费者应持科学认识的态度，政府及相关部门应努力促进防腐剂产业的健康发展。

1. 食品企业使用的误区

目前，仍存在一些食品生产企业没有正确使用防腐剂，使得消费者对防腐剂产生了质疑和防范，其主要表现为：超标使用、超范围使用、使用劣质防腐剂、违规使用、不标注使用、不科学使用。一般知名生产厂家都会在外包装上标注所用防腐剂名称，但也不排除一些小厂商为谋求经济效益，本身使用了防腐剂却标注"不含防腐剂"，来迎合消费者心理。而事实上，有些食品如果不含防腐剂，在保质期内是无法保证其质量的。还有一些食品企业生产的如罐头食品或一些经特殊工艺处理的食品，本来就不需添加防腐剂，仍刻意标注"本产品不含防腐剂"，误导消费者。食品企业应从技术上解决防腐剂的安全使用问题，更应正确对待防腐剂的标识问题，不应故意误导消费者。食品生产企业除做到严格遵循《食品安全国家标准 食品添加剂使用标准》（GB 2760—2024）使用防腐剂外，还应与防腐剂生产企业一起做好适用于该食品的防腐剂的实际用量、方法等的基础实验后再扩大生产，确保生产出高质量、安全的食品。

2. 消费者认识的误区

目前，我国大多数消费者对食品防腐剂的相关知识知之甚少，只是盲目追求不添加防腐剂的食品。其实，食品的营养丰富，容易滋生细菌，但要求能长途运输且有一定的保质期，因此添加食品防腐剂不仅对生产厂家有利，同时是确保消费者享用到安全新鲜食品的必需手段。而且，我国对防腐剂的使用有着严格的规定，明确防腐剂应该符合：合理使用对人体健康无害；不影响消化道菌群；消化道内可降解为食物的正常成分；不影响药物特别是抗生素的使用；对食物加热处理不产生有害成分。因此消费者应科学对待食品防腐剂。

3. 政府及相关部门应提供相应的保障工作

如缺乏引导及管理力度不足，会造成食品防腐剂发展过程中出现诸多问题。这需要政府

部门给予适当的引导、宣传和加强立法执法、监督管理等，从而规范食品企业正确使用防腐剂，让消费者理性看待防腐剂。另外，应加强科研队伍对防腐剂的研究投入，除开发高效、低毒的防腐剂外，更重要的是进一步研究其在实际领域中的应用，促进我国食品防腐剂的健康发展。此外，还需要发挥行业协会的积极作用，消除对防腐剂的不正确认识和不当声称，从技术层面上（包括列举新产品、新方法）帮助企业解决使用"超标"的问题，加强行业自律，开拓、培育市场等。

四、防腐剂的发展趋势

1. 从毒性较高向毒性更低、更安全方向发展

人类进步的核心是健康和谐。随着人们对健康的要求越来越高，对食品的安全标准提出了更高的要求，各国政府均在快速修改食品安全标准。在提高食品安全水平和国民健康水平的同时，也通过"绿色壁垒"保护本国食品工业，减少国外食品对本国食品业的冲击。例如，日本早已全面禁止有一定毒副作用的苯甲酸钠的使用，添加苯甲酸钠的食品是不可能进入日本市场的。我国也在逐步缩小苯甲酸钠的使用范围和使用量。

2. 从化学类食品防腐剂向天然类食品防腐剂方向发展

鉴于化学合成食品防腐剂的安全性和其他缺陷，如大多数化学类食品防腐剂在体内有残留，有一定的毒性和特殊气味，人类正在探索更安全、更方便使用的天然类食品防腐剂。天然类食品防腐剂将逐渐得到消费者的认可，也是今后我国防腐剂市场发展的主要方向。如微生物源的乳酸链球菌素、纳他霉素等；动物源的溶菌酶、壳聚糖、鱼精蛋白、蜂胶等；植物源的琼脂低聚糖、杜仲素、辛香料、丁香、乌梅提取物等。而目前使用的天然类食品防腐剂大部分都是粗制品，其有效成分含量会随着季节和地理环境而改变。食品科学工作者需要进一步开发新型天然类食品防腐剂，探讨其作用机理，研发高效、低成本的生产工艺。

3. 从单项防腐向广谱防腐方向发展

目前广泛使用的食品防腐剂的抑菌范围相对比较狭窄，如丙酸盐在酸性环境中才能产生抑制细菌作用，而对酵母菌无效；果胶分解物能抑制细菌，而对酵母菌、霉菌无抑制作用。因此，大多数食品生产企业都会添加多种防腐剂对食品进行防腐。人们渴望研究新型、天然、复合型防腐剂，进一步达到广谱防腐、提高防腐效能的目的。

4. 从苛刻的使用环境向方便使用方向发展

目前广泛使用的食品防腐剂，对食品生产环境都有较苛刻的要求，如对食品的 pH、加热温度等敏感。有的水溶性差，有的异味太重，有的导致食品褪色等，如对羟基苯甲酸酯类有特殊气味，在水中溶解度差，山梨酸在微生物过多的情况下发挥不了作用。发展趋势应该是对食品生产环境没有苛刻要求，使用方便，不改变生产工艺流程以及不额外增加企业使用成本的食品防腐剂。

5. 从高价格的天然类食品防腐剂向低价格方向发展

天然食品防腐剂无毒无害，适应时代发展要求。但目前天然类食品防腐剂价格昂贵，每

千克高达上千元，甚至更高，大多数食品生产企业难以承受。如溶菌酶一般从鸡蛋清中提取，费用较高，主要用于科研，在食品防腐中很少应用。大幅度降低天然类食品防腐剂的成本，是大力推广应用天然类食品防腐剂的前提条件。

典型工作任务

任务一　防腐剂在食品中的应用

【任务目标】

1. 了解并比较食品防腐剂的性状。

2. 通过实验增强对食品防腐剂的使用效果的感性认识，了解不同防腐剂之间的协同作用，比较使用不同防腐剂及混合使用防腐剂之间效果的差异。

【任务条件】

番茄汁，苯甲酸钠、山梨酸钾、丙酸钠、双乙酸钠等食品防腐剂，烧杯，塑料勺，量筒，吸管，洗耳球等。

【任务实施】

1. 比较几种食品防腐剂在水中的分散性：

苯甲酸_____山梨酸_____丙酸钠_____双乙酸钠_____

2. 取4份番茄汁，每份100mL，分别向其中加入0.1g苯甲酸钠、山梨酸钾、丙酸钠、双乙酸钠。然后用营养琼脂对4份番茄汁进行稀释然后测定，选用在平板上细菌菌落总数在30～200个的稀释度为最佳稀释度。用此最佳稀释度，每种培养基倒三皿，经36℃±1℃、48h±2h培养。并以每种培养基的三个平板（即每处理三次重复）的平均菌落数对各检测数进行比较，将结果填入表2-2中。

表2-2　不同防腐剂使用效果比较

防腐剂		苯甲酸钠	山梨酸钾	丙酸钠	双乙酸钠
不同稀释度	10^{-1}				
	10^{-2}				
	10^{-3}				
	10^{-4}				
最佳稀释度					

3. 取6份番茄汁，每份100mL，分别向其中加入不同量的山梨酸钾。山梨酸钾的浓度梯度为0g/mL、0.02g/mL、0.04g/mL、0.06g/mL、0.08g/mL、1.0g/mL。然后用营养琼脂对6份番茄汁进行测定，方法同步骤2。

4. 取4份番茄汁，每份100mL，分别向其中加入不同比例的食品防腐剂，添加比例见表2-3。

表 2-3　各防腐剂添加比例

防腐剂	苯甲酸钠	山梨酸钾	防腐剂	苯甲酸钠	山梨酸钾
不同比例/%	0.2	0.8	不同比例/%	0.6	0.4
	0.4	0.6		0.8	0.2

【任务思考】

苯甲酸钠对山梨酸钾的防腐效果有何影响？

任务二　软饮料中防腐剂的鉴定

【任务目标】

1. 掌握苯甲酸（钠）及山梨酸（钾）的鉴别方法。

2. 能够快速鉴定出饮料中的防腐剂，掌握防腐剂的添加原则。

【任务条件】

三氯化铁，氢氧化钠，饱和溴水溶液，丙酮，无水乙醇，盐酸，酒石酸氢钠，烧杯，量筒，吸量管，洗耳球等。

【任务实施】

1. 苯甲酸的鉴定

称取 0.2g 试样，加 15mL 0.1mol/L 的氢氧化钠溶液，振摇过滤，滤液中加 3 滴 $FeCl_3$ 溶液，即生成赤红色沉淀。

2. 苯甲酸钠的鉴定

称取 0.2g 试样，加 10mL 水溶解，取上述溶液滴加 2 滴 $FeCl_3$ 溶液，即产生赭色沉淀。

3. 山梨酸的鉴定

称取 0.02g 试样，加 1mL 饱和溴水溶液，发生褪色。

4. 山梨酸钾的鉴定

（1）在 5mL 10g/L 的试样溶液中，加入 5mL 饱和酒石酸氢钠溶液和 5mL 无水乙醇，摇匀，有白色透明的沉淀物生成。

（2）在 10mL 10g/L 的试样溶液中，加入丙酮 1mL，滴加 HCl 溶液使试样溶液呈弱酸性后，加溴水溶液 2 滴摇匀时，溴水溶液的颜色消失。

5. 饮料中防腐剂的鉴定

选取两种酸性碳酸饮料，鉴定其中的防腐剂种类，并思考为什么添加的防腐剂的种类不同。

【任务思考】

在食品研发过程中，添加防腐剂时应考虑哪些因素？

知识拓展与链接

一、食品中防腐剂检测的样品前处理

防腐剂检测中首要的关键环节是样品的前处理，它可除去样品基质中非必要或干扰物

质，大大提高样品中待测组分的浓度，扩大方法的使用范围，保护分析仪器。食品中的防腐剂因含量较低，且与食品组分混合，故分析前要首先将其提取至合适的状态，然后再经纯化、浓缩等步骤制成分析样品，以进行下一步的研究分析。其中，如何高效快速地制备样品并合理有效地检测已成为现代化学家研究的热点。由于食品样本是一个非常复杂的体系，形态各异，组成复杂，且各种组分的含量与性质各不相同，差异很大，某些目标组分存在的浓度可能极低。所以通常情况下，食品样本经预处理后方可以进行各种性质分析。样品前处理方法可有效地进行提纯并富集样品中的目标组分，使其符合各种分析仪器的要求，满足检测器的性能指标。

当今食品防腐剂检测中使用的样品前处理技术多种多样，不少于几十种，但到目前为止，最常用的还是稀释、过滤、透析、超滤、凝胶色谱、液-液萃取、固相萃取、固相微萃取、微波萃取、超临界萃取等技术。

1. 液-液萃取和液相微萃取技术

液-液萃取（liquid-liquid extraction，LLE）是利用液体混合物中目标组分与其他杂质在两种不相溶液体之间具有较大的溶解度差异或分配系数差异而达到分离纯化目的的技术。该法可有效排除干扰，常用于样品中目标物质与大多数无关基质的分离，是国内外食品防腐剂检测中最常用的样品前处理方法之一。多应用于液体食品或半固体食品中防腐剂的提取。液-液萃取时萃取剂与目标萃取物不需要发生化学反应，操作简单，但需要消耗大量的有机试剂、步骤多、耗时长、易发生乳化，故在实际应用时存在诸多不便。

1996 年，Michael A. Jeannot 等提出一种新型的样品前处理方法——液相微萃取技术（liquid-phase microextraction，LPME）。虽源自液-液萃取，但液相微萃取富集效果更佳，一步即可完成采样、萃取、纯化和浓缩，精确度和灵敏度高，操作便捷、成本低廉，消耗有机溶剂少，是一种环保的萃取技术。

2. 固相萃取、固相微萃取和基质固相分散技术

固相萃取（solid phase extraction，SPE）是由传统的液固萃取结合液相色谱相关基础知识逐渐发展起来的一种样品前处理技术，由于具有有机溶剂用量少、高效便捷、用途广泛等优点，已逐渐取代了传统的液-液萃取，而成为一种越来越受欢迎的样品前处理技术。其原理为：液体样品通过吸附剂时，其中的目标物被保留，而杂质通过，然后用适当的溶剂或洗脱液洗脱结合了目标物的吸附剂，从而得到高纯度和高浓度的目标物。该法在样品处理中的作用主要为净化、富集、置换溶剂、脱盐。固相萃取优点为：使目标物的萃取更彻底、回收率高、消耗有机试剂少、有利于目标物的提纯；且操作方便、选择性好、效率高。缺点是：该法只能处理液体样品，将固体样品处理为液态后才能操作；样品的洁净度必须高，最好预先过滤处理，以避免悬浮物和其他固体颗粒堵塞设备。

在食品中防腐剂检测的样品前处理阶段，固相萃取主要用于纯化样品中的目标物。固相萃取净化过程分为萃取柱预处理、样品添加、溶剂洗涤和目标物洗脱 4 个步骤。

固相微萃取（solid phase micro extraction，SPME）是 1990 年由加拿大学者 Arhturhe 和 Pawliszyn 在固相萃取的基础上创造的新技术。它克服了一些传统样品处理技术的缺点，并保留了固相萃取所有优点，便于现场操作。固相微萃取设备小巧，外形类似传统的微量进样器，针头开口处连有不锈钢管道，管内装有一根材质为熔融石英的纤维头，其上涂覆着用

于微萃取操作的色谱固定相和吸附剂，纤维头与细管通过伸缩杆连接，可自由伸缩，以抽取样品。固相微萃取有两种基本的使用模式：一种是直接萃取，直接在样品中插入萃取石英纤维头，目标组分按照样品—萃取固定相方向运动，此模式多用于分析气体样品，在液体样品中使用时需要有效的混匀技术以提高转移速度；另一种是顶空萃取，被分析组分沿着液相—气相—萃取固定相的方向转移，最终达到萃取效果，该模式可避免样品中大分子物质或不易挥发性物质对萃取固定相的污染，主要用于试样中全挥发性或半挥发性组分的分析。

基质固相分散（matrix solid-phase dispersion，MSPD）是在常规固相萃取基础上发展起来的，在1986年首次用于处理动物组织样品并很快实现了商品化。现在已广泛应用于食品检测技术，如蔬菜、水果、乳类、食用油、饲料、药品、中药材中的农药残留检测。基质固相分散技术只需用极少量的萃取溶剂甚至可以不用萃取溶剂，是"名副其实"的固相萃取，并能简化传统样品前处理中所需的目的物分离富集过程，避免了目的物因繁多处理步骤所带来的损失，操作快捷，适合于固体及黏性样品的前处理。

3. 搅拌棒吸附萃取技术

搅拌棒吸附萃取（stir bar sorptive extraction，SBSE）是在固相微萃取（SPME）的基础上发展起来的，1999年由比利时研究者Sandra教授发明提出，继而在学术界和市场上得到推广。对比固相微萃取，搅拌棒吸附萃取的浓缩效果更佳，故可以大大提高分析检测的灵敏度和精密度。该萃取装置通常将聚二甲基硅氧烷（PDMS）涂布于玻璃管包裹的磁芯上作为萃取固定相，搅拌棒边萃取边搅拌，节省时间，提高了工作效率，又防止了搅拌引起的不良吸附。

自1999年开始应用，搅拌棒吸附萃取因具有分析精确、使用高效等优点，在短短数十年内飞速发展，已经被广泛应用到食品、药品等行业。目前，搅拌棒吸附萃取在食品分析中主要用于风味有机物的测定、果蔬汁农药残留分析、酒类成分分析等，而作为食品中防腐剂检测的前处理技术则很少应用。

4. 凝胶渗透色谱技术

凝胶渗透色谱（gel permeation chromatography，GPC）是利用固体多孔性物质对样品溶液中不同大小体积分子的物质位阻能力差异而进行分离的一种前处理方法。分离原理为流体中的大分子物质比小分子物质在凝胶渗透色谱中流动路径短，因先流出色谱柱而达到分离。利用凝胶渗透色谱的这一特性，可以对样品中的大分子类杂质如多糖、蛋白质和油脂等先进行净化处理，除去样品中的大分子类杂质，然后进行样品分析。现在凝胶渗透色谱技术已成为美国食品药品官方检测机构、美国化学行业以及欧盟法定的样品前处理方法。

5. 超临界流体萃取技术

超临界流体萃取（supercritical fluid extraction，SFE）技术以超临界流体（supercritical fluid，SCF）为溶剂，利用超临界状态下，流体对样品中的成分具有很高的渗透能力和溶解能力这一特性来分离混合物，CO_2是目前最常用的临界流体。其基本原理为：控制操作条件使流体达到超临界状态，从原料中萃取并携带出目标组分，然后通过改变操作条件解除超临界条件，使流体失去对目标组分的高溶解能力，进而将目标组分释放出来，从而达到分离的目的。超临界流体萃取技术与其他常规样品前处理技术相比，萃取速度快、分离效率高、选择性强、容易净化，已成为一种集样品前处理各步骤于一体的"绿色的分离技术"。

6. 微波辅助萃取技术

微波辅助萃取（microwave-assisted extraction，MAE）是指通过微波加热、溶剂萃取的方式，将样品基质中的目标化合物分离出来并传递至周围萃取溶剂中的一种提取方法。微波辅助萃取法具有专属性高、耗时短、节省溶剂、噪声小、绿色环保等优点，已广泛应用于食品中农药残留分析、有机金属化合物含量测定以及药物有效成分分析测定等样品前处理中。但是微波辅助萃取法还存在一定的缺点，如微波辅助萃取的机理不是很明确，微波操作过程中存在的一系列问题还尚未解决，因此有关微波辅助萃取的理论研究仍值得关注。

二、食品防腐剂的检测方法

自 20 世纪 80 年代以来，食品中防腐剂的检测方法已成为食品分析与检测中最为繁荣和热门的研究领域之一。在食品防腐剂的检测中，制约整个行业发展最为关键的因素是样品的前处理技术和检测方法的可靠程度，如何提高方法的灵敏度和分辨率已成为检测分析人员必须面对的难题。一种能够在最短时间内，实时、准确、方便地测定食品中防腐剂的方法，不仅会在以后的应用领域受到越来越多的重视，而且还会推动整个食品检测领域的发展。此外，随着食品防腐剂种类的增多以及作用范围的扩大，食品加工行业里越来越多地使用防腐剂以及混合、复配使用防腐剂，目前单一的只针对某一种防腐剂的检测方法，已经满足不了现代食品检测行业的需求。因此，同时测定食品中多种防腐剂的技术，即食品防腐剂的同时检测技术已逐渐成为目前防腐剂检测领域新的研究热点。

1. 光谱法

光谱是基于物质中的原子或分子在辐射能作用下，内部发生了特定能级的跃迁所产生的图谱。各种结构的物质都具有自己的特征光谱，故可以利用物质的特征光谱所对应的波长对样品进行定性分析；而被测物质的谱线强度与该物质的含量有关，因此可通过测量谱线强度对样品进行定量分析。目前，用于检测食品中防腐剂的光谱法种类很多，常见的可分为发射光谱法和吸收光谱法两种类型。发射光谱是被测粒子吸收辐射能量后被激发从高能态跃迁回到低能态或基态时产生的光谱，如原子发射光谱法、荧光光谱法等。吸收光谱是被测粒子吸收相应辐射能量而产生的光谱，如紫外-可见分光光度法、红外吸收光谱法、原子吸收光谱法、核磁共振波谱法等。

谢跃生等采用荧光光谱法对苯甲酸含量进行了测定，探索出最佳的测试条件为：激发波长 225nm、发射波长 310nm、溶液的 pH 为 2～3，该法操作便捷，结果准确精密，目标物的回收率为 99.38%～102.3%。

2. 薄层色谱法

薄层色谱法（thin layer chromatography，TLC）属于固-液吸附色谱，是近年来发展起来的一种微量、快速而简单的色谱法，兼备了柱色谱和纸色谱的优点。

M. Thomassin 等在 1997 年研究对羟基苯甲酸酯的检测方法时发现，同样条件下先采用高效薄层色谱后采用高效液相色谱方法，结果显示高效薄层色谱法准确度略逊于后者，但是高效薄层色谱法对样品的定量比后者迅速。

3. 毛细管电泳

毛细管电泳（capillary electrophoresis，CE）也称高效毛细管电泳（high performance capillary electrophoresis，HPCE），是一种借助高压电场为驱动力，以石英毛细管为分离介质，依据样品中被分离物之间迁移速度差异而实现分离、分析的新型液相分离技术。

在高效毛细管电泳法测定食品中防腐剂的研究与应用方面，方明等在 2006 年利用该法检测了苯甲酸在饮料和酱菜中的含量，并探索出相应的最佳测定条件，结果表明，采用高效毛细管电泳法测定食品中的防腐剂，预处理方法简单、操作迅速、结果精确、成本低廉。

4. 气相色谱法及其联用技术

气相色谱法（gas chromatography，GC）是一种类似于液相色谱法的柱色谱分离技术，不同的是以气体为流动相，是目前食品防腐剂检测领域的一种重要的分析方法。色谱柱的发展推动了整个色谱检测法的发展，并直接促使了气相色谱法的出现；每一次气相色谱柱的发展都使气相色谱法得到了革命性的突破。气相色谱柱最早为填充柱，后出现了毛细管柱，现在又出现了全二维气相色谱。利用不同的色谱柱，配备不同的检测器，可以获得不同的检测效果，实现对特异性物质的分离。

气相色谱法的检测器主要有氢火焰离子化检测器（flame ionization detector，FID）、电子捕获检测器（electron capture detector，ECD）和氮磷检测器（nitrogen phosphorus detector，NPD）等。每一种检测器选择性地针对某一种或某一类的分析物产生响应，例如 FID 检测器对含有磷、硫元素的有机化合物和气体硫化物反应灵敏；ECD 检测器对含有卤族元素和磷、硫、氧等元素的化合物检出性较好；NPD 检测器则可特异性地检出含氮、磷元素的有机物。

此外，气相色谱法具有操作简便、可行性高、重复性好等优点，国家在相关食品标准中已将气相色谱法定为尼泊金酯类、苯甲酸以及山梨酸的法定检测方法（GB/T 5009.31—2016）。但是，气相色谱法也具有一定的缺点，它只能根据对照品及样品的保留时间进行定性，如果受到样品中其他可挥发性杂质的干扰，很容易产生误差和错误判断，所以科研工作者又开发出气相色谱与其他色谱的联用技术。

气相色谱-质谱联用（gas chromatography-mass spectrometry，GC-MS）实际上是将质谱作为气相色谱的检测器的分析方法，利用不同物质固有特征的分子质量和分子结构不同，因而具有不同的质谱这一性质进行定性分析，根据质谱峰强度与产生谱峰化合物含量的相关关系进行定量分析。

目前，随着气相色谱联用技术的发展，气相色谱-质谱联用和气相色谱-串联质谱联用技术在食品中防腐剂的检测中得到了广泛的应用。Lili Wang 等在 2006 年采用气相色谱-质谱联用技术对饮料、酸乳和酱油中的 5 种防腐剂进行检测，该方法的线性范围：苯甲酸和山梨酸为 $2\sim1000mg/L$，对羟基苯甲酸甲酯为 $0.2\sim300mg/L$，对羟基苯甲酸乙酯和对羟基苯甲酸丙酯为 $0.02\sim300mg/L$，其各项 $R^2>0.997$，方法的检测限为 $0.002\sim0.2mg/L$；样品加标回收率为 $92\%\sim106\%$，相对标准偏差为 $0.9\%\sim4.6\%$。

5. 高效液相色谱法及其联用技术

高效液相色谱法（high performance liquid chromatography，HPLC）是目前应用最为

广泛的一门分析技术，它是在传统液相色谱法的基础上发展而来，具有分离度高、速度快和使用便捷等特点。与气相色谱法相比，气相色谱法只适合分析易挥发且性质稳定的化合物，而高效液相色谱法则适合分析那些挥发性低、不耐热及一些具有生物活性的物质。因此，高效液相色谱法的应用范围已经远远超过气相色谱法，成为当今科研人员最常用的分析手段之一。

高效液相色谱法之所以能够得到广泛应用，主要归功于其色谱检测器的多种多样。目前，常用的高效液相色谱检测器主要有紫外-可见光检测器、荧光检测器、蒸发光散射检测器等，它们的原理大致类似，均为利用溶质与流动相之间的物理或化学差异性，当溶质从色谱柱流出时，便在色谱图上出现相应的色谱峰，以供分析。

超高效液相色谱（ultra performance liquid chromatography，UPLC）是分离科学中的一个全新类别，超高效液相色谱借助于 HPLC 的理论及原理，使用更小的颗粒填料、更低的系统体积以及更快的检测手段，使目标物得到更好的分离，从而扩大了分析的范围、提高了分析灵敏度。

液相色谱-质谱联用（liquid chromatograph-mass spectrometry，LC-MS）是利用质谱作为液相色谱的检测器，把液相色谱的分离优势与质谱对物质分析能力的优势有机地结合起来，对被分析物进行定量分析的一种检测方法。它集液相色谱选择性好、灵敏度高，质谱能深入分析物质分子量及结构信息等优点于一体，在食品分析、药品检测以及环境保护等分析领域得到了广泛的应用，是目前食品行业生产流程中质控与监测最为有效的分析手段之一。液相色谱-质谱联用技术的使用范围比气相色谱-质谱联用技术更加广泛。

Bahruddin Saad 等在 2005 年采用高效液相色谱法同时测定食品中的苯甲酸、山梨酸、对羟基苯甲酸甲酯及对羟基苯甲酸丙酯四种防腐剂，色谱条件为：甲醇-乙酸（50%：50%），缓冲体系（pH4.4），在 254nm 波长下，目标组分在 25min 之内得到了分离。该方法适用于测定果酱饮料、干果蔬菜、水果罐头等多种食品。

杨红梅等在 2007 年采用了高效液相色谱法测定食品中常见甜味剂和防腐剂，采用 C_{18} 反相色谱柱，流动相为甲醇-0.02mol/L 乙酸铵溶液（5：95），流速 1.000mL/min，检测波长 230nm。样品的检出限为 1.5～4.4mg/kg，线性范围为 1～10mg/L，加标回收率为 95.5%～103.6%，相对标准偏差为 0.95%～2.81%，此法样品预处理简单，灵敏度高，分析时间短。

许秀敏等在 2005 年用高效液相色谱-质谱联用技术对食品中苯甲酸、山梨酸、糖精钠进行了定性和定量检测，结果显示，该方法线性相关性良好，$R^2 \geqslant 0.9999$，回收率为 92%～105%，检测选择性好，灵敏度高。

汪隽等在 2007 年建立了简便、快速测定食品中对羟基苯甲酸酯类防腐剂的高效液相色谱法，结果表明，对羟基苯甲酸酯类四种防腐剂在 0.01～100mg/L 范围内线性关系良好，其相关系数 $R^2 > 0.9994$，回收率为 97.4%～106.4%，相对标准偏差为 2.35%～2.55%。

目标检测

1. 什么是食品防腐剂？防腐剂是如何分类的？
2. 防腐剂在使用过程中应注意哪些问题？

3. 食品工业中常用的防腐剂有哪些？

4. 食品防腐剂对微生物的抑制机制有哪些？

5. 请为一款纯果汁含量为 30% 的果汁饮料设计防腐方案。

项目二　抗氧化剂

🏭 知识目标

1. 掌握抗氧化剂的定义、种类及其作用机理。

2. 熟悉各类常用抗氧化剂的性质、性能、安全性、应用范围及使用量。

3. 了解抗氧化剂使用的一般原则以及在应用中的注意事项。

🔬 技能目标

在典型食品加工中能正确使用抗氧化剂。

👷 职业素养目标

抗氧化剂的作用机理主要是抑制自由基的形成，健康心态、适量运动、合理饮食等都有助于减少自由基的形成，要注重身心健康并养成良好的习惯。

📋 知识准备

知识一　抗氧化剂概述

一、食品的氧化

食品的劣变常常是由微生物的生长活动、一些酶促反应和化学反应引起的，而在食品的贮藏期间所发生的化学反应中以氧化反应最为广泛。特别是对于含油较多的食品来说，氧化是导致食品质量变劣的主要因素之一。油脂氧化可影响食品的风味和引起褐变，破坏维生素和蛋白质，甚至还能产生有毒有害物质，危害人类健康。

脂肪是由脂肪酸和甘油组成，脂肪酸可分为饱和脂肪酸和不饱和脂肪酸两类。脂肪的性质与其所含的脂肪酸的种类有很大关系。在常温下，含不饱和脂肪酸多的植物脂肪为液态，习惯上称为油，而含饱和脂肪酸多的动物脂肪在相同条件下为固态，习惯上称为脂。因此，通常所说的油脂，既包括植物油也包括动物脂。

天然油脂暴露在空气中会自发地发生氧化反应，氧化产物分解生成低级脂肪酸、醛、酮等，产生恶劣的酸臭和口味变坏等，这一现象就称为油脂的自动氧化酸败，此现象是油脂及含油食品败坏变质的主要原因。

油脂的自动氧化遵循自由基反应机制。所谓自由基也称游离基，就是原子、离子、分子或其基团的外层轨道上含有不配对的电子。这种带有不配对的电子的原子、离子、分子或其基团统称为自由基。自由基的化学性质非常活泼，易与其他物质发生反应。自由基通常以符号（·）表示。影响自由基产生的因素很多，对于食品来说，光、热、酶以及其他氧化反应等都会导致自由基的产生，如在食品加工处理过程中的反复或过分加热、长时间接触空气、长时间光照、加工过程中接触金属离子或生物酶等。不仅食品如此，对动物而言，体内的新陈代谢同样可以产生活泼的自由基，紫外线灯高能放射源的辐射以及大气环境的污染等，都能使动物体内产生自由基。

过多的自由基对机体健康有一定的危害。自由基对人体的攻击首先是从细胞膜开始的。细胞膜极富弹性和柔韧性，这是由它松散的化学结构决定的，正因为如此，其电子很容易丢失，因此细胞膜极易遭受自由基的攻击。一旦被自由基夺走电子，细胞膜就会失去弹性并丧失一切功能，从而导致心血管系统疾病。更为严重的是自由基对基因的攻击，可以使基因的分子结构被破坏，导致基因突变，从而引起整个生命体发生系统性的混乱。大量资料已经证明，炎症、肿瘤、衰老、血液病以及心、肝、肺、皮肤等各方面疑难疾病的发生机理与体内自由基产生过多或清除自由基能力下降有着密切的关系。炎症和药物中毒与自由基产生过多有关；克山病和范科尼贫血等疾病与清除自由基能力下降有关；而动脉粥样硬化和心肌缺血再灌注损伤与自由基产生过多和清除自由基能力下降两者都有关系。自由基是人类健康最隐蔽、最具攻击力的敌人。

从机理上说，油脂的自动氧化是一种自由基反应，包括引发、传递、终止3个阶段（式中以 RH 代表脂肪或脂肪酸分子）。

第一阶段：引发

$$RH \xrightarrow{\text{催化剂}} R\cdot + H\cdot$$

在第一阶段反应中，脂肪分子（RH）被热、光或金属离子等自由基引发剂活化后，分解成不稳定的自由基 R· 和 H·。由于自由基能重新结合成 RH、RR、H_2 等，因此，易于消失。

第二阶段：传递

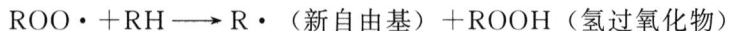

$$R\cdot + O_2 \longrightarrow ROO\cdot \text{（过氧化物自由基）}$$
$$ROO\cdot + RH \longrightarrow R\cdot \text{（新自由基）} + ROOH \text{（氢过氧化物）}$$

当有分子氧存在时，自由基可以与 O_2 反应生成过氧化物自由基。然后，此过氧化物自由基又和脂肪分子反应，生成氢过氧化物和新自由基 R·，通过自由基 R· 的链式反应，又再传递下去。

氢过氧化物是油脂自动氧化初期的主要产物。在传递阶段产生的大量的氢过氧化物本身没有异味，但是极不稳定，当达到一定浓度时开始分解，产生低分子的醛、酮、醇和自由基。低分子的醛、酮、醇使油脂产生异味，同时生成的自由基可继续参与链式反应。

第三阶段：终止

$$ROO\cdot + R\cdot \longrightarrow ROOR$$

$$R\cdot + R\cdot \longrightarrow RR$$
$$RO\cdot + R\cdot \longrightarrow ROR$$
$$ROO\cdot + ROO\cdot \longrightarrow ROOR + O_2$$
$$2RO\cdot + 2ROO\cdot \longrightarrow 2ROOR + O_2$$

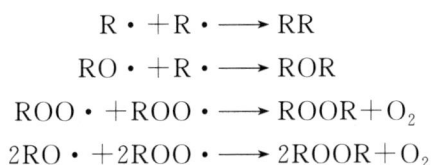

随着反应的进行，更多的脂肪分子转变成氢过氧化物，氢过氧化物进一步变化，产生更多的自由基。自由基和自由基或自由基和自由基失活剂相结合，产生稳定化合物，当所有自由基结合后，反应不再传递下去，反应便告结束。

在油脂自动氧化的中后期，自由基、过氧化物间可聚合成二聚体、三聚体等，最终将形成黏稠、胶状甚至固态聚合物，例如油漆中有不饱和脂肪酸，放置后使油漆表面变干、变硬。

二、食品抗氧化剂

防止食品发生氧化变质的方法有物理法和化学法等。物理法是指对食品原料、加工环节及成品采用低温、避光、隔氧或充氮包装等方法。化学法是指在食品中添加抗氧化剂，防止食品成分氧化变质。近半个世纪以来，在油脂和富脂的食品中加入抗氧化剂以抑制或延缓食品在加工或流通贮存过程中的氧化变质已成为食品加工中的重要手段。食品抗氧化剂是指能阻止或延缓食品氧化变质、提高食品稳定性和延长贮存期的食品添加剂。但是，从油脂氧化的机理分析，再多的抗氧化剂对已经氧化变质的食品也无济于事。

食品抗氧化剂与防腐剂都可用于食品的保质和贮存，但防腐剂是针对微生物繁殖与酶的活性的影响和抑制。而抗氧化剂的根本目的是延缓食品氧化所引起的变质，且使用效果的检验也不同于防腐剂，抗氧化效果是通过检验过氧化值、酸值、羰基变化等参数来确定的。此外，抗氧化剂也不同于药剂或保健品，仅作为辅料添加在加工食品或原料中。

1. 抗氧化剂的作用机理

抗氧化剂的作用机理比较复杂，存在多种可能性。

（1）消耗残留氧 这类抗氧化剂借助还原反应，降低食品体系及周围的氧含量，可以说是从源头上制止。也就是说，抗氧化剂本身极易氧化，因此有食品氧化的因素（如光照、氧气、加热等）存在时，抗氧化剂就先与空气中的氧反应，避免了食品的氧化。例如抗坏血酸能清除食品中的氧，其本身被氧化成脱氢抗坏血酸。

（2）螯合金属离子 油脂中包含微量金属原子，特别是二价态或高价态重金属离子。它们具有合适的氧化还原势，可缩短自由基连锁反应引发期，加快酯类化合物的氧化速度。而这类抗氧化剂可通过对金属离子的螯合作用，减少金属离子的促氧化作用。如 EDTA、柠檬酸等。

（3）吸收自由基 阻断脂质氧化最有效的手段是清除自由基。这类抗氧化剂可与氧化过程中的氧化中间产物结合，将油脂氧化产生的自由基转变为稳定的产物，从而阻止氧化反应的进行。如丁基羟基茴香醚、没食子酸丙酯、维生素 E 等。一般情况下，空气中的氧先与脂肪分子结合产生 ROO·自由基，自由基吸收剂提供氢给予体 AH，即将 ROO·自由基吸收形成氢过氧化物。

实验证明，酚类抗氧化剂与脂类自由基反应生成的自由基比较稳定。抗氧化剂的自由基 A·没有活性，不能引起链式反应，却能参与一些终止反应。脂类氧化产生的另一个自由基 R·可以被自由基吸收剂的电子接受体消除。在生物组织中，维生素 K 是电子接受体，可以直接消除 R·自由基。

(4) 中断过氧化物　这类抗氧化剂能够与油脂氧化过程中产生的过氧化物结合，并裂解为新的稳定化合物，如硫代二丙酸二月桂酯。

(5) 破坏氧化酶类的活动　抗氧化剂可以阻止或减弱氧化酶类的活动，这类抗氧化剂可以清除超氧化物自由基。在生物体中，各类自由基将酯类化合物氧化并产生过氧化物。酶抗氧化剂如黄质氧化酶可以与产生的过氧化物作用生成超氧化物自由基 $O_2·$，$O_2·$ 自由基又被超氧化物歧化酶作用，形成过氧化氢。过氧化氢又被过氧化氢酶作用转变为氧和水。

2. 抗氧化剂的分类

目前，对食品抗氧化剂的分类尚没有一个统一的标准。分类依据不同，就会产生不同的分类结果。

抗氧化剂按来源可分为人工合成抗氧化剂（如 BHA、BHT、PG 等）和天然抗氧化剂（如茶多酚、植酸等）。

抗氧化剂按溶解性可分为油溶性、水溶性和兼容性 3 类。油溶性抗氧化剂有 BHA、BHT 等；水溶性抗氧化剂有维生素 C、茶多酚等；兼容性抗氧化剂有硫辛酸等。

抗氧化剂按照化学结构可分为类胡萝卜素类抗氧化剂、维生素类抗氧化剂、多酚类抗氧化剂、黄酮类抗氧化剂、酶类抗氧化剂等。

抗氧化剂按照作用方式可分为自由基吸收剂、金属离子螯合剂、氧清除剂、过氧化物分解剂、酶抗氧化剂、紫外线吸收剂或单线态氧淬灭剂等。自由基吸收剂主要是指在油脂氧化中能够阻断自由基连锁反应的物质，一般为酚类化合物，具有电子给予体的作用，如丁基羟基茴香醚、特丁基对苯二酚、生育酚等。酶抗氧化剂有葡萄糖氧化酶、超氧化物歧化酶（SOD）、过氧化氢酶、谷胱甘肽氧化酶等酶制剂，它们的作用是可以除去氧（如葡萄糖氧化酶）或消除来自食物的过氧化物（如 SOD）等。目前我国未将这类酶抗氧化剂列入食品抗氧化剂范围内，而是编入酶制剂部分。

3. 抗氧化剂的选用原则

可用于食品的抗氧化剂应具备以下条件。

① 有优良的抗氧化效果。食品抗氧化剂的活性突出、抗氧化容量大，其抗氧化能力就高，可实现在低浓度下发挥高效抗氧化作用。

② 本身及分解产物都无毒无害。食品抗氧化剂的安全性是需要考虑的重要指标，毒理学要求低、对人体无害、不被消化吸收是选择食品添加剂的首要原则。

③ 稳定性好，与食品可以共存，对食品的感官性质（包括色、香、味等）没有影响。

④ 使用方便，价格便宜。根据不同档次的食品和类型及抗氧化效果，选择价廉、有效的抗氧化剂，有利于降低加工食品的成本。

知识二　常用抗氧化剂

一、油溶性抗氧化剂

1. 丁基羟基茴香醚（BHA）（CNS：04.001；INS：320）

【性质】 丁基羟基茴香醚，白色至微黄色结晶或蜡状固体，带有酚类的特异臭气和有刺激性的气味，通常为 3-BHA 和 2-BHA 的混合物。熔点 48～63℃，沸点 264～270℃（97709Pa）。不溶于水，易溶于乙醇（25g/100mL，25℃）、甘油（1g/100mL，25℃）、猪油（50g/100mL，50℃）、玉米油（30g/100mL，25℃）、花生油（40g/100mL，25℃）和丙二醇（50g/100mL，25℃）。BHA 具有单酚型特征的挥发性，如在猪脂肪中保持在 61℃ 时稍有挥发，在直接光线长期照射下，色泽会变深。BHA 对热稳定，在弱碱条件下不易被破坏，与金属离子作用不着色。

【性能】 自 1947 年，BHA 开始被用在可食用脂肪和含脂肪的食品中以防止它们的酸败。其抗氧化机理是能够释放出氢原子阻断油脂自动氧化，从而减缓了氧化反应的发生。

丁基羟基茴香醚对热较稳定，在弱碱性条件下不容易被破坏，因此是一种良好的抗氧化剂。BHA 对动物性脂肪的抗氧化作用较之对不饱和植物油更有效。尤其适用于使用动物脂肪的焙烤制品。BHA 因有与碱金属离子作用而变色的特性，所以在使用时应避免使用铁、铜容器。将有螯合作用的柠檬酸或酒石酸等与本品混用，不仅起增效作用，而且可以防止由金属离子引起的呈色作用。BHA 具有一定的挥发性和能被水蒸气蒸馏，故在高温制品中，尤其是在煮炸制品中易损失。3-BHA 的抗氧化效果比 2-BHA 强 1.5～2 倍，两者混用有增效作用。用量 0.02% 比用量 0.01% 抗氧化效果增强 10 倍，但用量超过 0.02%，则效果反而下降。

【安全性】 BHA 小鼠口服 LD_{50} 为 1100mg/kg 体重（雄性），1300mg/kg 体重（雌性）；大鼠口服 LD_{50} 为 2000mg/kg 体重，大鼠腹腔注射 LD_{50} 为 200mg/kg 体重；兔口服 LD_{50} 为 2100mg/kg 体重。ADI 为 0～0.5mg/kg 体重（FAO/WHO）。

曾经一度认为 BHA 毒性很小，较为安全。日本于 1981 年用含 2%BHA 饲料喂大白鼠两年，发现其前胃发生扁平上皮癌，故自 1982 年 5 月限令只准用于棕榈油和棕榈仁油中，其他食品禁用。美国将 BHA 从 GRAS（公认安全）类食品添加剂的名单中删除。

1986 年 FAO/WHO 曾报告 BHA 对大鼠前胃的致癌作用取决于其剂量，而对狗无致癌作用，对猪可以引起食道增生，故规定其 ADI 由暂定 0～0.5mg/kg 体重降至 0～0.3mg/kg 体重。1989 年 FAO/WHO 再次评价时，认为只有在大剂量（20g/kg 体重）时才会使大鼠前胃致癌，1.0g/kg 体重剂量未见增生现象，考虑到对狗无有害作用，人类无前胃靶组织，故正式制定 ADI 为 0～0.5mg/kg 体重（FAO/WHO）。

【应用】 按我国《食品安全国家标准 食品添加剂使用标准》（GB 2760—2024），丁基羟基茴香醚作为抗氧化剂，其使用范围和最大使用量（g/kg）为：脂肪、油和乳化脂肪制品、熟制坚果与籽类（仅限油炸坚果与籽类）、坚果与籽类罐头、油炸面制品、杂粮粉、即食谷物，包括碾轧燕麦（片）、方便米面制品、饼干、腌腊肉制品类（如咸肉、腊肉、板鸭、中式火腿、腊肠等）以及风干、烘干、压干等水产品、固体复合调味料（仅限鸡肉粉）、膨化食品 0.2，胶基糖果 0.4。

丁基羟基茴香醚用于乳制品中可稍延长喷雾干燥的全脂奶粉的货架期、提高奶酪的保质期；用于辣椒和辣椒粉中可以稳定其颜色；加入焙烤用油和盐中，可以保持焙烤食品和咸味花生的香味，延长焙烤食品的货架期；与三聚磷酸钠和抗坏血酸结合使用可延缓冷冻猪排腐败变质。在猪油中加入 0.005% 的 BHA，其酸败期延长 4～5 倍，添加 0.01% 时可延长 6 倍。丁基羟基茴香醚和二丁基羟基甲苯配合使用可保护鲤鱼、鸡肉、猪排和冷冻熏猪肉片。丁基羟基茴香醚或二丁基羟基甲苯、没食子酸丙酯和柠檬酸的混合物加入用于制作糖果的黄油中，可抑制糖果氧化。丁基羟基茴香醚与二丁基羟基甲苯混合使用时，总量不得超过 0.2g/kg。丁基羟基茴香醚与二丁基羟基甲苯、没食子酸丙酯混合使用时，其中丁基羟基茴香醚与二丁基羟基甲苯总量不得超过 0.1g/kg，没食子酸丙酯不得超过 0.05g/kg（使用量均以脂肪计）。BHA 也可用于食品的包装材料，将其涂抹在包装内表面，也可在包装袋内充入抗氧化剂的蒸汽，或用喷雾法将抗氧化剂喷洒在包装纸张或纸板上，用量为 0.02%～0.1%。

2. 二丁基羟基甲苯（BHT）（CNS：04.002；INS：321）

【性质】 二丁基羟基甲苯，白色结晶或结晶性粉末，基本无臭，无味。熔点 69.5～71.5℃，沸点 265℃，对热相当稳定。接触金属离子，特别是铁离子不显色。加热时与水蒸气一起挥发。不溶于水、甘油和丙二醇，而溶于苯、甲苯、乙醇、汽油及食物油中，其溶解度为：乙醇 25g/100mL（25℃）、豆油 30g/100mL（25℃）、棉籽油 20g/100mL（25℃）、猪油 40g/100mL（50℃）。

【性能】 BHT 作为抗氧化剂，能够与自动氧化中的链增长自由基反应，消灭自由基，从而使链式反应中断。BHT 在抗氧化过程中既可以作为氢的给予体也可以作为自由基俘获剂。由于 2,6 位上有 2 个强力推电子基团，因此，BHT 具有很强的抗氧化效果。

BHT 的抗氧化效果略逊于 BHA，但其价格远低于 BHA，且没有 BHA 的特异臭，因此是使用量最大的抗氧化剂之一。BHT 与 BHA、柠檬酸、抗坏血酸复配使用，能显著提高其对油脂的抗氧化效果。

【安全性】 BHT 大鼠口服 LD_{50} 为 1.7～1.97g/kg 体重，小鼠口服 LD_{50} 为 1.39g/kg 体重，ADI 为 0～0.3mg/kg 体重(FAO/WHO)。BHT 的急性毒性比 BHA 大一些，但无致癌性。

【应用】 按我国《食品安全国家标准 食品添加剂使用标准》（GB 2760—2024），二丁基羟基甲苯作为抗氧化剂，其使用范围和最大使用量（g/kg）为：脂肪、油和乳化脂肪制品，熟制坚果与籽类（仅限油炸坚果与籽类），坚果与籽类罐头，油炸面制品，即食谷物，包括碾轧燕麦（片），方便米面制品，饼干，腌腊肉制品类（如咸肉、腊肉、板鸭、中式火腿、腊肠）以及风干、烘干、压干等水产品，膨化食品，其他杂粮制品（仅限马铃薯制品）0.2；胶基糖果 0.4。

BHT 应用于动物油脂比 BHA 有效，BHT 在动物油中用量为 0.005%～0.02%，当 BHT 浓度超过 0.02% 时，会给油脂引入酚的气味。应用于肉制品中，在 37℃下 BHT 可有效延缓猪肉血红素的氧化，防止褪色。在乳制品中应用时，0.008% 的 BHT 可使乳脂肪稳定。在口香糖基质中使用 BHT，可防止由氧化而引起的变味、发硬和变脆。在其他食品中的应用参考：植物油 0.002%～0.02%；焙烤食品 0.01%～0.04%；谷物食品 0.005%～0.02%；脱水豆浆 0.001%；香精油 0.01%～0.1%；食品包装材料 0.02%～0.1%。

使用时应注意，对于不易直接拌和的食品，可溶于乙醇后喷雾使用。在用于精炼油时，应该在碱炼、脱色、脱臭后，在真空下油品冷却到 12℃ 时添加，才可以充分发挥其抗氧化作用。此外，还应保持设备和容器清洁，在添加时应先用少量油脂溶解，柠檬酸用水或乙醇溶解后再借真空吸入油中搅拌均匀。

3. 特丁基对苯二酚（TBHQ）（CNS：04.007；INS：319）

【性质】 特丁基对苯二酚，白色或微红褐色粉状结晶，有特殊气味，易溶于乙醇（25℃时 100%）和乙醚，可溶于油脂，如玉米油、豆油、棉籽油，20℃ 时为 10%，难溶于水（20℃ 时小于 1%，95℃ 时 5%）。熔点 126.5～128.5℃，沸点 295℃。遇铁、铜不变色，但如有碱存在可转变为粉红色。

【性能】 TBHQ 抗氧化性能优越，能有效延缓油脂氧化，提高食品的稳定性，比 BHT、BHA、PG 和维生素 E 具有更强的抗氧化能力。TBHQ 在油煎过程中对食品有很好的"携带进入"作用（随油脂进入食品中起作用），但在食品焙烤过程中此作用较差，与 BHA 混合使用时可改善此性质。BHA、BHT 对不饱和植物油脂的作用不够强，但 TBHQ 却表现出良好的抗氧化效果，对棉籽油、豆油、红花油的抗氧化特别有效。TBHQ 耐高温，可用于方便面、糕点及其他油炸食品，最高承受温度可达 230℃ 以上。

TBHQ 除具抗氧化作用外还有一定的抗菌作用，能有效抑制枯草芽孢杆菌、金黄色葡萄球菌、大肠杆菌、产气短杆菌等细菌以及黑曲霉、杂色曲霉、黄曲霉等微生物生长。对细菌、酵母菌的最小抑制浓度为 0.005%～0.01%，对霉菌为 0.005%～0.028%。NaCl 对其抗菌作用有增效作用。在酸性条件下，TBHQ 抑菌作用较强，如对变形杆菌，pH 等于 5.5 时，0.02% 的 TBHQ 即可完全抑制，而在 pH 等于 7.5 时，0.035% 的 TBHQ 也不能完全抑制。

【安全性】 TBHQ 大鼠口服 LD_{50} 为 0.7～1.0g/kg 体重，ADI 暂定 0～0.2mg/kg 体重（FAO/WHO）。

根据美国 FDA 的相关规定，TBHQ 在油脂等中的使用限值是油脂或食物中脂肪的 0.02%。FDA 规定，TBHQ 可单独使用，或与 BHA、BHT 合用，总量不超过油脂的 0.02%，但不能与 PG 复配使用。由于发现 TBHQ 可能有致癌作用，欧洲、日本、加拿大等禁止在食品中使用。

【应用】 按我国《食品安全国家标准 食品添加剂使用标准》（GB 2760—2024），特丁基对苯二酚作为抗氧化剂，其使用范围和最大使用量（g/kg）为：脂肪、油和乳化脂肪制品，熟制坚果与籽类，坚果与籽类罐头，油炸面制品，方便米面制品，饼干，焙烤食品馅料及表面用挂浆，腌腊肉制品类（如咸肉、腊肉、板鸭、中式火腿、腊肠）以及风干、烘干、压干等水产品，膨化食品、糕点 0.2。

将 TBHQ 加入包装材料中，可有效地抑制猪油的氧化变质。对熟制的禽类脂肪，0.02% 的 TBHQ 可使其氧化稳定性从 5h 提高到 56h，而等量的 BHA、BHT 和 PG 只能分别提高到 18h、20h 和 30h。对于肉类制品，TBHQ 可以防止肉类褪色、延长腐败气味产生的时间。

TBHQ 的使用方法如下。

① 直接法　将油脂加热至 35～60℃，按所需比例加入 TBHQ，强力搅拌 10～15min，使其溶解，然后持续搅拌（不必大力搅拌以免过多的空气进入）20min 左右，确保 TBHQ 均匀分布。

② 种子法　先将 TBHQ 完全溶于少量油脂或 95% 的酒精溶液中，配成 5%～10% 的 TBHQ 油脂或酒精溶液，然后直接或以计量器加入脂肪或油中搅拌分布均匀。

③ 泵送法　将用种子法配制的 TBHQ 浓缩液，通过不锈钢定量泵按规定比例注入有固定流速、流量的脂肪或油类的管道内。管道内要确保产生足够的湍流，使 TBHQ 分布均匀。

4. 没食子酸丙酯（PG）（CNS：04.003；INS：310）

【性质】　没食子酸丙酯，白色至浅褐色结晶粉末，或微乳白色针状结晶。无臭，微有苦味，水溶液无味。PG 难溶于水（0.35g/100mL，25℃），易溶于乙醇（103g/100mL，25℃）等有机溶剂，微溶于棉籽油（1.0g/100mL，25℃）、花生油（0.5g/100mL，25℃）、猪脂（10g/100mL，25℃）。其 0.25% 水溶液的 pH 为 5.5 左右。没食子酸丙酯遇铜、铁等金属离子发生呈色反应，变为紫色或暗绿色，有吸湿性，对光不稳定，发生分解，对热稳定性差，熔点为 146～150℃。

【性能】　PG 是由没食子酸和正丙醇酯化而成的，其酚酸及其烷基酯赋予它很强的抗氧化活性。它能阻止脂肪氧合酶酶促氧化。PG 对猪油的抗氧化效果比 BHA 和 BHT 强，与增效剂并用效果更好，但不如 PG 与 BHA 和 BHT 混用的抗氧化效果好。对于含油面制品如奶油饼干的抗氧化，不及 BHA 和 BHT。PG 的缺点是易着色，在油脂中溶解度小。没食子酸丙酯使用量达 0.1% 时即能自动氧化着色，故一般不单独使用，而与 BHA 复配使用，或与柠檬酸、异抗坏血酸等增效剂复配使用。与其他抗氧化剂复配使用时，具有更好的抗氧化效果。

【安全性】　没食子酸丙酯大鼠经口 LD_{50} 为 3.6g/kg 体重，ADI 为 0～1.4mg/kg 体重。PG 在机体内被水解，大部分变成 4-O-甲基没食子酸，内聚为葡萄糖醛酸，随尿排出体外。研究证明，PG 不是致癌物质。

【应用】　按我国《食品安全国家标准 食品添加剂使用标准》（GB 2760—2024），没食子酸丙酯作为抗氧化剂，其使用范围和最大使用量（g/kg）为：脂肪、油和乳化脂肪制品，熟制坚果与籽类（仅限油炸坚果与籽类），坚果与籽类罐头，油炸面制品，方便米面制品，饼干，腌腊肉制品类（如咸肉、腊肉、板鸭、中式火腿、腊肠等）以及风干、烘干、压干等水产品，固体复合调味料（仅限鸡肉粉），膨化食品 0.1；胶基糖果 0.4。

在肉制品中，0.1g/kg 的 PG 能使香肠在 42℃ 保持 30d 不变色，无异味产生；PG 能保持新鲜牛肉和鸡肉的色泽，延长产品的货架期；在方便面中加入 0.1g/kg 的 PG，常温可保存 150d。PG 在油脂中溶解度较小，使用时可先取一部分油脂，然后将 PG 按量加入，加温充分溶解后，再与全部油脂混合。或取一份 PG 与半份柠檬酸、三份 95% 的乙醇混合后，徐徐加入油脂中搅拌均匀即可。

5. 硫代二丙酸二月桂酯（DLTP）（CNS：04.012；INS：389）

【性质】　硫代二丙酸二月桂酯，白色粉末或鳞片状物，有特殊甜味，似酯类气味，相对密度 0.915，熔点 39～40℃。不溶于水，溶于苯、甲苯、丙酮、汽油等溶剂。

【性能】　硫代二丙酸二月桂酯能有效分解油脂自动氧化反应中的过氧化物，从而中断自由基链反应的进行。有不污染、不着色、高温加工时不分解的特点。单独使用不如 PG、BHA、BHT 效果好，应与其他脂溶性抗氧化剂结合使用。硫代二丙酸二月桂酯是由硫代二丙酸（TDPA）与月桂醇酯化而制得。

【安全性】　硫代二丙酸二月桂酯小鼠经口 LD_{50} 为 15g/kg 体重，ADI 为 0～3mg/kg 体重（以硫代二丙酸计）。

【应用】　按我国《食品安全国家标准 食品添加剂使用标准》（GB 2760—2024），硫代二丙酸二月桂酯作为抗氧化剂，其使用范围和最大使用量（g/kg）为：经表面处理的鲜水果、经表面处理的新鲜蔬菜、熟制坚果与籽类（仅限油炸坚果与籽类）、油炸面制品、膨化食品 0.2。

新鲜的苹果、香蕉、马铃薯、洋葱削皮后都极易发生氧化褐变，如果用 0.02％的硫代二丙酸二月桂酯乳化液浸泡 3min，取出后的褐变时间延长了 5～9 倍；采用 200mg/L 浓度的抗氧化剂稳定猪油，在常温或 60℃下的抗氧化性实验结果为：DLTP≈PG＞BHT＞BHA。

6. 抗坏血酸棕榈酸酯（AP）（CNS：04.011；INS：304）

【性质】　抗坏血酸棕榈酸酯，脂溶性维生素 C 衍生物，白色至微黄色粉末，近乎无臭味。难溶于水（0.002％，25℃；0.1％，50℃；2.0％，70℃；10％，100℃），花生油 0.3％，25℃；葵花油 0.28％，25℃；橄榄油 0.3％，25℃；100％乙醇 125％，25℃。熔点 107～117℃。

【性能】　抗坏血酸棕榈酸酯是一种高效安全的多功能营养型抗氧化剂，具有抗氧化及营养强化功能。其与自由基的作用机理与抗坏血酸基本相同，烷基自由基在引发阶段被终止，产生的 AP 自由基不能形成双环结构，其一个未成对电子由 6 个原子共享，然后这一自由基发生歧化反应生成一个 AP 和一个脱氢 6-抗坏血酸棕榈酸酯，从而阻止油脂中过氧化物的形成。

抗坏血酸棕榈酸酯与生育酚以及其他抗氧化剂配合使用时都表现出增效作用。当 AP 与生育酚配合使用时，生育酚首先与自由基反应，生成生育酚自由基，生育酚自由基通过与抗坏血酸棕榈酸酯的反应而再生，同时生成抗坏血酸棕榈酸酯自由基，直到抗坏血酸棕榈酸酯被完全消耗。

【安全性】　抗坏血酸棕榈酸酯 ADI 为 0～1.25mg/kg 体重，低毒性。

【应用】　按我国《食品安全国家标准 食品添加剂使用标准》（GB 2760—2024），抗坏血酸棕榈酸酯作为抗氧化剂，其使用范围和最大使用量（g/kg）为：乳粉和奶油粉及其调制产品、脂肪、油和乳化脂肪制品、即食谷物，包括碾轧燕麦（片）、方便米面制品、面包 0.2，婴幼儿配方食品、婴幼儿辅助食品 0.05，茶（类）饮料 0.2。

抗坏血酸棕榈酸酯在油脂中的抗氧化效果非常明显。在植物油中，抗坏血酸棕榈酸酯无论是单独使用或是与其他抗氧化剂混合使用都非常有效，0.01％的抗坏血酸棕榈酸酯就可以延长大部分植物油的货架期。在动物脂肪中，500mg/kg 的抗坏血酸棕榈酸酯和 100mg/kg DL-α-维生素 E 可以减少牛脂中氧化胆甾醇的生成。抗坏血酸棕榈酸酯保护煎炸用油和油炸食品的能力非常强，0.02%的抗坏血酸棕榈酸酯能防止煎炸油产生颜色，抑制共轭二烯氢过氧化物的生成，进而减少牛脂中氢过氧化物降解产物的生成。经过长达 10d 的油炸使用后，抗坏血酸棕榈酸酯在部分氢化的豆油中仍存留有 96%，在动物油或精炼植物油中有 90%～96%，说明经过高温、长时间的油炸使用后，抗坏血酸棕榈酸酯仍有抗氧化能力。

在面包制作过程中，加入 0.38% 的 L-抗坏血酸棕榈酸酯可缩短面包的醒发时间，延长面包的货架期，并能增强面包皮的弹性和面包内部柔软性。在熏肉制品中加入抗坏血酸棕榈酸酯可防止亚硝酸胺和亚硝酸的形成，而且还能强化亚硝酸盐抗肉毒杆菌的作用。在苹果汁中加入抗坏血酸棕榈酸酯可以防止苹果的酶促褐变。

7. 4-己基间苯二酚（CNS：04.013；INS：586）

【性质】　4-己基间苯二酚，白色或黄白色针状结晶，有弱臭，强涩味，可使舌头产生麻木感。遇光、空气变淡棕粉红色。微溶于水和石油醚，溶于乙醇、甲醇、乙醚、氯仿、苯和植物油中。

【性能】　4-己基间苯二酚可保持虾、蟹等甲壳水产品在贮存过程中色泽良好不变黑（虾类黑变主要是机体存在的多酚氧化酶催化反应所致）。

【安全性】　4-己基间苯二酚大白鼠口服 LD_{50} 为 550mg/kg 体重；兔子口服 LD_{50} 大于 750mg/kg 体重；狗口服 LD_{50} 大于 1000mg/kg 体重。ADI 为 0.11mg/kg 体重。

【应用】　按我国《食品安全国家标准 食品添加剂使用标准》（GB 2760—2024），4-己基间苯二酚作为抗氧化剂，其使用范围和最大使用量为：鲜水产（仅限虾类），按生产需要适量使用，残留量≤1mg/kg。

具体应用：可将本品倒入一定量的淡水或海水中，搅拌溶解，而后将盛放虾的虾篮浸入，在浸泡过程中适当转动虾篮，使虾充分接触本品溶液约 2min 后取出。浸泡液每日或每浸泡一定次数后应重新配制。

8. 维生素 E（CNS：04.016；INS：307）

【性质】　维生素 E 是一种脂溶性维生素，又称生育酚，是主要的抗氧化剂之一。天然维生素 E 是各种生育酚的混合物，广泛存在于植物组织的绿色部分和禾本科种子的胚芽中，如小麦、玉米、菠菜、芦笋、茶叶以及植物油。其中茶叶中维生素 E 含量高达 2.6mg/kg。天然维生素 E 是从天然植物原料中提取，一般是从植物油（大豆油、菜籽油、棉籽油、米糠油、玉米油、葵花油等）精炼过程中，脱臭时的蒸馏冷凝液馏出物中提取，最后蒸出的维生素 E 被冷凝下来。天然维生素 E 比合成维生素 E 有更好的生理活性，为 1.3～1.4 倍。

维生素 E 包括生育酚和三烯生育酚两类，共 8 种化合物，即 α、β、γ、δ 生育酚和 α、β、γ、δ 生育三烯酚，生育三烯酚与生育酚的差别仅在于生育三烯酚具有一个不饱和的侧链，在侧链的 $3'$ 位、$7'$ 位、$11'$ 位上有双键结构。α-生育酚是自然界中分布最广泛、含量最丰富、活性最高的维生素 E 形式。微黄绿色透明黏稠液体，溶于脂肪和乙醇等有机溶剂中，不溶于水，对热、酸稳定，对碱不稳定，对氧敏感，对光和紫外线也比较敏感，在空气和光照下会缓慢氧化和变黑，对热不敏感，在无氧条件下，即使加热至 200℃ 也不被破坏。

【性能】　维生素 E 容易被氧化，可以代替其他物质首先被氧化，因而可以起到保护其他物质不被氧化的作用。维生素 E 本身具有产生酚氧基的结构，产生的酚氧基能够猝灭并能同单线态氧反应，保护不饱和脂肪酸免受单线态氧损伤，还可以被阴离子自由基和羟自由基氧化，使不饱和脂肪酸免受自由基攻击，从而抑制脂肪酸的自动氧化。

维生素 E 的抗氧化作用是与脂氧自由基或脂过氧自由基反应，向它们提供 H，使过氧链式反应中断，从而实现抗氧化。其反应过程如下：

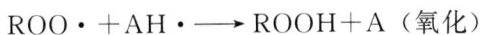

$$ROO\cdot + AH_2 \longrightarrow ROOH + AH\cdot \quad （抗氧化剂破坏自由基）$$
$$ROO\cdot + AH\cdot \longrightarrow ROOH + A \quad （氧化）$$
$$AH\cdot + AH\cdot \longrightarrow AA \quad （偶合）$$
$$AH\cdot + AH\cdot \longrightarrow AH_2 + A \quad （歧化）$$
$$ROO\cdot + AH\cdot \longrightarrow ROOH \quad （加成）$$

其中 AH_2 为生育酚；$ROOH$ 为氢过氧化物；$ROO\cdot$ 为过氧自由基；$AH\cdot$ 为抗氧化剂自由基。

维生素 E 的抗氧化活性比合成的酚类抗氧化剂相对弱一些，"携带进入"的能力也不太强，一般不会产生异味。维生素 E 与其他抗氧化剂如 BHA、TBHQ、抗坏血酸棕榈酸酯、卵磷脂等合用有增效作用。通常情况下，生育酚对动物脂的抗氧化作用比对植物油的效果好，因为动物脂中天然存在的生育酚比植物油少。生育酚对植物油有的有效、有的无效，这与植物油内天然存在的生育酚同分异构体的种类和含量有关。一般认为在生育酚含量较低，接近于它们天然存在于植物油中的浓度时才能发挥其最大效应，如果添加量过多，则反而有可能成为助氧化剂。生育酚添加到食品中不仅具有抗氧化作用，而且还有营养强化作用，维生素 E 是人体必需的营养素。

【安全性】 维生素 E 小白鼠经口 LD_{50} 为 10g/kg 体重，ADI 无限制性规定。

【应用】 按我国《食品安全国家标准 食品添加剂使用标准》（GB 2760—2024），维生素 E 作为抗氧化剂，其使用范围和最大使用量（g/kg）为：调制乳、熟制坚果与籽类（仅限油炸坚果与籽类）、油炸面制品、面糊（如用于鱼和禽肉的拖面糊）、裹粉、煎炸粉方便米面制品、果蔬汁（浆）类饮料、蛋白饮料类、其他型碳酸饮料、特殊用途饮料、风味饮料、茶、咖啡、植物饮料类、蛋白型固体饮料、膨化食品 0.2，即食谷物包括碾轧燕麦（片）0.085，水油状脂肪乳化制品、脂肪乳化制品包括混合的和（或）调味的脂乳化制品 0.5，基本不含水的脂肪和油、复合调味料，按生产需要适量使用。

9. 甘草抗氧化物（CNS：04.008；INS：一）

【性质】 甘草主要成分为三萜类和黄酮类化合物，三萜类化合物主要有甘草甜素、甘草次酸、甘草萜醇、异甘草内酯、齐墩果酸等。黄酮类化合物主要有甘草苷、甘草苷元、异甘草苷、异甘草苷元、甘草黄酮 A 和甘草查尔酮 A 及甘草查尔酮 B 等。甘草黄酮类是很好的天然抗氧化剂和防霉剂。

甘草抗氧化物又称甘草抗氧灵、绝氧灵。主要抗氧化成分为黄酮类和类黄酮类物质的混合物。棕色或棕褐色粉末，略有甘草的特殊气味，不溶于水，可溶于乙酸乙酯，在乙醇中的溶解度为 11.7%，耐光、耐氧、耐热。熔点范围 70～90℃。

【性能】 甘草抗氧化物有较强的清除氧自由基的作用，尤其是对氧自由基的作用效果更好，因而可抑制油脂过氧化终产物丙二醛的生成，从而抑制油脂酸败。同时，甘草抗氧化剂还可抑制油脂的光氧化作用。甘草抗氧化物具有良好的耐热性，从低温到高温（250℃）都具有强的抗氧化性。甘草抗氧化物还具有一定的抑菌作用：1% 的甘草总黄酮溶液对大肠杆菌、金黄色葡萄球菌、枯草杆菌的杀菌力一开始即达$83\%\sim85\%$，48h后可达$91\%\sim92\%$，0.1%的总黄酮溶液对以上三种菌均有抑制作用。与维生素E、维生素C合用有协同增效的作用。

【安全性】 甘草抗氧化物大鼠经口LD_{50}大于$10g/kg$体重。Ames试验、骨髓微核试验及小鼠精子畸变试验，均无致突变作用。致畸试验表明无致畸作用。

【应用】 按我国《食品安全国家标准 食品添加剂使用标准》（GB 2760—2024），甘草抗氧化物作为抗氧化剂，其使用范围和最大使用量（以甘草酸计，g/kg）为：基本不含水的脂肪和油，熟制坚果与籽类（仅限油炸坚果与籽类），油炸面制品，方便米面制品，饼干，腌腊肉制品类（如咸肉、腊肉、板鸭、中式火腿、腊肠），酱卤肉制品类和熏、烧、烤肉类以及油炸肉类，西式火腿（熏烤、烟熏、蒸煮火腿）类，肉灌肠类，发酵肉制品类，腌制水产品，膨化食品0.2。

日本批准将甘草抗氧化物用于油脂、人造奶油、含油食品（如火腿、咸牛肉、汉堡包、油炸食品、油酥饼、点心、巧克力、饼干、方便面等），此外还开发了含甘草黄酮的可乐饮料、口香糖、豆腐等食品。这些产品口感好，有天然植物的芳香，且易保存（不需外加防腐剂），并且有抑菌、除口臭等功效。

实际使用时，将动植物油脂预热到$80℃$，按使用量加入甘草抗氧化物，边搅拌边加温至全部溶解（一般到$100℃$时即可全部溶解），即成含甘草抗氧化物的油脂，可用于炸制食品和加工食品。

10. 竹叶抗氧化物（CNS：04.019；INS：—）

【性质】 竹叶抗氧化物是一种有独特天然竹香的天然抗氧化剂，是从竹叶中提取的具抗氧化性成分，有效成分包括黄酮类、内酯类和酚酸类化合物，是一组复杂的而又有相互协同增效作用的混合物。其中黄酮类化合物主要是碳苷黄酮，四种代表化合物为：荭草苷、异荭草苷、牡荆苷和异牡荆苷。内酯类化合物主要是羟基香豆素及其糖苷。酚酸类化合物主要是肉桂酸的衍生物，包括绿原酸、咖啡酸、阿魏酸等。

竹叶抗氧化物为黄色或棕黄色的粉末或颗粒，无异味。可溶于水和一定浓度的乙醇，其水溶液呈弱酸性，略有吸湿性，在干燥状态时相当稳定。具有平和的风味和口感，无药味、苦味和刺激性气味。品质稳定，能有效抵御酸解、热解和酶解，在某种情况下竹叶抗氧化剂还表现出一定的着色、增香、矫味和除臭等作用。

【性能】 竹叶抗氧化物的特点是既能阻断脂肪链自动氧化的链式反应，又能螯合过渡态金属离子，此外还有较强的抑菌作用，竹叶提取液的浓度越高，抑菌效果越好，抑菌率也越高，相同浓度下，作用时间越长，抑菌率越高。但时间过长不利于食品加工操作，一般3h就能达到较为理想的效果。

与同类产品相比，竹叶抗氧化物突出的优势还表现在肉制品加工中的卓越性能：不仅具有与维生素E相媲美的抗氧化作用，而且与抗坏血酸或异抗坏血酸复配后，还能大幅度降低硝酸盐或亚硝酸盐的用量，抑制亚硝胺的形成，提高肉制品的安全性，同时有助于改进肉制品的色泽和质构，提高商品性能。

【安全性】 竹叶抗氧化物的大鼠、小鼠急性经口毒性均属于实际无毒类，小鼠经口LD_{50}大于$10g/kg$体重。Ames试验、骨髓微核试验及小鼠精子畸变试验，均无致突变作用。致畸试验证实无致畸作用，MNL 为 4.3g/kg 体重，ADI 为 43mg/kg 体重。

【应用】 按我国《食品安全国家标准 食品添加剂使用标准》（GB 2760—2024），竹叶抗氧化物作为抗氧化剂，其使用范围和最大使用量（g/kg）为：基本不含水的脂肪和油，熟制坚果与籽类（仅限油炸坚果与籽类），油炸面制品，即食谷物，包括碾轧燕麦（片），焙烤食品，腌腊肉制品类（如咸肉、腊肉、板鸭、中式火腿、腊肠），酱卤肉制品类和熏、烧、烤肉类以及油炸肉类，西式火腿（熏烤、烟熏、蒸煮火腿）类，肉灌肠类，发酵肉制品类，水产品及其制品（包括鱼类、甲壳类、贝类、软体类、棘皮类等水产品及其加工制品），果蔬汁（浆）类饮料，茶（类）饮料，膨化食品 0.5。

11. 磷脂（CNS：04.010；INS：322）

【性质】 磷脂又称卵磷脂、大豆磷脂，广泛存在于动物的脑、精液、肾上腺细胞中，以禽卵卵黄中的含量最为丰富，大豆卵磷脂是从大豆中分离提取而得。

磷脂化学结构主要由磷脂酰胆碱（卵磷脂）、磷脂酰乙醇胺（脑磷脂）和磷脂酰肌醇（肌醇磷脂）组成，同时含有一定量的其他物质，如甘油三酯、脂肪酸和糖类等。其组合比例依制备方法的不同而异。无油型制品的甘油三酯和脂肪酸被大部分去除，含 90% 以上的磷脂。

浅黄至棕色透明或半透明黏稠液体，或浅棕色粉末或颗粒，无臭或略带坚果的气味滋味。仅部分溶于水，但易水合形成乳浊液，无油磷脂可溶于脂肪酸而难溶于非挥发油，当含有各种磷脂时，部分溶于乙醇而不溶于丙酮。

【性能】 卵磷脂的抗油脂氧化特性目前已在油脂生产中得到应用。实验表明，卵磷脂在油脂中含量为 0.2% 时，可以明显提高菜籽油、葵花籽油、大豆油、鱼油等的抗氧化作用。据报道，人造卵磷脂在 Cu、Fe、Mn 等离子存在的情况下，抗氧化活性很高。而且这种活性在氮的参与下也有显著提高。卵磷脂对鱼油的抗氧化实验表明，含丙酮不溶物达 65% 的卵磷脂具有最大的抗氧化作用，聚合物实验表明，卵磷脂含量达到 10% 时，鱼油的聚合反应要 10h 以上才能发生。但油的颜色随贮存时间的延长而加深，温度越高，颜色变化越快。

【安全性】 ADI 无需规定。

【应用】 按我国《食品安全国家标准 食品添加剂使用标准》（GB 2760—2024），磷脂作为抗氧化剂，可在各类食品中（GB 2760 表 A.2 中编号为 1～4、6.8～53、59～68 的食品类别除外）按生产需要适量使用。

二、水溶性抗氧化剂

1. 抗坏血酸及抗坏血酸钠（CNS：04.014，04.015；INS：300，301）

【性质】 抗坏血酸，又称维生素 C，白色至浅黄色晶体粉末，无臭，味酸。熔点 190～192℃，抗坏血酸对紫外线辐射很敏感，受光照后逐渐变成褐色，在水溶液以及饲料中都很容易被氧化。干燥状态下很稳定，但有空气存在下，溶液中维生素 C 的含量会迅速降低。pH 为 3.5～4.5 时较稳定。1g 约溶于 5mL 水、30mL 乙醇，不溶于氯仿、乙醚等有机溶剂。有还原性，易被氧化成脱氢抗坏血酸。抗坏血酸在饲料和预混料中的氧化会受到一些金属离子的催化，比如铜离子和铁离子。抗坏血酸在长时间贮存过程中也会被氧化，尤其是在高温而潮湿的条件下。

抗坏血酸钠，为白色或带有黄白色的颗粒或结晶性粉末，无臭，稍咸，较抗坏血酸易溶于水，2%的抗坏血酸钠 pH 为 6.5～8.0。

【性能】 抗坏血酸为还原剂，其抗氧化作用表现在可以与 O_2^-·、HOO· 及·OH 迅速反应，生成半脱氢抗坏血酸，清除单线态氧，还原硫自由基，其抗氧化作用依靠可逆的脱氢反应来完成。由于它是供氢体，也可使被氧化的维生素 E 和巯基恢复成还原型，这是其间接抗氧化作用。维生素 C 不仅有抗氧化作用，在一定条件下也有促氧化作用。

【安全性】 抗坏血酸是人体必需的维生素之一，通常的摄入量对人体无害。抗坏血酸及抗坏血酸钠大鼠经口 LD_{50} 大于 5g/kg 体重，ADI 为 0～15mg/kg 体重。

【应用】 按我国《食品安全国家标准 食品添加剂使用标准》（GB 2760—2024），抗坏血酸和抗坏血酸钠作为抗氧化剂，其使用范围和最大使用量（g/kg）为：抗坏血酸可用于小麦粉 0.2，去皮或预切的鲜水果以及去皮、切块或切丝的蔬菜 5.0，果蔬汁（浆）1.5。此外抗坏血酸可在各类食品（GB 2760 表 A.2 中编号为 1～5、10～62、68 的食品类别除外）按生产需要适量使用，抗坏血酸钠可在各类食品中（GB 2760 表 A.2 中编号为 1～62、68 的食品类别除外）按生产需要适量使用。

维生素 C 既是一种人体必需的营养素，又是一种抗氧化剂，因此食品中加入维生素 C 兼有营养强化和防变质、保鲜等作用。维生素 C 作为一种有效的酚酶抑制剂，广泛用于防止果蔬制品的氧化褐变。如水果罐头中添加 0.025%～0.06% 的维生素 C，可消耗氧气而防止变色和风味变劣；果蔬半成品用 0.1% 的维生素 C 溶液浸渍可有助于防止褐变。维生素 C 在含油脂食品中，可作抗氧化剂的增效剂，以防止油脂酸败。

2. D-异抗坏血酸及其钠盐（CNS：04.004，04.018；INS：315，316）

【性质】 D-异抗坏血酸是维生素 C 的光学异构体，为白色至浅黄色结晶性粉末或颗粒，无臭，味酸，干燥状态下在空气中相当稳定，但在溶液中遇空气则迅速变质。D-异抗坏血酸是一种水溶性的化合物，极易溶于水（40g/100mL），可溶于乙醇（5g/100mL），难溶于甘油，不溶于乙醚和苯。0.1% 水溶液的 pH 为 3.5，而 1% 水溶液的 pH 为 2.8。D-异抗坏血酸熔点为 166～172℃，并分解；遇光逐渐变黑，重金属离子会促进其分解。化学性质类似于抗坏血酸，但几乎无抗坏血酸的生理活性作用（仅约 1/20）。抗氧化性较抗坏血酸佳，价格亦较廉，但耐热性差。D-异抗坏血酸有强还原性，遇光则缓慢着色并分解，重金属离子会促进其分解。

D-异抗坏血酸钠又名赤藻糖酸钠，熔点 200℃。白色至黄白色晶体颗粒或晶体粉末，无嗅、稍有咸味，熔点 200℃以上分解；在干燥状态下暴露在空气中相当稳定。但在水溶液中遇空气、金属、热、光则发生氧化，易溶于水，常温下溶解度为 16g/100mL，几乎不溶于乙醇，1% 水溶液的 pH 为 6.5～8.0。

【性能】 D-异抗坏血酸及其钠盐是一种新型生物型食品抗氧化、防腐保鲜助色剂，能防止腌制品中致癌物质——亚硝胺的形成，根除食品饮料的变色、异味和浑浊等不良现象。D-异抗坏血酸的抗氧化性能优于抗坏血酸，且价格便宜，无强化维生素 C 的作用。但不会阻碍人体对抗坏血酸的吸收和利用。

【安全性】 D-异抗坏血酸大鼠经口 LD_{50} 为 18g/kg 体重，小鼠经口 LD_{50} 为 9.4g/kg 体重；ADI 无需规定（FAO/WHO）。D-异抗坏血酸钠大鼠经口 LD_{50} 为 15g/kg 体重，小鼠经口 LD_{50} 为 9.4g/kg 体重，ADI 无需规定。

【应用】 按我国《食品安全国家标准 食品添加剂使用标准》（GB 2760—2024），D-异抗坏血酸及其钠盐作为抗氧化剂，其使用范围和最大使用量（以抗坏血酸计，g/kg）为：葡萄酒 0.15。也可在各类食品中（GB 2760 表 A.2 中编号为 1～62、64～68 的食品类别除外）按生产需要适量使用。

D-异抗坏血酸及其钠盐在肉制品中作为护色助剂，可保持其色泽，防止亚硝胺类形成，改善风味，切口不易褪色；用于腌制咸菜，可保持色泽，改善风味；用于冷冻鱼虾可保持色泽，防止鱼表面氧化产生腐臭味；用于啤酒及葡萄酒中，在发酵后加入，可防止异味和浑浊，保持色、香、味，防止二次发酵；用于果汁及酱类，在装瓶时加入，可保持天然维生素 C，防止褪色，保持原有风味；用于水果贮存，喷雾或配合柠檬酸使用，可保持色泽风味，延长贮存期；用于罐头制品中，在装罐前加入汤汁中，可保持色、香、味；用于面包中，可保持面包的色泽、自然风味和延长保质期，且无任何毒副作用。肉类制品中 D-异抗坏血酸的添加量为 0.5～0.8g/kg。在桃子酱、苹果酱中 D-异抗坏血酸的用量为 0.2%，水果罐头为 750～1500mL/L，天然果汁为 80～110mL/L，啤酒为 30mL/L。

3. 乙二胺四乙酸二钠（CNS：18.005；INS：386）

【性质】 乙二胺四乙酸二钠简称 EDTA-2Na，无味、无臭、微咸的白色或乳白色结晶或颗粒状粉末。溶于水，不溶于乙醇、乙醚。其水溶液 pH 约为 5.3。熔点 252℃。

【性能】 乙二胺四乙酸二钠是一种重要络合剂，用于络合金属离子和分离金属。EDTA 二钠盐在 pH 为 3～8 的条件下几乎对所有金属离子都有螯合作用，因此适宜在大多数食品中使用。

【安全性】 乙二胺四乙酸二钠 ADI 为 0～2.5mg/kg 体重。

【应用】 按我国《食品安全国家标准 食品添加剂使用标准》（GB 2760—2024），乙二胺四乙酸二钠作为抗氧化剂，其使用范围和最大使用量（g/kg）为：果酱、蔬菜泥（酱），番茄沙司除外 0.07，果脯类（仅限地瓜果脯）、腌渍的蔬菜、蔬菜罐头、坚果与籽类罐头、杂粮罐头 0.25，复合调味料 0.075，饮料类［包装饮用水、果蔬汁（浆）、浓缩果蔬汁（浆）除外］0.03，腌渍的食用菌和藻类 0.2。

乙二胺四乙酸二钠在果蔬制品中，能有效预防和延缓各种果蔬罐头和冷藏蔬菜在存放过程中出现的变色和异味现象，同时，能稳定维生素成分，可有效地防止金属离子对维生素的催化氧化和破坏。在乳制品中，乙二胺四乙酸二钠能有效地防止牛乳中金属催化氧化而产生的异味；在饮料中能抑制酒类中的金属催化氧化变质；在肉制品中，乙二胺四乙酸二钠能延缓加工过的肉制品中氧化氮血红素的生成，与亚硝酸盐结合，有利于抑制酱肉、肉干制品的表面褐变，与维生素 C 结合可保持牛肉特殊风味。

4. 植酸（CNS：04.006；INS：391）

【性质】 植酸化学名称为肌醇六磷酸，是从植物种子中提取的一种有机磷酸类化合物。淡黄色至淡褐色浆状液体，无臭，有强酸味。易溶于水、乙醇和丙酮，几乎不溶于乙醚、苯和氯仿。水溶液为酸性，7g/L水溶液的pH为1.7。植酸受热易分解，100℃以上色泽加深，若在120℃以下短时间加热或浓度较高时，则较稳定。

【性能】 植酸对金属离子有螯合作用，在低pH下可沉淀铁离子。中等pH或高pH下可与所有的其他多价阳离子形成可溶性络合物。每克植酸可与500mg的亚铁离子形成螯合物，极大地减少了铁离子媒介的氧，阻碍了羟基自由基的形成。植酸对绝大多数金属离子有极强的络合能力，络合力与EDTA相似，但比EDTA的应用范围更广。此外，植酸可抑制果蔬中的多酚氧化酶，有效减少酶促氧化褐变，因此，植酸有较强的抗氧化作用，在花生四烯酸中加入植酸钠盐时几乎可完全抑制脂质过氧化，而富含植酸的食物自动氧化敏感性亦可降低。

【安全性】 小鼠经口LD_{50}为4300mg/kg体重，ADI无限制性规定。毒性比食盐更低（食盐LD_{50}为4000mg/kg体重）。植酸对小鼠骨髓嗜多染细胞微核实验无致突变作用。

【应用】 按我国《食品安全国家标准 食品添加剂使用标准》（GB 2760—2024），植酸作为抗氧化剂，其使用范围和最大使用量（g/kg）为：鲜水产（仅限虾类），按生产需要适量使用（残留量≤20mg/kg）；基本不含水的脂肪和油，加工水果，加工蔬菜，装饰糖果（如工艺造型，或用于蛋糕装饰），顶饰（非水果材料）和甜汁，腌腊肉制品类（如咸肉、腊肉、板鸭、中式火腿、腊肠），酱卤肉制品类以及熏、烧、烤肉类和油炸肉类，西式火腿（熏烤、烟熏、蒸煮火腿）类，肉灌肠类，发酵肉制品类，调味糖浆，果蔬汁（浆）类饮料0.2。

日本在贝类罐头中用0.1%～0.5%植酸，以防黑变，鱼类用0.3%植酸，在100℃处理2min可防止鱼体变色，用0.01%～0.05%植酸与微量柠檬酸混合配制的溶液，可作果蔬、花卉保鲜剂，效果很好。将50%植酸和山梨醇脂肪酸（亲水亲油值为4.3）按1∶3的比例混合，以0.2%加入大豆油中，可使大豆油的抗氧化能力提高4倍；在花生油中加入少量植酸，可使花生油抗氧化能力提高40倍，且可抑制黄曲霉毒素的生成；在罐头食品中添加植酸可达到稳定护色效果。在饮料中添加0.01%～0.05%植酸，可除去过多的金属离子（特别是对人体有害的重金属），对人体有良好保护作用。以植酸为主要成分的快速止渴饮料，最适于运动员激烈训练和高温作业工人饮用，具有快速止渴，复活神经机能和保护脑、肝、眼的作用，这种饮料在日本已投入批量生产。

5. 茶多酚（CNS：04.005；INS：—）

【性质】 茶多酚是从茶叶中提取的天然抗氧化物质，又称维多酚、茶单宁、茶鞣质，是茶叶中30余种多酚类物质的总称，包括黄烷醇类、花色苷类、黄酮类、黄酮醇类和酚酸类等。其中以儿茶素（黄烷醇）最为重要，儿茶素占60%～80%。儿茶素类主要由表没食子儿茶素（EGC）、表儿茶素（EC）、表没食子儿茶素没食子酸酯（EGCG）、表儿茶素没食子酸酯（ECG）等几种单体组成，抗氧化能力顺序为EGCG＞EGC＞ECG＞EC。茶多酚是形成茶叶色、香、味的主要成分之一，也是茶叶中有保健功能的主要成分之一，茶多酚含量：绿茶＞乌龙茶＞红茶。

茶多酚在常温下呈浅黄或浅绿色粉末，有茶叶香味，略带涩味。易溶于温水（40～80℃）、含水乙醇、乙酸乙酯，微溶于油脂，不溶于氯仿、苯等有机溶剂；有吸湿性，稳定性极强，在 pH4～8、25℃左右的环境中，1.5h 内均能保持稳定，在三价铁离子存在的情况下易分解。将茶多酚加入 160℃ 油脂中，30min 降解 25%，且食用油的过氧化值几乎不变，而未添加茶多酚的食用油过氧化值增大一倍。

【性能】 茶多酚具有很强的抗氧化作用，其抗氧化能力是人工合成抗氧化剂 BHT、BHA 的 4～6 倍，维生素 E 的 6～7 倍，维生素 C 的 5～10 倍，且用量少，0.01%～0.03% 即可起作用，而无合成物的潜在毒副作用。茶多酚的抗氧化机理是，儿茶素 B 环和 C 环上的酚羟基能捕获不饱和脂肪酸在自动氧化过程中产生的氧化物游离基，另外，可螯合金属离子、结合氧化酶。茶多酚的抗氧化性能随温度的升高而增强，对动物油脂的抗氧化效果优于对植物油脂的效果，与维生素 E、维生素 C、卵磷脂、柠檬酸等配合使用，具有明显的增效作用，也可与其他抗氧化剂联合使用。儿茶素对食品中的色素和维生素类有保护作用，使食品在较长时间内保持原有色泽与营养水平，能有效防止食品、食用油类的腐败，并能消除异味。茶叶能够保存较长的时间而不变质，这是其他的树叶、菜叶、花草所达不到的。茶多酚掺入其他有机物（主要是食品）中，能够延长贮存期，防止食品褪色，提高纤维素稳定性，有效保护食品中的各种营养成分。

【安全性】 茶多酚大鼠经口 LD_{50} 为（2496±326）mg/kg 体重，Ames 试验、骨髓微核试验和骨髓细胞染色体畸变试验表明，在 $1/20\ LD_{50}$ 浓度内均无不良影响和毒副作用。ADI 无限制性规定。

【应用】 按我国《食品安全国家标准 食品添加剂使用标准》（GB 2760—2024），茶多酚作为抗氧化剂，其使用范围和最大使用量（以油脂中儿茶素计，g/kg）为：复合调味料、植物蛋白饮料 0.1，熟制坚果与籽类（仅限油炸坚果与籽类）、油炸面制品、即食谷物包括碾轧燕麦（片）、方便米面制品、膨化食品 0.2，酱卤肉制品类和熏、烧、烤肉类以及油炸肉类、西式火腿（熏烤、烟熏、蒸煮火腿）类、肉灌肠类、发酵肉制品类、预制水产品（半成品）、熟制水产品（可直接食用）、水产品罐头 0.3，基本不含水的脂肪和油、糕点、焙烤食品馅料及表面用挂浆（仅限含油脂馅料）、腌腊肉制品类（如咸肉、腊肉、板鸭、中式火腿、腊肠）0.4，蛋白固体饮料 0.8，果酱、水果调味糖浆 0.5。

茶多酚对高脂肪糕点及乳制品，如月饼、饼干、蛋糕、方便面、奶粉、奶酪、牛乳等，不仅可保持其原有的风味，还可以防腐败，延长保鲜期，防止食品褪色，抑制和杀灭细菌，提高食品卫生标准，延长食品的销售寿命。另外，还可使甜味"酸尾"消失，味感甘爽。茶多酚不仅可配制果味茶、柠檬茶等饮料，还能抑制豆乳、汽水、果汁等饮料中的维生素 A、维生素 C 等多种维生素的降解破坏，从而保证饮料中的各种营养成分含量。在新鲜水果和蔬菜上喷洒低浓度的茶多酚溶液，就可抑制细菌繁殖，保持水果、蔬菜原有的颜色，达到保鲜防腐的目的。茶多酚对肉类及其腌制品如香肠、肉食罐头、腊肉等，具有良好的保质抗损效果，尤其是对罐头类食品中耐热的芽孢杆菌等具有显著的抑制和杀灭作用，并有消除臭味、腥味，防止氧化变色的作用。食用油中加入茶多酚，能阻止和延缓不饱和脂肪酸的自动氧化分解，从而防止油脂的质变腐败，使油脂的贮藏期延长一倍以上。

茶多酚使用方法一般是将其溶于乙醇，加入一定的柠檬酸配成溶液，然后以喷涂的方式作用于食品。

6. 迷迭香提取物（CNS：04.017；INS：392）

【性质】 迷迭香是唇形科草本植物，迷迭香提取物是从迷迭香植物中提取的淡黄色至黄褐色粉末状或褐色膏状物质，有特殊香气。产品有效成分为鼠尾草酸、鼠尾草酚、迷迭香酸、迷迭香酚、表迷迭香酚、异迷迭香酚、熊果酸等，其中的高效抗氧化物质是鼠尾草酸、迷迭香酚和鼠尾草酚。

【性能】 由于含有多种抗氧化有效成分以及多种抗氧化机理，导致迷迭香具有高效和广泛的抗氧化性。目前普遍认为，迷迭香抗氧化机理主要在于其能猝灭单重态氧，清除自由基，切断类脂自动氧化的连锁反应，螯合金属离子和有机酸的协同增效等。迷迭香酸中还原性的成分如酚羟基、不饱和双键和酸等，单独存在时具有抗氧化作用，组合在一起时具有协同作用。

迷迭香提取物抗氧化效果十分理想，比 BHA、BHT、PG 强 5～7 倍，远远高于维生素 C、维生素 E、茶多酚等天然抗氧化剂。迷迭香提取物对各种复杂的类脂物氧化有广泛而很强的抑制效果等特点，可有效延缓油脂氧化，提高食品的稳定性，显著地延长油脂及富脂食品的货架期，特别适用于植物油，是色拉油、调和油、高烹油首选的抗氧化剂。迷迭香提取物耐高温，结构稳定，不易分解，可用于方便面、糕点及其他油炸食品，最高承受温度可达 230℃ 以上。此外，迷迭香提取物还能有效抑制微生物生长。在添加应用范围内，能抑制几乎所有细菌和酵母菌生长，对黄曲霉等危害人体健康的霉菌有很好的抑制作用。本品不影响食品的色泽、风味，用于含铁的食品不着色。迷迭香提取物具有高效"携带进入"能力，对于油炸及焙烤食品来说，抗氧化剂的"携带进入"能力具有非常现实的意义，添加到油脂中的抗氧化剂也可以一直存留到终产品中，并仍能继续发挥作用。因此，在使用氢化油的焙烤产品中，迷迭香提取物的应用效果最好。

【安全性】 迷迭香提取物小鼠经口 LD_{50} 为 12g/kg 体重，致突变试验、Ames 实验、骨髓微核试验、小鼠睾丸初级精母细胞染色体畸变试验，均呈阴性。

【应用】 按我国《食品安全国家标准 食品添加剂使用标准》（GB 2760—2024），迷迭香提取物作为抗氧化剂，其使用范围和最大使用量（g/kg）为：动物油脂（包括猪油、牛油、鱼油和其他动物脂肪等），熟制坚果与籽类（仅限油炸坚果与籽类），油炸面制品，预制肉制品，酱卤肉制品类和熏、烧、烤肉类以及油炸肉类，西式火腿（熏烤、烟熏、蒸煮火腿）类，肉灌肠类，发酵肉制品类，半固体复合调味料，液体复合调味料，膨化食品 0.3；植物油脂，脂肪含量 80% 以上的乳化制品，固体复合调味料，脂肪乳化制品［包括混合的和（或）调味的脂肪乳化制品］0.7；植物蛋白饮料 0.15。

迷迭香提取物在大豆油、花生油、棕榈油、菜籽油和猪油中有很强的抗氧化能力，特别是在大豆油、猪油中，其抗氧化能力是 BHA 的 2～4 倍。在猪油中迷迭香提取物比茶多酚的作用强 1～2 倍。在加工禽肉制品时，加入迷迭香提取物能阻止肌肉内的氧化反应，保护肉制品的风味。迷迭香提取物还能防止氧对类胡萝卜素等色素的破坏，稳定食品的色泽和感官品质。

迷迭香提取物可为液态或制成胶囊，也可以通过各种混合技术添加在产品中。

知识三　抗氧化剂应用技术

抗氧化剂的种类较多，其化学结构、理化性质各不相同，而不同的食品也具有不同的性质，因此抗氧化剂的使用应视其自身和食品的性质，否则抗氧化剂将难以达到其最佳应用效果。

一、选择合适的添加时机

从抗氧化剂的作用机理可以看出，抗氧化剂只能阻碍脂质氧化，延缓食品开始败坏的时间，而不能改变已经变坏的后果，因此抗氧化剂要尽早加入，以发挥其抗氧化作用。如油脂的氧化酸败是自发的链式反应，在链式反应的引发期之前加入抗氧化剂，即能阻断过氧化物的产生，切断反应链，从而发挥其抗氧化作用，达到防止氧化的目的。反之，抗氧化剂加入过迟，即使加入较多量的抗氧化剂，也已无法阻止氧化链式反应及过氧化物的分解反应，往往还会发生相反的作用。这是因为抗氧化剂本身是易被氧化的还原性物质，被氧化了的抗氧化剂反而可能促进油脂氧化。再如食品酶促氧化褐变反应开始阶段必须有酚氧化酶和氧的参加，但一旦将酚氧化成醌后，进一步聚合成黑色素的反应则是自发的。因此，使用抗氧化剂除去氧必须是在开始阶段，才能起到防止食品发生酶促氧化褐变的作用。

在实际生产应用中，已有报道指出，在熬油过程中加入抗氧化剂（BHA 和 BHT）更为有效；植物油真空脱臭是油脂加工工艺中的最后一个步骤，由于酚类抗氧化剂在油脂脱臭的条件下是挥发的，因此必须在冷循环条件下将它们加入，或者在脱臭脂肪被泵送至贮桶后加入；油炸食品通常能吸收大量的脂肪，因此，必须不断地将新鲜脂肪加入油炸锅，与此同时，新鲜的抗氧化剂也被引入，以取代因水蒸气蒸馏而造成的损失。常在炸油中加入 $10mg/kg$ 以下的甲基聚硅氧烷，虽然它不是抗氧化剂，对最终产品的稳定性没有直接的影响，但它能在油的表面形成一个不溶解的膜，防止油脂暴露在空气中，从而在油炸过程中保护热的油脂。

二、选择适当的使用量

和防腐剂不同，添加抗氧化剂的量和抗氧化效果并不总是呈正相关，当超过一定浓度后，不但不再增强抗氧化作用，反而具有促进氧化的效果。抗氧化剂的添加量在符合国家食品添加剂使用标准要求的前提下，油溶性抗氧化剂的使用浓度一般不超过 0.02%，水溶性抗氧化剂的使用浓度一般不超过 0.1%。例如，生育酚在较低的浓度，即相当于它在粗植物油中的浓度，就能产生很高的效力，当其浓度低于 $600\sim700mg/kg$ 时，在室温下不会表现出促氧化活性，但在温度升高，抗氧化剂自由基的生成速度大于底物自动氧化的速度，抗氧化剂自由基的浓度超过过氧自由基或其他自由基时，生育酚就具有助氧化作用。α-生育酚（TH_2）浓度较高时，会根据下列反应形成自由基产生助氧化作用。因此，在食品工业中，一般建议生育酚的总量在 $50\sim500mg/kg$。

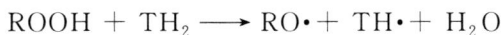

$$ROOH + TH_2 \longrightarrow RO\cdot + TH\cdot + H_2O$$

三、复配抗氧化剂的使用

由于食品的成分非常复杂，有时使用单一的抗氧化剂很难起到最佳抗氧化作用。这时，可以采用多种抗氧化剂复合起来使用。凡两种或两种以上抗氧化剂混合使用，其抗氧化效果往往大于单一使用之和，这种现象称为抗氧化剂的协同作用。一般认为，这是由于不同的抗氧化剂可以分别在不同的阶段终止油脂氧化的链式反应。

四、分布均匀

抗氧化剂一般在食品中的用量比较少，只有充分分散在食品中，才能有效发挥其作用。抗氧化剂在油中的溶解性影响抗氧化效果，如水溶性的抗坏血酸可以用其棕榈酸酯的形式用于油脂的抗氧化。油溶性抗氧化剂常使用溶剂载体将它们加入油脂或含脂食品中，常用的溶剂有乙醇、丙二醇、甘油等。抗氧化剂加入纯油中，可将它以浓溶液的形式在搅拌条件下直接加入（60℃），并必须在排除氧的条件下搅拌一段时间，就能保证抗氧化剂体系能均匀地分散至整个油脂中。当油溶性抗氧化剂复配使用时，需要特别注意抗氧化剂的溶解特性，例如将 BHA、PG、柠檬酸复配使用，前两者可溶于油脂，但柠檬酸难溶于油脂，不过三者都可溶于丙二醇，因此可选用丙二醇作为溶剂。

谷物、脱水马铃薯和蛋糕粉属低脂食品，将抗氧化剂加入这些食品原料是一个更为复杂的问题，因为抗氧化剂难以与脂肪相充分地接触。处理谷物时，一般将高浓度的 BHA 或 BHT 加入包装的蜡质内衬中。由于这些抗氧化剂甚至在室温下仍是轻微挥发的，因此它们从蜡质内衬逐渐扩散进入产品。虽然谷物中的脂肪含量一般很低，但是它是高度不饱和的，尤其是在燕麦片中，因此有必要防止此类脂肪的氧化。有时将抗氧化剂直接加入谷物或马铃薯泥中，随后煎烤，于是能有足够的抗氧化剂迁移至脂肪相，产生充分的稳定效果。将含有抗氧化剂的乳状液直接喷洒在谷物的表面后立即包装，这样的处理方法也可取得一些效果。将抗氧化剂（通常是 BHA＋柠檬酸）用盐分散，然后加入绞碎的肉（新鲜或干燥）中，有利于其在肉中的分散。

五、正确使用抗氧化增效剂

使用抗氧化增效剂，可使抗氧化作用明显增加。增效剂本身并没有抗氧化效果，或者抗氧化效果比较弱，但与抗氧化剂混合使用时，其抗氧化效果要比单独使用一种抗氧化剂好。常用的增效剂有柠檬酸、磷酸、抗坏血酸、乙二胺四乙酸（EDTA）等。

铜、铁等重金属离子是促进氧化的催化剂，能缩短诱导期，提高过氧化物的分解速度，从而提高了自由基产生的速度。它们的存在会使抗氧化剂迅速发生氧化而失去作用。因此，在添加抗氧化剂时，应尽量避免这些金属离子混入食品，同时使用抗氧化剂的增效剂，提高抗氧化效果。一般认为，这些物质能与促进氧化的微量金属离子生成络合物，使金属离子失去促进氧化的作用。也有人认为，抗氧化剂的增效剂（指酸性物质，用 SH 表示）可与抗氧化剂生成的产物基团（A·）作用，使抗氧化剂（AH）获得再生：

$$A· + SH \longrightarrow AH + S·$$

一般酚型抗氧化剂,可添加其使用量的 25%～50% 的柠檬酸等作为增效剂。

六、原料的处理

过渡元素金属,特别是那些具有合适的氧化还原电位的三价或多价的过渡金属（Co、Cu、Fe、Mn、Ni）具有很强的促进脂肪氧化的作用,被称为促氧化剂。所以必须尽量避免这些离子混入食品原料,然而由于土壤中存在或加工容器的污染等,食品中常含有这些离子。在食品加工中,要除去这些内源氧化促进剂,避免或减少痕量的金属、植物色素（叶绿素、血红素）或过氧化物,尽可能选用优质原料,减少外源的氧化促进剂进入食品。

七、控制光、热、氧等因素的影响

使用抗氧化剂的同时还要注意存在的一些促进脂肪氧化的因素,比如光,尤其是紫外线,极易引起脂肪的氧化,可采用避光的包装材料,如铝复合塑料包装袋来保存含脂食品。

加工和贮藏中的高温一方面促进食品中脂肪的氧化,另一方面加大抗氧化剂的挥发,有些抗氧化剂,经过加热,特别是高温如油炸后,也容易分解或挥发而失去抗氧化作用。一般随着温度的上升,油脂的氧化速度明显加快,温度升高 10℃,油脂的氧化速度增加 10 倍。例如几种抗氧化剂在大豆油中经加热至 170℃,其完全分解失效的时间分别是:BHT 90min、BHA 60min、PG 30min。此外,BHT 在 70℃以上,BHA 在 100℃以上加热,则会迅速升华挥发。

大量氧气的存在会加速氧化的进行,实际上只要暴露于空气中,油脂就会自动氧化。避免与氧气接触极为重要,如果任由食品和大量氧接触,即使大量添加抗氧化剂,也很难达到预期的抗氧化效果。尤其对于具有很大比表面积的含油粉末状食品。一般可以采用充氮包装或真空密封包装等措施,也可采用吸氧剂或称脱氧剂,以降低氧的浓度或隔绝空气中的氧,使抗氧化剂更好地发挥作用。另外,还要特别注意包装材料的透氧性。

🖳 典型工作任务

任务一　不同抗氧化剂对果蔬的抗氧化作用

【任务目标】

通过添加不同抗氧化剂和未添加抗氧化剂的果蔬的外观氧化变色的比较,掌握抗氧化剂在防止果蔬氧化过程中的作用,并比较分析不同性质的抗氧化剂对果蔬的抗氧化效果及抗氧化剂对不同果蔬的影响。

【任务条件】

苹果,马铃薯,红薯,L-抗坏血酸（维生素 C）,没食子酸正丙酯（PG）,乙醇,蒸馏水。

【任务实施】

1. 考察不同性质的抗氧化剂对苹果的影响

（1）将 L-抗坏血酸（维生素 C）配制成 0.01％的水溶液，将没食子酸正丙酯（PG）配制成 0.01％的乙醇溶液。

（2）将一个苹果切成均匀的三块，迅速将 0.01％的 L-抗坏血酸（维生素 C）水溶液和 0.01％的没食子酸正丙酯（PG）乙醇溶液分别涂于其中的两块苹果上，第三块苹果不涂任何溶液。

（3）观察三块苹果的颜色变化并做记录。

2. 考察不同性质的抗氧化剂对马铃薯的影响

（1）将 L-抗坏血酸（维生素 C）配制成 0.01％的水溶液，将没食子酸正丙酯（PG）配制成 0.01％的乙醇溶液。

（2）将一个马铃薯切成均匀的三块，迅速将 0.01％的 L-抗坏血酸（维生素 C）水溶液和 0.01％的没食子酸正丙酯（PG）乙醇溶液分别涂于其中的两块马铃薯上，第三块马铃薯不涂任何溶液。

（3）观察三块马铃薯的颜色变化并做记录。

3. 考察不同性质的抗氧化剂对红薯的影响

（1）将 L-抗坏血酸（维生素 C）配制成 0.01％的水溶液，将没食子酸正丙酯（PG）配制成 0.01％的乙醇溶液。

（2）将一个红薯切成均匀的三块，迅速将 0.01％的 L-抗坏血酸（维生素 C）水溶液和 0.01％的没食子酸正丙酯（PG）乙醇溶液分别涂于其中的两块红薯上，第三块红薯不涂任何溶液。

（3）观察三块红薯的颜色变化并做记录。

【任务结果分析】

将所有观察记录的结果综合比较分析，考察抗氧化剂在防止果蔬氧化过程中的作用，并比较分析不同性质的抗氧化剂对果蔬的抗氧化效果及抗氧化剂对不同果蔬的影响。

【任务思考】

1. 果蔬被切开后表面为什么会变颜色？

2. 为什么 L-抗坏血酸（维生素 C）和没食子酸正丙酯（PG）对果蔬的作用效果不同？

3. L-抗坏血酸（维生素 C）对不同果蔬的作用效果一样吗？为什么？

任务二　没食子酸正丙酯（PG）在油脂中的抗氧化作用

【任务目标】

通过添加抗氧化剂和未添加抗氧化剂的油脂的过氧化值的比较，掌握抗氧化剂及其增效剂在防止油脂氧化过程中的作用，并比较分析分别改变温度、抗氧化剂的添加量以及抗氧化剂增效剂的添加量对抗氧化效果的影响。

【任务条件】

猪油，冰醋酸-氯仿混合液（3∶2），0.01mol/L 硫代硫酸钠标准溶液，1％的淀粉指示剂，碘化钾饱和溶液，没食子酸正丙酯（PG），柠檬酸。

【任务实施】

1. 油样的制备

将猪油做 3 个平行试验，每例试验的油样为 20.0g。第一例油样不加任何添加剂，作对照样；第二例油样添加 0.01％的 PG；第三例油样添加 0.01％的 PG 和 0.005％的柠檬酸。将油样搅匀（可温热）后，各称取 2g 的油样测定其过氧化值，剩余样品同时放入（63±1）℃烘箱中，每天取样一次，每次称取 3 个油样各 2g 测定过氧化值，连续测 8 次，比较结果。

2. 过氧化值的测定

称取油样 2.0g 置于干燥的碘量瓶中，加入冰醋酸-氯仿混合液 30mL、碘化钾饱和溶液 1mL，摇匀。1min 后，加蒸馏水 50mL、淀粉指示剂 1mL，用 0.01mol/L 硫代硫酸钠标准溶液滴定至蓝色消失。在同样条件下做一空白试验。

$$过氧化值（\%）=[(V_1-V_2)\times c\times 0.1296/m]\times 100\% \qquad (2\text{-}1)$$

式中　V_1——样品滴定时消耗硫代硫酸钠标准溶液的体积，mL；

$\quad\ V_2$——空白滴定时消耗硫代硫酸钠标准溶液的体积，mL；

$\quad\ \ c$——硫代硫酸钠标准溶液的浓度，mol/L；

$\quad\ m$——油样的质量，g；

0.1296——1mol/L 硫代硫酸钠（1mL）相当于碘的质量，g。

3. 考察温度对抗氧化效果的影响

将猪油做 12 个平行试验，每例试验的油样为 20.0g。其中四份油样不加任何添加剂，作对照样；四份油样添加 0.01％的 PG；四份油样添加 0.01％的 PG 和 0.005％的柠檬酸。将油样搅匀（可温热）后，三种不同样品各称取 2g 的油样测定其过氧化值，剩余样品分别放入（25±1）℃、（53±1）℃、（58±1）℃、（68±1）℃烘箱中，除（25±1）℃每月取样一次，其他每天取样一次，每次称取各油样 2g 测定过氧化值，连续测 8 次，比较结果。

4. 考察改变抗氧化剂的添加量对抗氧化效果的影响

将猪油做 9 个平行试验，每例试验的油样为 20.0g。第一例油样不加任何添加剂，作对照样；第 2～5 例油样分别添加 0.005％、0.0075％、0.0125％、0.015％的 PG；第 6～9 例油样分别添加 0.005％、0.0075％、0.0125％、0.015％的 PG 和 0.005％的柠檬酸。将油样搅匀（可温热）后，各称取 2g 的油样测定其过氧化值，剩余样品同时放入（63±1）℃烘箱中，每天取样一次，每次称取各油样 2g 测定过氧化值，连续测 8 次，比较结果。

5. 考察改变抗氧化剂增效剂的添加量对抗氧化效果的影响

将猪油做 6 个平行试验，每例试验的油样为 20.0g。第一例油样不加任何添加剂，作对照样；第二例油样添加 0.01％的 PG；剩余四例油样分别添加 0.01％的 PG 和 0.003％、0.004％、0.006％、0.007％的柠檬酸。将油样搅匀（可温热）后，各称取 2g 的油样测定其过氧化值，剩余样品同时放入（63±1）℃烘箱中，每天取样一次，每次称取各油样 2g 测定过氧化值，连续测 8 次，比较结果。

【任务结果分析】

将所有测得的过氧化值综合比较分析，考察抗氧化剂及其增效剂在防止油脂氧化过程中的作用，并考察分析分别改变温度、抗氧化剂的添加量以及抗氧化剂增效剂的添加量对抗氧化效果的影响。

【任务思考】

1. 原理是什么？

2. 如果单独使用抗氧化剂增效剂如柠檬酸，是否对油脂也可取得抗氧化效果？

3. 在往食品中添加抗氧化剂时应注意哪些问题？

知识拓展与链接

一、抗氧化剂检测的样品处理及提取技术

从食品中将抗氧化剂提取出来是比较困难的，特别是在低含量时，要从复杂的基体中提取时，其他干扰组分往往会同时被提取出来，分离和检测的难度较大。食品中的抗氧化剂的提取大致有三种方法。

第一种是色谱柱法。色谱柱的制备是于底部加入少量玻璃棉，取无水硫酸钠、硅胶-弗罗里矽土（6∶4）共10g，用石油醚湿法混合装柱，柱顶部再加入少量无水硫酸钠。检测前，先用石油醚提取出样品中的油脂，然后通过色谱柱实现抗氧化剂的净化，再用二氯甲烷分五次淋洗，合并淋洗液，减压浓缩至近干时，用二硫化碳定容至2mL作为待测溶液。此种方法有机溶剂使用量较少，但回收率低，批与批的效率不同会影响分析的重复性，有时会发生不可逆的吸附导致样品组分丢失。

第二种是旋转蒸发。食品中加入有机溶剂（乙腈或甲醇），高速均质后离心，再旋转蒸发，条件是40℃以下蒸发至约1mL，应高度真空，10min之内完成，之后转移至试管中，用乙腈定容至2mL。该方法比较简单、易操作，但实际工作效率较低，不适合大批量样品的处理。

第三种是直接用有机溶剂萃取。样品中加入相应的有机溶剂（甲醇、乙腈＋异丙醇、正己烷、无水乙醇、正己烷＋甲醇、正己烷＋乙腈），充分混合后离心，吸取上清液实现提取。以正己烷＋乙腈为例，称取样品于100mL容量瓶中，用正己烷定容到刻度，摇匀，吸取25mL溶液于分液漏斗中，分三次用乙腈提取，合并乙腈提取液，减压蒸馏至3mL，之后移入离心管中，用少量乙腈润洗，混匀。该种处理方法消耗的有毒有机溶剂较多，但不需专用设备，提取效率较高。

二、抗氧化剂的检测方法

对于含有较高浓度的抗氧化剂的食品，可以用薄层色谱法和比色法来进行检测，薄层色谱法用薄层色谱定性。薄层板的制备：称取4g硅胶G（或聚酰胺粉）置玻璃乳钵中，加水后研磨至黏稠状，铺成5cm×20cm的薄层板三块，置空气中干燥后于80℃烘1h，存放于干燥器中制成。根据其在薄层板上显色后的最低检出量与标准品最低检出量的比较而概略定量。比色法是利用抗氧化剂BHT遇邻联二茴香胺与亚硝酸钠溶液生成橙红色，用三氯甲烷提取，与标准比较定量。测定是使用水蒸气蒸馏装置，称取2g样品于蒸馏瓶中，加16g无水氯化钙粉末及10mL水，当甘油浴温度达到165℃时，将蒸馏瓶浸入甘油浴中，连接好水蒸气发生装置及冷凝管，冷凝管下端浸入盛有50mL甲醇的容量瓶中，进行蒸馏，收集约

100mL 馏出液，以温热的甲醇分次洗涤冷凝管，洗液并入容量瓶中并稀释至刻度成待测液。

较准确的分析抗氧化剂含量的方法主要是气相色谱法（GC）、高效液相色谱法（HPLC）、气相色谱-质谱法等。

1. 比色法

比色法可用于测定食品中的 BHT 和 PG。将含有抗氧化剂 BHT 的样品经水蒸气蒸馏，将 BHT 从油脂中分离出来，馏出物经冷凝后用甲醇吸收，然后加入邻联二茴香胺溶液和 2mL 0.3%亚硝酸钠溶液，生成橙红色发色团，接着用氯仿萃取得紫红色溶液，在波长 520nm 处测定吸光度，绘制吸光度与 BHT 浓度标准曲线，进行比较定量，测定食品中的 BHT。含有抗氧化剂 PG 的样品用乙醚溶解，接着用乙酸铵溶液提取，没食子酸丙酯与亚铁酒石酸盐发生颜色反应，在波长 540nm 处测定其吸光度，与标准曲线比较，测定 PG 含量。以比色法测定抗氧化剂虽仪器简单，但操作程序烦琐，测定精度稍差，不能同时测定多种抗氧化剂。

2. 气相色谱法（GC）

早期气相色谱法（GC）主要是测定食品中的 BHA、BHT，样品处理包括匀浆、柱色谱，用二硫化碳洗脱柱子上的抗氧化剂，使用的色谱柱有涂布 10%的 QF-1 Gas Chrom Q（80～100 目）的玻璃柱。油脂样品还可以用乙酸乙酯提取，振摇、提取后加石棉玻璃纤维，以吸附油脂中的非挥发性成分。

近年来普遍采用毛细管柱来做分离，由于毛细管柱具有高的分离效率，适合于基体复杂的样品分析，而且可以提供准确定量，因此在气相色谱分离中被广泛使用，常见的用于抗氧化剂检测的毛细管柱有 CP-SIL8CB8 毛细管柱等。

气相色谱法中采用的检测器是氢火焰离子化检测器（FID），采用等柱温或程序升温，分流进样或不分流进样，实现对部分抗氧化剂的检测。

将食品中的抗氧化剂转化成可检测的物质是气相色谱法重点解决的问题，抗氧化剂可衍生为挥发性的物质，如三甲基硅醚、三氟乙酸酯、苯甲酰和七氟丁酰衍生物等，再进行 GC 分析。固体样品通过加乙酸乙酯提取，油脂样品用四氯化碳溶解，提取液吹干后，加吡啶-六甲基二硅烷-三甲基氯硅烷混合溶剂，将抗氧化剂转化为 TMS 衍生物。

Dilli 等采用 BHA 与三氟乙酸酐反应，生成 BHA-三氟乙酸酐（BHAT），加氢氧化钠溶液进行净化，有机相作为样液供测试，采用 ECD 检测器，色谱柱为 1.5m×2mm 玻璃柱，内填 5%或者 10%SE-30 的 80～100 目的 Chromosor 体重 AW-DWCS 单体，柱温 175℃，氮气作载气，出峰顺序为 BHT、BHA，如果使用 ECD 为检测器，柱温 160℃，用 10%甲烷的氢气作载气，则 BHT 的检测灵敏度提高 10 倍，六氯苯作内标。

Page 等利用 BHA、TBHQ 和 PG 与七氟丁酸酐反应，生成七氟丁酸酯衍生物后进行 GC 分析。色谱柱为 1.83m×2mm 玻璃柱，内填 3%OV-3 的 80～100 目的 Chromosor 体重 HP 担体，柱温 120℃，内标物是 2,3,4,5-四氯苯酚（TCP），催化剂是 0.2mol/L 的三甲胺。衍生结束后，过量的七氟丁酸酐用磷酸盐缓冲溶液中和，ECD 检测器检测。

Toyoda 等提出了鱼干、冻虾、植物油等食品中 TBHQ 的测定方法，固体样品用含氯化钠的乙酸乙酯提取，挥发至干后，残余物用己烷-乙酸乙酯（99∶1）溶解，加入 2%氯化钠溶液将 TBHQ 从有机相中选择性地提取至水相中，然后再逆萃取至己烷-乙酸乙酯（50∶

50）中。色谱柱为 2m×3mm 玻璃柱，内填 5%DEGS + 1 ‰磷酸的 80～100 目的 Chro-mosor 体重担体，柱温 196℃。

毛江胜等用毛细管气相色谱法测定食用油中的酚类抗氧化剂 BHA、BHT、TBHQ。样品用石油醚提取、乙腈萃取，用 HP19091 J-413 柱（30m×0.32mm，0.25μm），氢火焰离子化检测器（FID），柱温，初温 120℃，以 5℃/min 升温至 160℃，8min 后以 30℃/min 升温至 250℃，进样口温度 220℃，检测器温度 250℃，柱前压 40kPa；气体流速，氮气为 30mL/min、氢气为 40mL/min、空气为 450mL/min，分流比 20：1，进样量 5μL。

游飞明等用毛细管气相色谱法快速测定油脂及加工食品中 BHA、BHT、TBHQ，样品置于 100mL 具塞三角瓶中，加适量无水乙醇浸泡，超声提取 30min，过滤，用少量无水乙醇洗涤残渣，合并滤液，减压浓缩至 1～2mL，在 60℃氮吹至 10mL。用 HP-53 柱（30m× 0.32mm，0.25μm），氢火焰离子化检测器（FID），柱温，初温 130℃，以 10℃/min 升温至 200℃，进样口温度 220℃，检测器温度 250℃，柱前压 40kPa；气体流速，氮气为 30mL/min、氢气为 40mL/min、空气为 450mL/min，分流比 10：1，进样量 1μL。结果是三种组分加标回收率在 94.6%～109.1%，相对偏差均小于 5.2%，检测线性范围在 10～ 500μg/mL，相关系数均大于 0.999，最低检测浓度均小于 0.5μg/mL。

许彩芸等用直接甲醇提取气相色谱法测定 BHA、BHT。食用油直接称取样品 2g，加甲醇 2mL，涡旋混匀。含油脂的食品称取 100g 粉碎样于 250mL 具塞三角瓶内，加入 100mL 石油醚浸渍样品，振荡放置 3～4h 后，用定性滤纸过滤，再用 100mL 石油醚浸提样品两次，每次浸提 10min 左右，过滤、合并滤液，于 60℃水浴中挥发出石油醚，称取该油脂 2g，加甲醇 2mL。FID 检测器，柱温，初温 100℃，以 5℃/min 升温至 150℃，8min 后以 30℃/min 升温至 250℃，进样口温度 220℃，检测器温度 250℃，柱前压 40kPa；气体流速，氮气为 30mL/min、氢气为 40mL/min、空气为 450mL/min，不分流进样，进样量 1μL。检测结果：BHA 和 BHT 的定量检测范围分别为 0.008～0.104g/kg、0～0.088g/kg，加标回收率为 95%～ 108%。该法避免了在国标法操作中的多次转移、分离和提取过程中造成损失，有无环境污染、结果准确等优点。

3. 气相色谱-质谱法（GC-MS）

质谱仪是气相色谱理想的检测器。质谱能根据保留时间和特征碎片离子双重定性，有效地避免了干扰物的影响，极大地提高了检测的灵敏度和准确度，所以在食品有毒有害残留物质分析中的应用也越来越广泛。

郭岚等用 GC-MS 同时测定食用植物油中的 BHA、BHT 和 TBHQ。该方法采用 Agi-lent 6890N 气相色谱/5973innet 质谱联用仪，HP-5MS 熔融石英毛细管柱（30m×0.25mm× 0.25μm）；进样口温度 250℃；进样量，1.0μL，不分流进样；载气，高纯氦气，升温程序，60℃保留 2min，10℃/min 升至 280℃，保留 1min；GC-MS 接口温度，280℃；离子源，EI 源，电子轰击能量 70eV；离子源温度，230℃；四极杆温度，150℃；EM 电压，1200V；溶剂延迟，10min；数据采集方式，SIM；选择离子峰面积外标法定量。称取 1.0000g 食用油样品于 10mL 刻度离心管中，加 3mL 无水乙醇混匀，2min 后，以 4800r/min 离心 15min，用吸管取无水乙醇层至 10mL 比色管中，油层再用 3mL 无水乙醇提取 1 次，合并无水乙醇层，并用无水乙醇定容至 10 mL，按气相色谱-质谱条件进行分析。平均回收率为 80.6%～123%，相对标准偏差为 2.01%～8.77%，该方法简便、快速、准确、无毒。

4. 高效液相色谱法（HPLC）

相对于其他方法，HPLC 法分析抗氧化剂适用范围更广。20 世纪 70 年代，Hammond 等描述了反相色谱法测定脂肪和油脂中的抗氧化剂。该方法一次进样分析可同时分离极性和非极性的抗氧化剂，在 280nm 处 UV 检测或 315nm 处荧光检测，样品先用正己烷提取，再用二甲基亚砜提取，盐酸酸化，Bondapak C_{18} 柱上分离，流动相为乙腈-水（55：45）。

Galensa 等用 HPLC 法测定干货食品、脂肪和油脂中的抗氧化剂，用线性梯度洗脱，30%B（乙腈-乙酸，95：5）10min 内至 100%A（水-乙酸，95：5），在 280nm UV 检测。样品用乙腈、异丙醇、乙醇、草酸的混合溶液提取，2,6-二异丙基苯酚为内标。

Page 等建立了脂肪和油脂中 GA、THBP、TBHQ、NDGA、BHA、BHT 等抗氧化剂的 HPLC 方法。取 10g 样品，分别加 25mL 正己烷、5mL 水和 75mL 乙腈，均质，离心，过滤。正己烷溶解样品再用乙腈提取两次，将合并的乙腈溶液浓缩至 10mL，用 C_{18} 柱（150mm×4.6mm，5μm）分离。在添加量 10～50μg/g 范围内，该方法回收率为 64.3%～105.6%，检测限为 1～2μg/g，变异系数为 0.7%～10.8%。

岳振峰等开发了可同时测定油脂及其制品中 BRA、BHT、TBHQ 和 PG 高效液相色谱法，以甲醇为提取溶剂，甲醇与质量分数为 1%乙酸为流动相，降低溶剂毒性和成本，且前处理简单化，四种组分回收在 85.8%～101.5%，相对标准偏差（RSD）<5.54%。

刘年丰等采用乙腈浸提油脂中抗氧化剂 BHA 和 TBHQ，用乙腈-水淋洗反相高效液相色谱法测定提取液中的 BHA、TBHQ，回收率为 92.42%～96.69%，变异系数为 2.26%～2.88%。

郑毅等利用 HPLC-FLD 法同时测定食用油和食品中 PG、NDGA、BHA、TBHQ、OG 5 种抗氧化剂，该法是把食用油中抗氧化剂先用乙酸乙酯萃取，经真空浓缩，再用正己烷饱和乙腈溶解提取，然后离心处理，取上清液作为测试溶液，对称 C 柱为固定相，5%乙酸-乙腈-甲醇（4：3：3，体积比）为流动相，进行 HPLC 分析，标准样品平均回收率为 72.1%～99.6%；RSD 为 0.7%～7.2%，检测限 TBHQ、NDGA 为 1μg/g，PG 和 OG 为 10μg/g。

5. 电分析法

电化学分析技术由于具有高选择性和灵敏度、检测快捷方便的特性，所以在复杂体系中检测微量化合物和生物活性成分方面应用广泛。而酚类抗氧化剂都是电活性物质，电化学分析技术在抗氧化剂定量分析和抗氧化活性评价方面的应用潜力巨大。近年来，国外学者对该法在抗氧化剂定量分析中进行了研究，并认为是替代高效液相色谱法的重要方法。Agui 等利用微分脉冲伏安法同时测定脱水马铃薯片中 BHA 和 BHT 含量，二者在碳纤维微电极上氧化峰电位差为 300mV；la Fuente 等利用镍酞菁修饰电极催化作用测定油炸土豆片和玉米片中 PG、BHA 和 TBHQ 含量，研究聚吡咯修饰电极对 PG、BHA 和 TBHQ 的电化学催化作用，确定了影响 PG、BHA 和 TBHQ 氧化峰主要因素，如溶液 pH、甲醇与水比率、电位扫描速度和分析物浓度等，并应用于实际样品分析检测，该法需要将样品粉碎、甲醇提取、离心分离等预处理步骤。Martin 等借助 PLS 法并利用微分脉冲伏安法同时测定样品中的 BHA 和 PG；Galeano Diaz 等引入多元校正分析法即偏最小二乘法对抗氧化剂 BHA、BHT、PG 三者重叠微分脉冲伏安图进行分析，如对食用汤料中抗氧化剂含量进行分析，汤料被研磨成粉末后采用乙腈提取抗氧化剂，然后在 pH2.8 缓冲液中进行线性伏安扫描结合化学计量法对植物油和某些食品中的 BHA、BHT 和 PG 进行同时测定分析。Ni 等利用电分析方法辅以化学计量学技术同时测定食用油和调味粉中 BHA、BHT、PG 和 TBHQ，但需要用乙腈从食用油和调味粉中提取、分离抗氧化剂，且四种抗氧化剂在其选择的介质和电极条件下，发生氧化峰重叠现象。

目标检测

1. 简述抗氧化剂的作用机理。
2. 常用的油溶性抗氧化剂有哪些？简述其应用范围和使用量。
3. 抗氧化剂选用的一般原则是什么？
4. 论述抗氧化剂在果蔬加工中的应用。
5. 请设计以膨化食品为例的抗氧化方案。

模块三
色香味形作用类食品添加剂

食品色、香、味、形乃食品美味的四个方面，缺一不可。随着人们生活水平的不断提高，人们注重"吃好"，因而对食品的色、香、味、形提出了更高的要求，食品的感官质量是食品加工生产中的重要问题，其中涉及大量的食用色素、食用香料和香精、呈味物质及调质类食品添加剂。色、香、味、形是构成食品感官质量的四大要素，任何食品都与这四个要素有着密不可分的关系。本模块包括调色类、调香类、调味类、调质类的食品添加剂，有色素类、护色剂、漂白剂、香精、香料、酸味剂、甜味剂、鲜味剂、增稠剂与乳化剂等。

═══ 项目一　着色剂、护色剂与漂白剂 ═══

知识目标

1. 了解着色剂、护色剂、漂白剂在食品加工中的意义。
2. 掌握着色剂、护色剂、漂白剂的定义、分类和作用机理。
3. 掌握着色剂、护色剂、漂白剂的使用方法及其在各类食品中添加的剂量要求。

技能目标

1. 能够利用三基色学会调色。
2. 在典型食品加工中能正确使用护色剂。
3. 在典型食品加工中能正确使用漂白剂。

职业素养目标

1. 我国很早就在一些食品中应用食品添加剂，如在《神农本草》《本草图经》中记载了用栀子染色，增强文化自信、民族自豪感和爱国主义教育。

2. 天然色素和合成色素的优缺点及复配应用，引出协作共赢、优势互补；用发展的眼光看问题，科学无止境，要善于在传承中创新。

3. 由亚硝酸钠的毒性和作用，理解"剂量和毒性""量变和质变"的关系；通过违规使用亚硝酸钠导致中毒的案例，辩证看待护色剂的利和弊，提高安全、合法、合规使用食品添加剂的意识，强化社会责任感和职业素养；中国人在肉制品中应用亚硝酸盐进行护色防腐的历史，增强文化自信。

知识准备

知识一　着色剂

食品着色剂又称食用色素，是赋予食品色泽和改善食品色泽的物质。食品的颜色是食品感官质量的重要指标之一，食品具有鲜艳的色泽不仅可以提高食品的感官质量，给人以美的享受，还可以增进食欲。

着色剂的概述

一、着色剂的发色机理及分类

1. 着色剂发色机理

不同的物质能吸收不同波长的光。如果某物质所吸收的光，其波长在可见光区以外，这种物质看起来是白色的；如果它所吸收的光，其波长在可见光区域（400～800nm），那么该物质就会呈现一定的颜色，其颜色是由未被吸收的光波所反映出来的，即被吸收光波颜色的互补色。例如某种物质选择吸收波长为510nm的光，这是绿色光谱，而人们看见它呈现的颜色是紫色，紫色是绿色的互补色。不同光波和色泽的关系见表3-1。

表 3-1　不同光波和色泽的关系

| 吸收光波 | | 互补色 | 吸收光波 | | 互补色 |
波长/nm	相应色泽		波长/nm	相应色泽	
400	紫	黄绿	530	黄绿	紫
425	蓝青	黄	550	黄	蓝青
450	青	橙黄	590	橙黄	青
490	青绿	红	640	红	青绿
510	绿	紫	730	紫	绿

2. 着色剂分类

食品着色剂按其来源和性质可分为食品合成着色剂和食品天然着色剂两大类。

食品合成着色剂，也称为食品合成染料，是用人工合成方法所制得的有机着色剂。合成着色剂的着色力强、色泽鲜艳、不易褪色、稳定性好、易溶解、易调色、成本低，但安全性低。

食品天然着色剂主要是从动、植物和微生物中提取的，常用的有叶绿素铜钠、红曲色素、甜菜红、辣椒红素、红花黄色素、姜黄、β-胡萝卜素、紫胶红、越橘红、黑豆红、栀子黄等。

食品天然着色剂按化学结构可以分成6类：①多酚类衍生物，如萝卜红、高粱红等；②异戊二烯衍生物，如β-胡萝卜素、辣椒红等；③四吡咯衍生物（卟啉类衍生物），如叶绿素、血红素等；④酮类衍生物，如红曲红、姜黄素等；⑤醌类衍生物，如紫胶红、胭脂虫红等；⑥其他类色素，如甜菜红、焦糖色等。与合成着色剂相比，天然着色剂具有安全性较高、着色色调比较自然等优点，而且一些品种还具有维生素活性（如β-胡萝卜素），但也存在成本高、着色力弱、稳定性差、容易变质、难以调出任意色调等缺点，一些品种还有异味、异臭。

二、合成色素及应用技术

人工合成色素一般较天然色素色彩鲜艳，性质稳定，着色力强，并可任意调色，使用方便，成本低廉。但合成色素不是食品的成分，在合成中还可能有其他副产物等污染，特别是早期使用的一些合成色素，很多被发现具有致癌性，所以世界各国对食用合成色素都有严格控制，现在食用合成色素使用品种逐渐减少，各国许可使用的多为一些安全性较高的品种。我国目前允许使用的合成着色剂有10种，国内指定上海市染料研究所为全国唯一的生产单位。现将我国允许使用的合成色素介绍如下。

1. 苋菜红及其铝色淀（CNS：08.001；INS：123）

【性质与性能】 苋菜红为红褐色或暗红褐色均匀粉末或颗粒，无臭，易溶于水，0.01%水溶液呈玫瑰红色，不溶于油脂。耐光性、耐热性、耐盐性、耐酸性良好，但在碱性条件下呈暗红色。对氧化还原作用敏感，所以不适用于发酵食品。

【安全性】 小鼠经口 LD_{50} 大于 10g/kg 体重，大白鼠 LD_{50}（腹腔注射）大于 1g/kg 体重，ADI 为 0～5mg/kg 体重，有报道苋菜红可对大白鼠致癌，但也有报道认为苋菜红无致癌性和致畸性，至今尚无最后定论。美国自 1976 年禁用。

【应用】 我国《食品安全国家标准 食品添加剂使用标准》（GB 2760—2024）规定：苋菜红可用于冷冻饮品（食用冰除外），最大使用量为 0.025g/kg；蜜饯凉果、腌渍的蔬菜、可可制品、巧克力和巧克力制品（包括代可可脂巧克力及制品）以及糖果、糕点上彩妆、焙烤食品馅料及表面用挂浆（仅限饼干夹心）、果蔬汁（浆）类饮料、碳酸饮料、风味饮料（仅限果味饮料）、固体饮料、配制酒、果冻等，最大使用量为 0.05g/kg；装饰性果蔬最大使用量为 0.1g/kg；固体汤料最大使用量为 0.2g/kg；果酱、水果调味糖浆最大使用量为 0.3g/kg。

2. 胭脂红及其铝色淀（CNS：08.002；INS：124）

【性质与性能】 胭脂红为合成色素，是红色至深红色的均匀粉末或颗粒，无臭，溶于水呈红色，不溶于油脂。耐光性、耐酸性尚好，但耐热性、耐还原性相当弱，耐细菌性亦较差，遇碱会变成褐色。

【安全性】 小鼠经口 LD_{50} 大于 19.3g/kg 体重，大鼠经口 LD_{50} 大于 8g/kg 体重。ADI 为 0～4mg/kg 体重。

【应用】 我国《食品安全国家标准 食品添加剂使用标准》（GB 2760—2024）规定：蛋卷最大使用量 0.01g/kg；肉制品的可食用动物肠衣类、植物蛋白饮料、胶原蛋白肠衣最大使用量 0.025g/kg；调制乳、风味发酵乳、调制乳粉和调制奶油粉、调制炼乳（包括加糖炼乳及使用非乳原料的调制炼乳等）、冷冻饮品（食用冰除外）、蜜饯凉果、腌渍的蔬菜、可可制品、巧克力和巧克力制品（包括代可可脂巧克力及制品）以及糖果（装饰糖果、顶饰和甜汁除外）、糖果和巧克力制品包衣、虾味片、糕点上彩妆、焙烤食品馅料及表面用挂浆（仅限饼干夹心和蛋糕夹心）、水果调味糖浆、果蔬汁（浆）类饮料、含乳饮料、碳酸饮料、风味饮料（仅限果味饮料）、配制酒、果冻、膨化食品最大使用量 0.05g/kg；糖果和巧克力制品包衣、水果罐头、装饰性果蔬最大使用量 0.1g/kg；调制乳粉和调制奶油粉最大使用量 0.15g/kg；调味糖浆、蛋黄酱、沙拉酱最大使用量 0.2g/kg；果酱、半固体复合调味料（蛋黄酱、沙拉酱除外）最大使用量 0.5g/kg。

3. 赤藓红及其铝色淀（CNS：08.003；INS：127）

【性质与性能】 赤藓红为红到红褐色颗粒或粉末，无臭，易溶于水，0.1%水溶液为微带蓝色的红色，不溶于油脂。染着性、耐热性、耐碱性、耐氧化还原及耐细菌性均好，但耐酸性与耐光性差，因而不宜用于酸性强的清凉饮料和水果糖着色，比较适合于需高温烘烤的糕点类等的着色，一般用量为十万分之一到五万分之一。

【安全性】 小鼠经口 LD_{50} 大于 6.8g/kg 体重，ADI 为 0~0.1mg/kg 体重，樱桃红的安全性较高，ADI 为 0~2.5 mg/kg 体重。

【应用】 我国《食品安全国家标准 食品添加剂使用标准》（GB 2760—2024）规定：赤藓红可用于肉灌肠类、肉罐头类最大使用量为 0.015g/kg；熟制坚果与籽类（仅限油炸坚果与籽类）、膨化食品最大使用量为 0.025g/kg；凉果类、糕点上彩妆、酱及酱制品、复合调味料、果蔬汁（浆）类饮料、碳酸饮料、风味饮料（仅限果味饮料）、配制酒最大使用量为 0.05g/kg；装饰性果蔬最大使用量为 0.1g/kg。

4. 新红及其铝色淀（CNS：08.004；INS：—）

【性质与性能】 新红为红色均匀粉末，无臭。易溶于水，呈红色溶液，微溶于乙醇，不溶于油脂。具有酸性染料特性。遇铁、铜易变色，对氧化还原较为敏感。

【安全性】 未见致癌、致畸、致突变性；小鼠经口 LD_{50}（以体重计）大于 10g/kg 体重。

【应用】 我国《食品安全国家标准 食品添加剂使用标准》（GB 2760—2024）规定：主要用于凉果类、可可制品、巧克力和巧克力制品（包括代可可脂巧克力及制品）以及糖果（可可制品除外）、糕点上彩妆、果蔬汁（浆）类饮料、碳酸饮料、风味饮料（仅限果味饮料）、配制酒最大使用量为 0.05g/kg；装饰性果蔬最大使用量为 0.10g/kg。

5. 柠檬黄及其铝色淀（CNS：08.005；INS：102）

【性质与性能】 柠檬黄为合成色素，是橙黄至橙色粉末或颗粒，无臭，易溶于水，0.1%水溶液呈黄色，不溶于油脂。耐热性、耐酸性、耐光性、耐盐性均好，耐氧化性较差，遇碱稍微变红，还原时褪色。可用于生产菠萝冷饮。

【安全性】 小鼠经口 LD_{50} 大于 12.75g/kg 体重，大鼠经口 LD_{50} 大于 2g/kg 体重。ADI 为 0~7.5mg/kg 体重。

【应用】 我国《食品安全国家标准 食品添加剂使用标准》（GB 2760—2024）规定：可用于蛋卷最大使用量为 0.04g/kg；风味发酵乳、调制炼乳（包括加糖炼乳及使用了非乳原料的调制炼乳等）、冷冻饮品（食用冰除外）、焙烤食品馅料及表面用挂浆（仅限风味派馅料）、焙烤食品馅料及表面用挂浆（仅限饼干夹心和蛋糕夹心）最大使用量为 0.05g/kg；谷类和淀粉类甜品（如米布丁、木薯布丁）最大使用量为 0.06g/kg；即食谷物，包括碾轧燕麦（片）最大使用量为 0.08g/kg；蜜饯凉果、装饰性果蔬、腌渍的蔬菜、熟制豆类、加工坚果与籽类、可可制品、巧克力和巧克力制品（包括代可可脂巧克力及制品）以及糖果（可可制品除外）、虾味片、糕点上彩装、香辛料酱（如芥末酱、青芥酱）、饮料类（包装饮用水除外）、配制酒、膨化食品最大使用量为 0.1g/kg；液体复合调味料（不包括醋、酱油）最大使用量为 0.15g/kg；粉圆、固体复合调味料，最大使用量为 0.2g/kg；除胶基糖果以外的其他糖果、面糊（如用于鱼和禽肉的拖面糊）、裹粉、煎炸粉、焙烤食品馅料及表面用挂浆（仅限布丁、糕点）、其他调味糖浆，最大使用量为 0.3g/kg；果酱、水果调味糖浆、半固体复合调味料，最大使用量为 0.5g/kg。

6. 日落黄及其铝色淀（CNS：08.006；INS：110）

【性质与性能】 日落黄为橙红色粉末或颗粒，无臭。易溶于水、甘油、丙二醇，微溶于乙醇，不溶于油脂。水溶液呈黄橙色，吸湿性、耐热性、耐光性强。在柠檬酸、酒石酸中稳定，遇碱变成褐红色，还原时褪色。耐酸性非常强，耐碱性尚好，易着色，坚牢度高。

【安全性】 小鼠经口 LD_{50} 为 2g/kg 体重，大鼠经口 LD_{50} 大于 2g/kg 体重。ADI 为 0～2.5mg/kg 体重。

【应用】 我国《食品安全国家标准 食品添加剂使用标准》（GB 2760—2024）规定：谷类和淀粉类甜品（如米布丁、木薯布丁）最大使用量为 0.02g/kg；果冻最大使用量为 0.025g/kg；调制乳、风味发酵乳、调制炼乳（包括加糖炼乳及使用了非乳原料的调制炼乳等）、含乳饮料最大使用量为 0.05g/kg；冷冻饮品（食用冰除外）最大使用量为 0.09g/kg；水果罐头（仅限西瓜酱罐头）、蜜饯凉果、熟制豆类、加工坚果与籽类、可可制品、巧克力和巧克力制品（包括代可可脂巧克力及制品）以及糖果（可可制品、装饰糖果、顶饰和甜汁除外）、虾味片、糕点上彩妆、焙烤食品馅料及表面用挂浆（仅限饼干夹心）、果蔬汁（浆）类饮料、乳酸菌饮料、植物蛋白饮料、碳酸饮料、特殊用途饮料、风味饮料、配制酒、膨化食品最大使用量为 0.1g/kg；装饰性果蔬、粉圆、复合调味料最大使用量为 0.2g/kg；巧克力和巧克力制品、除以可可为主要原料的脂、粉、浆、酱、馅等以外的可可制品、除胶基糖果以外的其他糖果、糖果和巧克力制品包衣、面糊（如用于鱼和禽肉的拖面糊）、裹粉、煎炸粉、焙烤食品馅料及表面用挂浆（仅限布丁、糕点）、其他调味糖浆最大使用量为 0.3g/kg；果酱、水果调味糖浆、半固体复合调味料最大使用量为 0.5g/kg；固体饮料最大使用量为 0.6g/kg。

7. 亮蓝及其铝色淀（CNS：08.007；INS：133）

【性质与性能】 亮蓝为具有金属光泽的红紫色粉末，溶于水呈蓝色，可溶于甘油及乙醇，21℃时在水中的溶解度为 18.7%，耐光性、耐酸性均好。对柠檬酸、酒石酸、碱均稳定。

【安全性】 大鼠经口 LD_{50} 大于 2g/kg 体重，ADI 为 0～12.5mg/kg 体重。本品安全性较高，无致癌性。

【应用】 我国《食品安全国家标准 食品添加剂使用标准》（GB 2760—2024）规定：香

辛料及粉、香辛料酱（如芥末酱、青芥酱）最大使用量为 0.01g/kg；即食谷物，包括碾轧燕麦（片）（仅限可可玉米片）最大使用量为 0.015g/kg；饮料类（包装饮用水除外）最大使用量为 0.02g/kg；风味发酵乳、调制炼乳（包括加糖炼乳及使用了非乳原料的调制炼乳等）、冷冻饮品（食用冰除外）、凉果类、腌渍的蔬菜、熟制豆类、加工坚果与籽类、虾味片、焙烤食品馅料及表面用挂浆（仅限饼干夹心）、调味糖浆、果蔬汁（浆）类饮料、含乳饮料、碳酸饮料、风味饮料（仅限果味饮料）、配制酒、果冻，最大使用量为 0.025g/kg；装饰性果蔬、粉圆最大使用量为 0.1g/kg；熟制坚果与籽类（仅限油炸坚果与籽类）、焙烤食品馅料及表面用挂浆（仅限风味派馅料）、膨化食品最大使用量为 0.05g/kg；固体饮料最大使用量为 0.2g/kg；可可制品、巧克力和巧克力制品（包括代可可脂巧克力及制品）以及糖果最大使用量为 0.3g/kg；果酱、水果调味糖浆、半固体复合调味料，最大使用量为 0.5g/kg。

8. 靛蓝及其铝色淀（CNS：08.008；INS：132）

【性质与性能】 靛蓝是深紫蓝色至深紫褐色的均匀粉末，无臭，0.05％水溶液为深蓝色，溶解度较低，21℃水中溶解度为 1.1％，不溶于油脂。稳定性较差，对热、光、酸、碱、氧化、还原都很敏感，还原时褪色，但染着力好。靛蓝为合成色素，溶于水，水溶液呈深蓝色，靛蓝主要作配色用，很少单独使用，多与其他色素混合使用。

【安全性】 大鼠经口 LD_{50} 大于 2g/kg 体重。ADI 为 0～12.5mg/kg 体重。

【应用】 我国《食品安全国家标准 食品添加剂使用标准》（GB 2760—2024）规定：可用于腌渍的蔬菜最大使用量为 0.01g/kg；熟制坚果与籽类（仅限油炸坚果与籽类）、膨化食品最大使用量是 0.05g/kg；蜜饯类、凉果类、可可制品、巧克力和巧克力制品（包括代可可脂巧克力及制品）以及糖果（可可制品除外）、糕点上彩装、焙烤食品馅料及表面用挂浆（仅限饼干夹心）、果蔬汁（浆）类饮料、碳酸饮料、风味饮料（仅限果味饮料）、配制酒最大使用量是 0.1g/kg；除胶基糖果以外的其他糖果最大使用量为 0.3g/kg；靛蓝铝色淀同样可用于以上各类食品，其用量可比靛蓝色素大。靛蓝及靛蓝铝色淀为蓝色食用色素，用于加色、增色或调绿色。

9. 诱惑红及其铝色淀（CNS 08.012；INS：129）

【性质与性能】 诱惑红为深红色均匀粉末，无臭。溶于水，可溶于甘油与丙二醇，微溶于乙醇，不溶于油脂。溶于水呈微带黄色的红色溶液。耐光性、耐热性强，耐碱性及耐氧化还原性差。

【安全性】 小鼠口服 LD_{50} 为 10g/kg 体重（FAO/WHO）；ADI 为 0～7mg/kg 体重（FAO/WHO）。

【应用】 我国《食品安全国家标准 食品添加剂使用标准》（GB 2760—2024）规定：可用于肉灌肠类最大使用量 0.015g/kg；西式火腿（熏烤、烟熏、蒸煮火腿）类、果冻最大使用量 0.025/kg；固体复合调味料最大使用量 0.04g/kg；冷冻饮品（食用冰除外）、水果干类（仅限苹果干）、即食谷物包括碾轧燕麦（片）（仅限可可玉米片）最大使用量 0.07g/kg；装饰性果蔬、糕点上彩装、肉制品的可食用动物肠衣类、配制酒、胶原蛋白肠衣最大使用量 0.05/kg；熟制豆类、加工坚果与籽类、焙烤食品馅料及表面用挂浆（仅限饼干夹心）、饮料类（包装饮用水除外）、膨化食品最大使用量 0.1g/kg；可可制品、巧克力和巧克力制品

（包括代可可脂巧克力及制品）以及糖果、调味糖浆最大使用量 0.3g/kg；粉圆最大使用量 0.2g/kg；半固体复合调味料（蛋黄酱、沙拉酱除外）最大使用量 0.5g/kg。

10. 酸性红（CNS：08.013；INS：122）

【性质与性能】 紫褐色粉末或颗粒，无臭。易溶于水，溶于甘油、丙二醇，不溶于油脂和乙醚，其水溶液呈带蓝的红色，发浅黄色荧光。耐热、耐光、耐碱、耐氧化、耐还原及耐盐等性能均佳。

【安全性】 ADI 为 0～4mg/kg 体重（FAO/WHO）。

【应用】 我国《食品安全国家标准 食品添加剂使用标准》（GB 2760—2024）规定：可用于冷冻饮品（食用冰除外）、可可制品、巧克力和巧克力制品（包括代可可脂巧克力及制品）以及糖果、焙烤食品馅料及表面用挂浆（仅限饼干夹心）最大使用量 0.05g/kg。

11. 色淀

除了以上这些品种外，我国还可使用色淀。色淀是指将水溶性色素吸附到不溶性的基质上而得到的一种水不溶性色素。常用的基质有氧化铝、二氧化钛、硫酸钡、氧化钾、滑石、碳酸钙，目前主要使用的是铝色淀。色淀的优点是可以代替油溶性色素，主要用于油基性食品，可在油相中均匀分散，可在干燥下并入食品。稳定性较高，耐光，耐热，耐盐。我国 1988 年批准使用，可用于各类粉状食品、糖果、糕点、甜点包衣、油脂食品、口香糖（不染口腔）、药剂、药片、化妆品、玩具等。

三、天然色素及应用技术

1. 红曲红（CNS：08.120；INS：一）

红曲红别名红曲米、红米红，是一种对蛋白质着色性能极好的天然色素，被广泛应用于肉制品着色。在肉制品中不仅可以使产品呈现出消费者喜欢的红色，而且可以大大减少能间接致癌的亚硝酸盐及硝酸盐的用量，同时红曲红还具有降低血压、抑制胆固醇合成、降低人体血液中血脂含量等保健作用。

红曲色素属天然色素，是由优质大米经浸泡蒸熟后，加红曲霉发酵，再经抽提制粉而成。这种色素包含黄、橙、红、紫、青等颜色，但以红、紫两种颜色的成分最多。红曲色素具有以下特点。

① 耐热性、耐酸性强，但在阳光直射下会褪色。

② 不受氧化还原影响。

③ 对蛋白质类着色良好，因此，适宜作生产蛋白饮料的色素。

④ 是一种无毒安全的着色剂。

红曲色素在使用前需将其溶于酒精后再用。上海除有红曲粉生产外，还生产红曲素的液体。红曲素液体比红曲粉价格便宜。

【性质与性能】 为粉末状，色暗红，带油脂状，无味，无臭。溶于热水及酸、碱溶液，对 pH 稳定。耐光、耐热，几乎不受金属离子和氧化还原剂的影响，但经阳光直射时会褪色。对蛋白质含量高的食品染着性好，一旦染着后，经洗也不褪色。

【安全性】 小鼠经口试验几乎无毒性，即使以实验可能的最大给予量为 20g/kg 体重，也无死亡案例。亚急性毒性试验、霉菌素试验均未见异常，说明红曲红安全性高，性状稳定。

【应用】 我国《食品安全国家标准 食品添加剂使用标准》（GB 2760—2024）规定：红曲红可用于风味发酵乳最大使用量 0.8g/kg；糕点最大使用量 0.9g/kg；焙烤食品馅料及表面用挂浆最大使用量 1.0g/kg；在各种调制乳、调制炼乳（包括加糖炼乳及使用了非乳原料的调制炼乳等）、冷冻饮品（食用冰除外）、果酱、腌渍的蔬菜、蔬菜泥（酱）（番茄沙司除外）、腐乳类、熟制坚果与籽类（仅限油炸坚果与籽类）、糖果、装饰糖果（如工艺造型，或用于蛋糕装饰）、顶饰（非水果材料）和甜汁、方便米面制品、粮食制品馅料、饼干、腌腊肉制品类（如咸肉、腊肉、板鸭、中式火腿、腊肠）、熟肉制品、调味糖浆、调味品（盐及代盐制品除外）、果蔬汁（浆）类饮料、蛋白饮料、碳酸饮料、固体饮料、风味饮料（仅限果味饮料）、配制酒、果冻、膨化食品等按生产需要适量使用。此外，红曲红可以作为一种理想的替代品来替代亚硝酸盐等肉类用食品添加剂。

2. 姜黄素（CNS：08.132；INS：100i）

姜黄素是从姜科、天南星科中的一些植物的根茎中提取的一种化学成分，其中姜黄约含 $3\%\sim6\%$，是植物界很稀少的具有二酮的色素，为二酮类化合物。

【性质与性能】 姜黄素是橙黄色结晶粉末，具有姜黄特有的香辛气味。姜黄素不溶于水，在使用时须先用 95% 酒精溶液溶解后，再稀释于水中。姜黄素对光十分敏感，在中性或酸性条件下呈黄色，在碱性条件下呈红褐色。姜黄素对热较稳定，着色力好，尤其是对含蛋白质的饮料。

【安全性】 小鼠经口 LD_{50} 大于 2g/kg 体重，ADI 为 $0\sim0.1$ mg/kg 体重，用 $40\sim100$g 姜黄醇浸液灌喂小鼠，观察 3d 未发生死亡。

【应用】 我国《食品安全国家标准 食品添加剂使用标准》（GB 2760—2024）规定：姜黄素可用于可可制品、巧克力和巧克力制品（包括代可可脂巧克力及制品）以及糖果、碳酸饮料、果冻最大用量为 0.01g/kg；冷冻饮品（食用冰除外）最大用量为 0.015g/kg；复合调味料最大用量为 0.1g/kg；面糊（如用于鱼和禽肉的拖面糊）、裹粉、煎炸粉最大用量为 0.3g/kg；装饰糖果（如工艺造型或用于蛋糕装饰）、顶饰（非水果材料）和甜汁、方便米面制品、调味糖浆最大用量为 0.5g/kg；糖果最大用量为 0.7g/kg；粮食制品馅料、膨化食品、熟制坚果与籽类（仅限油炸坚果与籽类）按生产需要适量使用。

3. β-胡萝卜素（CNS：08.010；INS：160a）

β-胡萝卜素是类胡萝卜素之一，也是橘黄色脂溶性化合物，是自然界中最普遍存在的、最稳定的天然色素。

【性质与性能】 稀溶液呈橙黄色至黄色，浓度增大时呈橙色（因溶剂的极性可稍带红色）。最大吸收波长为 455nm，在食品中 pH 范围（2~7）较稳定，且不受还原物质的影响。但对光、热和氧不稳定，受微量金属、不饱和脂肪酸、过氧化物等影响易氧化，铁离子可促进其褪色。在弱碱性条件下较稳定，在酸性条件下不稳定。

【安全性】 狗口服 LD_{50} 大于 8g/kg 体重；ADI 无特殊规定。人体摄取 β-胡萝卜素后有 $30\%\sim90\%$ 由粪便排出，若溶于油中，人体吸收较好，成人可吸收 $10\%\sim41\%$，儿童可吸收 $50\%\sim60\%$。

【应用】 我国《食品安全国家标准 食品添加剂使用标准》（GB 2760—2024）规定：β-

胡萝卜素可用于人造黄油，最大使用量为 0.1g/kg；用于奶油、膨化食品，最大使用量为 0.2g/kg；用于宝宝乐，最大使用量为 10g/kg；用于植物性粉末，最大使用量为 0.5g/kg；用于各种干酪等油溶性食品的着色，还可用于食用油脂的着色，以恢复其色泽，其用量可按照正常生产需要添加，也可作营养强化剂。

4. 焦糖色（CNS：08.108，08.109，08.110；INS：150a，150c，1d）

焦糖色素是人类历史上最悠久的使用色素之一，也是目前人们使用的食品添加剂中用量最大、最受欢迎的一种人造天然色素，广泛应用于食品工业的各个方面。焦糖色素按照生产方法不同可分为四类：普通焦糖，即不加氨生产焦糖；苛性亚硫酸焦糖；氨法焦糖；亚硫酸铵焦糖。我国目前仅许可使用普通焦糖。

【性质与性能】 焦糖为深褐色或黑色液体，也可为固体。焦糖有特殊的甜香气和愉快的焦苦味，易溶于水，不溶于通常的有机溶剂及油脂，水溶液呈红棕色，透明，无浑浊或沉淀，对光稳定。液体焦糖浆呈浓浆状，33~38°Bé，黏度在 1.5~3.0Pa·s，pH2.6~5.6 的产品为好。

【安全性】 焦糖色素安全无毒，可按生产需要适量使用。普通焦糖的 ADI 无需规定；氨法焦糖的 ADI 为 0~200mg/kg 体重；亚硫酸铵焦糖的 ADI 为 0~200mg/kg 体重。

【应用】 我国《食品安全国家标准 食品添加剂使用标准》（GB 2760—2024）规定：普通法生产焦糖可用于果酱最大使用量 1.5g/kg；威士忌、朗姆酒最大使用量 6.0g/L；膨化食品最大使用量 2.5g/kg；可以在调制炼乳（包括加糖炼乳及使用了非乳原料的调制炼乳等）、冷冻饮品（食用冰除外）、可可制品、巧克力和巧克力制品（包括代可可脂巧克力及制品）以及糖果，面糊（如用于鱼和禽肉的拖面糊）、裹粉、煎炸粉、即食谷物包括碾轧燕麦（片）、饼干、焙烤食品馅料及表面用挂浆（仅限风味派馅料）、调理肉制品（生肉添加调理料）、调味糖浆、醋、酱油、酱及酱制品、复合调味料、果蔬汁（浆）类饮料、含乳饮料、风味饮料（仅限果味饮料）、白兰地、配制酒、调香葡萄酒、黄酒、啤酒和麦芽饮料、果冻等中按生产需要适量使用。焦糖色素主要用于可乐型汽水、咖啡饮料、可可饮料、巧克力饮料等。

5. 紫胶红 （CNS：08.104；INS：—）

【性质与性能】 紫胶红为红紫或鲜红色粉末，可溶于水，但溶解度差。其色调受 pH 影响，当介质 pH 小于 4.0 时，呈橙黄色；pH4.0~5.0 时，呈橙红色；pH 大于 6.0 时，呈紫红色；在碱性环境（pH＞12.0）中易褐变。

【安全性】 大鼠经口 LD$_{50}$ 大于 1.8g/kg 体重。紫胶红安全性高，高浓度的紫胶红粉可染红消化道黏膜。

【应用】 我国《食品安全国家标准 食品添加剂使用标准》（GB 2760—2024）规定：紫胶红可用于果酱、可可制品、巧克力和巧克力制品（包括代可可脂巧克力及制品）以及糖果、焙烤食品馅料及表面用挂浆（仅限风味派馅料）、复合调味料、果蔬汁（浆）类饮料、碳酸饮料、风味饮料（仅限果味饮料）、配制酒中，最大使用量为 0.5g/kg。

四、食用色素应用注意事项

1. 色素溶液的配制

我国目前允许使用的食用合成色素多为酸性染料，溶液的 pH 影响色素的溶解性能，在酸性条件下，溶解度变小，易形成色素沉淀。配制水溶液所用的水需除去多价离子，因为这些合成色素在硬水中溶解度会变小。使用时一般配成1‰～10‰的溶液，过浓则难于调色。

2. 色调的选择和拼色

一般应选择与食品的名称相一致的色调。由于可以使用的色素品种不多，所以可以将它们按不同比例拼色，理论上讲，由红、黄、蓝三种基本色就可拼出各种不同的色谱。例如，草莓色（苋菜红73％、日落黄27％）、番茄色（胭脂红93％、日落黄7％）、鸡蛋色（苋菜红2％、柠檬黄93％、日落黄5％）。但各种色素性能不同，如褪色快慢以及许多影响色调的因素的存在，在应用时必须通过具体实践，以灵活掌握。

3. 合成色素优缺点

色素分合成色素和天然色素两大类。由于合成色素的安全性问题，其使用品种数逐渐减少，但国家批准使用的合成色素的安全性都是很好的。

合成色素的优点如下。

① 较天然色素色彩鲜艳。

② 着色力好，坚牢度高。

③ 可以任意调色。

④ 质量稳定，价格低。

天然色素来自天然物，其色素含量和稳定性不如合成色素，但其安全性高，因此发展很快。

知识二　护色剂

食品加工过程中，为了改善或者是保护食品的色泽，除了使用色素直接对食品进行着色以外，有时还需要使用护色剂和漂白剂。添加适量的化学物质与食品中某些成分作用，使制品呈现良好的色泽，这种添加剂叫护色剂，又叫呈色剂或固色剂。护色剂本身无着色作用而区别于色素。能促进护色剂作用的物质称为护色助剂。护色剂主要用于肉制品，在肉类腌制中最常使用的护色剂是硝酸盐及亚硝酸盐，护色助剂为L-抗坏血酸钠及烟酰胺等。

护色剂

一、护色剂定义及机理

1. 护色剂定义

能与肉及肉制品中呈色物质作用，使之在食品加工、保藏等过程中不被分解、破坏，呈现良好色泽的物质。

2. 食品护色剂护色机理

原料肉的红色是由肌红蛋白（Mb）和血红蛋白（Hb）共同呈现的一种感官性状。由于肉的部位不同和家畜品种的差异，其含量和比例也不一样。一般来说，肌红蛋白占70％～

90%，血红蛋白占 10%～30%。由此可见，肌红蛋白是肉类呈色的主要成分。新鲜肉中还原型的肌红蛋白呈稍暗的紫红色，很不稳定，易被氧化。肌红蛋白会进一步生成氧合肌红蛋白（MbO_2），然后继续氧化成为高铁肌红蛋白，色泽变褐。若氧化作用继续，则变成氧化卟啉，呈绿色或黄色。高铁肌红蛋白在还原剂的作用下，也可被还原为还原型肌红蛋白。

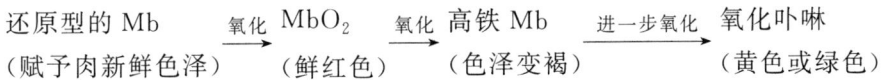

$$\text{还原型的 Mb} \xrightarrow{\text{氧化}} \text{MbO}_2 \xrightarrow{\text{氧化}} \text{高铁 Mb} \xrightarrow{\text{进一步氧化}} \text{氧化卟啉}$$
$$\text{（赋予肉新鲜色泽）} \quad \text{（鲜红色）} \quad \text{（色泽变褐）} \quad \text{（黄色或绿色）}$$

为了使肉制品呈鲜艳的红色，在加工过程中可多添加硝酸盐与亚硝酸盐的混合盐。硝酸盐在细菌作用下还原成亚硝酸盐。亚硝酸盐在一定的酸性条件下会生成亚硝酸。一般屠宰后的肉因含乳酸，pH 约在 5.6～5.8，所以不需额外加酸即可生成亚硝酸，亚硝酸很不稳定，即使在常温下也可分解产生亚硝基（ O＝N— ）：

$$3HNO_2 \rule[0.5ex]{1.5em}{0.4pt} HNO_3 + 2NO + H_2O$$

NO 会很快与肌红蛋白（Mb）反应生成鲜艳的、亮红色的亚硝基肌红蛋白：

$$Mb + NO \rule[0.5ex]{1.5em}{0.4pt} MbNO$$

因此生成的亚硝基很快可以与肌红蛋白进行反应而生成鲜艳的、亮红色的亚硝基血色原，从而达到护色的效果。硝酸是氧化剂，能把 NO 氧化，因而抑制了亚硝基肌红蛋白的生成。同时也使部分肌红蛋白被氧化成高铁肌红蛋白。在使用硝酸盐和亚硝酸盐的同时并用 L-抗坏血酸、L-抗坏血酸钠等还原性物质，可以防止肌红蛋白的氧化，同时还可以把氧化型的褐色高铁肌红蛋白还原为红色的还原型肌红蛋白，以助发色。若 L-抗坏血酸与烟酰胺并用，则发色效果更好，并保持长时间不褪色。

二、常用护色剂和护色助剂及应用技术

亚硝酸钠（$NaNO_2$）是一种急性毒性较强的物质，LD_{50} 220mg/kg（小鼠），为常用的护色剂，由于外观和氯化钠不易区分，常发生误食而中毒，使用时常和氯化钠等配成腌制混合盐而使用。硝酸钠（$NaNO_3$）属危险品，与有机物接触会发生燃烧、爆炸，也可作为一种护色剂使用。烟酰胺为护色助剂，添加量为 0.01～0.022g/kg，其机制被认为是和肌红蛋白结合生成稳定的烟酰胺肌红蛋白，使之不被氧化成高铁肌红蛋白。L-抗坏血酸和 D-异抗坏血酸钠是常用的护色助剂。

1. 亚硝酸钠（钾）（CNS：09.002/09.004；INS：250/249）

【性质与性能】 无色或微带黄色结晶，味微咸，易潮解；在水中易溶。虽然硝酸盐和亚硝酸盐的使用受到了很大限制，但至今国内外仍在继续使用。其原因是亚硝酸盐对保持腌制肉制品的色、香、味有特殊作用，迄今未发现理想的替代物质。更重要的原因是亚硝酸盐对肉毒梭状芽孢杆菌的抑制作用。但对使用的食品及其使用量和残留量有严格要求。

① 发色作用，为使肉制品呈鲜艳的红色，在加工过程中多添加硝酸盐（钠或钾）或亚硝酸盐。②抑菌作用，亚硝酸盐在肉制品中，对抑制微生物的增殖有一定的作用。特别是对肉毒梭状芽孢杆菌有特殊抑制作用。抑菌效果受到 pH 和盐的影响。③提高腌肉的风味。密

封保存，同时要注意防止误认为食盐而食用。

【安全性】 小鼠经口 LD_{50} 为 220mg/kg 体重，大鼠经口 LD_{50} 为 85mg/kg 体重（雄性）、175 mg/kg 体重（雌性）。ADI 为 0～0.06mg/kg 体重。亚硝酸盐是添加剂中急性毒性较强的物质之一，是一种剧毒药，可使正常的血红蛋白变成高铁血红蛋白，失去携带氧的能力，导致组织缺氧。其次亚硝酸盐为亚硝基化合物的前体物，其致癌性引起了国际性的注意，因此各方面要求把硝酸盐和亚硝酸盐的添加量，在保证发色的情况下，限制在最低水平。

【应用】 我国《食品安全国家标准 食品添加剂使用标准》（GB 2760—2024）规定：亚硝酸钠可用于腌腊肉制品类（如咸肉、腊肉、板鸭、中式火腿、腊肠），酱卤肉制品类，熏、烧、烤肉类，油炸肉类，西式火腿（熏烤、烟熏、蒸煮火腿）类，肉灌肠类，发酵肉制品类，肉罐头类，最大使用量均为 0.15g/kg。其中西式火腿（熏烤、烟熏、蒸煮火腿）类残留量≤70mg/kg；肉罐头类残留量≤50mg/kg；其余残留量≤30mg/kg。残留量均以亚硝酸钠计。

2. 硝酸钠（钾）（CNS：09.001/09.003；INS：251/252）

【性质与性能】 无色透明结晶或白色结晶性粉末，可稍带浅黄色，无臭，味咸，微苦。相对密度 2.261，加热到 380℃分解，并生成亚硝酸钠。在潮湿空气中易吸湿，易溶于水（90g/mL），微溶于乙醇（0.8%）。10%水溶液呈中性。密封保存，注意防火。

【安全性】 大鼠经口 LD_{50} 为 3236mg/kg 体重，兔经口 LD_{50} 为 2680mg/kg 体重。ADI 为 0～3.7mg/kg 体重（若以硝酸根离子计，此 ADI 不适用于 3 月龄以下婴儿，FAO/WHO）。硝酸盐的毒性作用，主要是在食品中、水中或肠胃内，在婴幼儿的胃肠内被还原为亚硝酸盐所致。

【应用】 我国《食品安全国家标准 食品添加剂使用标准》（GB 2760—2024）规定：硝酸钠可用于腌腊肉制品类（如咸肉、腊肉、板鸭、中式火腿、腊肠），酱卤肉制品类，熏、烧、烤肉类，油炸肉类，西式火腿（熏烤、烟熏、蒸煮火腿）类，肉灌肠类，发酵肉制品类，最大使用量为 0.50g/kg。残留量以亚硝酸钠计，肉制品中不得超过 30mg/kg。

3. D-异抗坏血酸及其钠盐（CNS：04.004，04.018；INS：315，316）

【性质与性能】 D-异抗坏血酸是维生素 C 的光学异构体，分子式 $C_6H_8O_6$，分子量 176.13，D-异抗坏血酸为白色至浅黄色结晶性粉末或颗粒，无臭，味酸，干燥状态下在空气中相当稳定，但在溶液中遇空气则迅速变质。D-异抗坏血酸是一种水溶性的化合物，极易溶于水（40g/100mL），可溶于乙醇（5g/100mL），难溶于甘油，不溶于乙醚和苯。D-异抗坏血酸钠又名赤藻糖酸钠，分子式 $C_6H_7NaO_6 \cdot H_2O$，分子量 216.12，熔点 200℃。白色至黄白色晶体颗粒或晶体粉末，无臭，稍有咸味，熔点 200℃以上分解。在干燥状态下暴露在空气中相当稳定，但在水溶液中与空气、金属、热、光则发生氧化，易溶于水，常温下溶解度为 16g/100mL，几乎不溶于乙醇，1%水溶液的 pH 为 6.5～8.0。

D-异抗坏血酸及其钠盐在肉制品中作为发色剂，能防止腌制品中致癌物质——亚硝胺的形成，保持色泽，改善风味并使切口不易褪色。

【安全性】 D-异抗坏血酸大鼠经口 LD_{50} 为 18g/kg 体重，小鼠经口 LD_{50} 为 9.4g/kg 体

重；ADI 无需规定（FAO/WHO）。D-异抗坏血酸钠大鼠经口 LD_{50} 为 15g/kg 体重，小鼠经口 LD_{50} 为 9.4g/kg 体重，ADI 无需规定。

【应用】 我国《食品安全国家标准 食品添加剂使用标准》（GB 2760—2024）规定：D-异抗坏血酸及其钠盐作为护色剂，按生产需要适量使用。

三、护色剂应用注意事项

近些年来，人们发现亚硝酸盐能与多种氨基化合物反应，产生致癌的 N-亚硝基化合物，如亚硝胺等。亚硝胺是目前国际上公认的一种强致癌物。因此，当前国际上对于食品中添加硝酸盐和亚硝酸盐的问题十分重视，在没有理想的替代品之前，将其用量限制在最低水平。因而目前我国食品护色剂使用时应该注意以下几点。

① 一般与护色助剂共同使用。

② 限制护色剂的使用量，我国规定在午餐肉等肉类食品中亚硝酸钠的添加量为 0.15g/kg，成品中亚硝酸钠残留量不超过 50mg/kg，并且规定了肉类罐头中不得使用硝酸钠。

③ 充分混合均匀。

④ 防止中毒，由于硝酸盐和亚硝酸盐的外观、口味均与食盐相似，所以必须防止误用而引起中毒。大量亚硝酸盐进入血液后，可使正常的血红蛋白变成高铁血红蛋白，便失去携带氧气的功能，导致组织缺氧。潜伏期为 0.5～1h，症状为头晕、恶心、呕吐、全身无力、心悸、全身皮肤发紫，严重者呼吸困难，血压下降，昏迷、抽搐。如不及时抢救，会因呼吸衰竭而死亡。

四、护色剂在肉制品加工中的作用

肉类加工过程中的发色、褪色和变色问题都是影响肉制品品质的重要因素。护色剂可使肉制品具有诱人、均一的红色，而如果用色素染色，则不易染着均匀，肉的内部常不易染上。亚硝酸钠除了发色外，还是很好的防腐剂，特别是对于肉毒梭状芽孢杆菌，在 pH6 时具有显著的抑制作用。另外，亚硝酸盐的使用还可增强肉制品的风味。气相色谱分析显示，发色处理后，肉中的一些挥发性风味物质明显增多。亚硝酸盐发色还具有抗脂肪氧化的作用。机理还不太清楚，可能是和卟啉铁结合后，抑制了铁催化脂肪氧化的作用。在肉制品中使用的护色剂是硝酸盐和亚硝酸盐。护色剂又称发色剂，是能与肉及肉制品中呈色物质作用，使之在食品加工、保藏等过程中不致分解、破坏，呈现良好色泽的物质。这主要是亚硝酸盐所产生的一氧化氮与肉类中的肌红蛋白和血红蛋白结合，生成一种具有鲜艳红色的亚硝基肌红蛋白和亚硝基血红蛋白所致。硝酸盐则需在食品加工中被细菌还原成亚硝酸盐后再起作用。亚硝酸盐具有一定毒性，尤其可与胺类物质生成强致癌物亚硝胺，因而人们一直力图选取某种适当的物质取而代之。但由于它除可护色外，尚可防腐，尤其是具有防止肉毒梭状芽孢杆菌中毒，以及增强肉制品风味的作用，直到目前为止，尚未见有既能护色又能抑菌，且能增强肉制品风味的替代品。权衡利弊，各国都在保证安全和产品质量的前提下严格控制使用。由于抗坏血酸、异抗坏血酸、烟酰胺等既可促进护色（护色助剂），且抗坏血酸与 α-生育酚尚可阻抑亚硝胺生成，常与护色剂并用。中国批准许可使用的护色剂为硝酸钠和亚硝酸钠。国外尚许可硝酸钾和亚硝酸钾使用。

亚硝酸盐在肉制品中，对抑制微生物的繁殖有一定的作用，其效果受 pH 的影响。尤其是对肉毒梭状芽孢杆菌有抑制作用，此外，亚硝酸盐对提高腌肉的风味也有一定的作用。但亚硝酸与蛋白质代谢的中间产物——仲胺反应生成亚硝胺，例如 HNO_2 与二甲基（仲）胺反应生成二甲基亚硝胺，与胺也有同样的反应。亚硝胺经动物试验证明有很强的致癌性。虽然还没有直接的论据证实由于食品中存在硝酸盐、亚硝酸盐及仲胺而引起人类致癌，但是从食品卫生的角度出发，应予以高度重视。在加工肉制品时应严格控制亚硝酸盐及硝酸盐的使用量（中国规定 $NaNO_3$ 的最大用量为 0.5g/kg，$NaNO_2$ 的用量为 0.15g/kg，肉制品中的残留量，以 HNO_2 计不得超过 0.03g/kg）。

亚硝酸盐的安全性问题是肉制品生产企业应该特别注意的，亚硝酸盐与氨基化合物（蛋白质分解产物）反应可产生致癌的 N-亚硝基化合物，如亚硝胺。亚硝酸盐发色的同时，还有抑菌、抗氧化及增强风味的作用，尽管如此，安全性问题使其应用越来越受到限制，国内外都在寻找理想的替代品。在没有理想的替代品之前，应把用量限制在最低水平，已使用的替代品有两类：一类是替代亚硝酸盐的添加剂，由护色剂、抗氧化剂、多价螯合剂和抑菌剂组成，护色剂用的是赤藓红，抗氧化剂、多价螯合剂用的是磷酸盐、多聚磷酸盐，抑菌剂为对羟基苯甲酸和山梨酸及其盐类；另一类是在常规亚硝酸盐浓度下阻断亚硝胺形成的添加剂，抗坏血酸能与亚硝酸盐作用而减少亚硝胺的形成，其次，山梨酸、山梨酸醇、鞣酸等也可抑制亚硝胺的形成。另外，肉制品生产中还常常利用一些例如着色剂、营养强化剂、呈味剂等添加剂。随着经济的发展和人们生活水平的提高，肉制品的发展前景广阔，因此，大力推广各类食品添加剂在肉制品中的应用，使之色、香、味俱全，并能有效延长产品的保质期是肉制品研究开发人员的当务之急。

知识三　漂白剂

食品加工过程中，常常会发生褐变作用而影响到食品的外观，现在消费者往往将色泽列于食品食用性能和价值的首要考虑因素。因此，这就要求加工过程中能将褐色变成白色，甚至变成无色。食品漂白剂是指能够被破坏，使色泽褪去或者避免食品褐变的一类添加剂，其具有漂白、增白、防褐变的作用。我国允许使用的漂白剂有二氧化硫、亚硫酸钠、硫黄等 7 种，其中硫黄仅限用于蜜饯、干果、干菜、粉丝、食糖的熏蒸。

漂白剂

一、漂白剂定义及分类

漂白剂是指能够破坏、抑制食品的发色因素，使其褪色或使食品免于褐变的物质。漂白剂是通过还原等化学作用消耗食品中的氧，破坏、抑制食品氧化酶活性和食品的发色因素，使食品褐变色素褪色或免于褐变，同时还具有一定的防腐作用。

食品生产中以还原型漂白剂的应用较为广泛，这是因为它们在食品中除了具有漂白作用外还具有防腐、防褐变、防氧化等多种作用。还原型作用比较缓和，但是被它漂白的色素一旦再被氧化，可能重新显色，如亚硫酸及其盐类。亚硫酸盐类漂白剂主要用于果干、菜干、动物胶、果酒、糖品、果汁的漂白。常用的漂白的方法有气熏法（SO_2）、直接加入法（亚硫酸）、浸渍法。亚硫酸盐不宜用于鱼类食品。

二、常用漂白剂应用技术

1. 二氧化硫（CNS：05.001；INS：220）

【性质与性能】 SO_2 又叫亚硫酸酐，无色，不燃性气体。具有强烈刺激性气味，有窒息性。易溶于水和乙醇，有防腐作用。溶于水而成亚硫酸，加热则又挥发出 SO_2。硫黄燃烧可产生二氧化硫气体。

【安全性】 ADI 为 $0\sim0.7mg/kg$ 体重。

【应用】 我国《食品安全国家标准 食品添加剂使用标准》（GB 2760—2024）规定：二氧化硫可用于啤酒和麦芽饮料最大使用量为 $0.01g/kg$；食用淀粉最大使用量为 $0.03g/kg$；淀粉糖（果糖、葡萄糖、饴糖、部分转化糖等）最大使用量为 $0.04g/kg$；经表面处理的鲜水果、蔬菜罐头（仅限竹笋、酸菜）、干制的食用菌和藻类、食用菌和藻类罐头（仅限蘑菇罐头）、坚果与籽类罐头、生湿面制品（如面条、饺子皮、馄饨皮、烧麦皮）（仅限拉面）、冷冻米面制品（仅限风味派）、调味糖浆、半固体复合调味料、果蔬汁（浆）、果蔬汁（浆）类饮料，最大使用量为 $0.05g/kg$；水果干类、腌渍的蔬菜、可可制品、巧克力和巧克力制品（包括代可可脂巧克力及制品）以及糖果、饼干、食糖，最大使用量为 $0.1g/kg$；葡萄酒、果酒最大使用量为 $0.25g/L$；蜜饯凉果最大使用量为 $0.35g/kg$；干制蔬菜、腐竹类（包括腐竹、油皮等）最大使用量为 $0.2g/kg$；干制蔬菜（仅限脱水马铃薯）最大使用量为 $0.4g/kg$；最大使用量以二氧化硫残留量计。

2. 焦亚硫酸钾（CNS：05.002；INS：224）

【性质与性能】 白色单斜晶系结晶或粉末与颗粒。略有二氧化硫气味，在空气中缓慢氧化成硫酸钾。遇酸会强烈分解，并放出刺激性很强的二氧化硫气体。呈强还原性。溶于水（$44.9g/100mL$，$20℃$），难溶于乙醇。1%水溶液的 pH3.4～4.5。

【安全性】 ADI 为 $0\sim0.7mg/kg$ 体重（二氧化硫和亚硫酸盐的类别 ADI，以二氧化硫计，FAO/WHO）；代谢：兔经口 LD_{50} 为 $600\sim700mg/kg$ 体重（以二氧化硫计）。

【应用】 漂白剂、防腐剂、抗氧化剂、护色剂。我国《食品安全国家标准 食品添加剂使用标准》（GB 2760—2024）规定：焦亚硫酸钾可用于啤酒和麦芽饮料最大使用量为 $0.01g/kg$；食用淀粉最大使用量为 $0.03g/kg$；淀粉糖（果糖、葡萄糖、饴糖、部分转化糖等）最大使用量为 $0.04g/kg$；经表面处理的鲜水果、蔬菜罐头（仅限竹笋、酸菜）、干制的食用菌和藻类、食用菌和藻类罐头（仅限蘑菇罐头）、坚果与籽类罐头、生湿面制品（如面条、饺子皮、馄饨皮、烧麦皮）（仅限拉面）、冷冻米面制品（仅限风味派）、调味糖浆、半固体复合调味料、果蔬汁（浆）、果蔬汁（浆）类饮料，最大使用量为 $0.05g/kg$；水果干类、腌渍的蔬菜、可可制品、巧克力和巧克力制品（包括代可可脂巧克力及制品）以及糖果、饼干、食糖，最大使用量为 $0.1g/kg$；葡萄酒、果酒最大使用量为 $0.25g/L$；蜜饯凉果最大使用量为 $0.35g/kg$；干制蔬菜、腐竹类（包括腐竹、油皮等）最大使用量为 $0.2g/kg$；干制蔬菜（仅限脱水马铃薯）最大使用量为 $0.4g/kg$；最大使用量以二氧化硫残留量计。

3. 亚硫酸钠（CNS：05.004；INS：221）

【性质与性能】 分无结晶水盐与含 7 个结晶水盐两种。均为无色结晶体或粉末。无臭、无味。易溶于水（25g/100mL），其水溶液呈碱性，浓度为 1g/100mL 溶液的 pH 为 8.3～9.4。

【安全性】 大鼠静脉注射 LD_{50} 为 115mg/kg 体重；ADI 为 0～0.7mg/kg 体重（二氧化硫和亚硫酸盐的类别 ADI，以二氧化硫计，FAO/WHO）；代谢，食品中残留的亚硫酸盐进入人体后，被氧化为硫酸盐，并与钙结合为硫酸钙，可通过正常解毒后排出体外。

【应用】 我国《食品安全国家标准 食品添加剂使用标准》（GB 2760—2024）规定：亚硫酸钠用于啤酒和麦芽饮料最大使用量为 0.01g/kg；食用淀粉最大使用量为 0.03g/kg；淀粉糖（果糖、葡萄糖、饴糖、部分转化糖等）最大使用量为 0.04g/kg；经表面处理的鲜水果、蔬菜罐头（仅限竹笋、酸菜）、干制的食用菌和藻类、食用菌和藻类罐头（仅限蘑菇罐头）、坚果与籽类罐头、生湿面制品（如面条、饺子皮、馄饨皮、烧麦皮）（仅限拉面）、冷冻米面制品（仅限风味派）、调味糖浆、半固体复合调味料、果蔬汁（浆）、果蔬汁（浆）类饮料，最大使用量为 0.05g/kg；水果干类、腌渍的蔬菜、可可制品、巧克力和巧克力制品（包括代可可脂巧克力及制品）以及糖果、饼干、食糖，最大使用量为 0.1g/kg；葡萄酒、果酒最大使用量为 0.25g/L；蜜饯凉果最大使用量为 0.35g/kg；干制蔬菜、腐竹类（包括腐竹、油皮等）最大使用量为 0.2g/kg；干制蔬菜（仅限脱水马铃薯）最大使用量为 0.4g/kg；最大使用量以二氧化硫残留量计。

4. 低亚硫酸钠（CNS：05.006；INS：—）

【性质与性能】 低亚硫酸钠，俗称保险粉，白色结晶粉末，无臭或略带有二氧化硫刺激性气味，具有较强的还原性，极不稳定，易氧化分解，加热至 190℃可发生爆炸。在潮湿空气中潮解后可析出硫黄。溶于水，不溶于乙醇。

【安全性】 兔经口 LD_{50} 为 600～700mg/kg 体重；ADI 为 0～0.7mg/kg 体重（二氧化硫和亚硫酸盐的类别 ADI 值，以二氧化硫计，FAO/WHO）。

【应用】 我国《食品安全国家标准 食品添加剂使用标准》（GB 2760—2024）规定：低亚硫酸钠作为漂白剂可用于啤酒和麦芽饮料最大使用量为 0.01g/kg；食用淀粉最大使用量为 0.03g/kg；淀粉糖（果糖、葡萄糖、饴糖、部分转化糖等）最大使用量为 0.04g/kg；经表面处理的鲜水果、蔬菜罐头（仅限竹笋、酸菜）、干制的食用菌和藻类、食用菌和藻类罐头（仅限蘑菇罐头）、坚果与籽类罐头、生湿面制品（如面条、饺子皮、馄饨皮、烧麦皮）（仅限拉面）、冷冻米面制品（仅限风味派）、调味糖浆、半固体复合调味料、果蔬汁（浆）、果蔬汁（浆）类饮料，最大使用量为 0.05g/kg；水果干类、腌渍的蔬菜、可可制品、巧克力和巧克力制品（包括代可可脂巧克力及制品）以及糖果、饼干、食糖，最大使用量为 0.1g/kg；葡萄酒、果酒最大使用量为 0.25g/L；蜜饯凉果最大使用量为 0.35g/kg；干制蔬菜、腐竹类（包括腐竹、油皮等）最大使用量为 0.2g/kg；干制蔬菜（仅限脱水马铃薯）最大使用量为 0.4g/kg；最大使用量以二氧化硫残留量计。

5. 硫黄（CNS：05.007；INS：—）

【性质与性能】 黄色或淡黄色粉状固体，易燃烧，一般燃烧温度 248～261℃，燃烧时产生二氧化硫。不溶于水，略溶于乙醇和乙醚，溶于二硫化碳、四氯化碳和苯。

【安全性】　参照二氧化硫。

【应用】　我国《食品安全国家标准 食品添加剂使用标准》(GB 2760—2024) 规定：硫黄只限于熏蒸，用于水果干类最大使用量为 0.1g/kg；蜜饯凉果最大使用量为 0.35g/kg；干制蔬菜最大使用量为 0.2g/kg；经表面处理的鲜食用菌和藻类最大使用量为 0.4g/kg；其他（仅限魔芋粉）最大使用量为 0.9g/kg；只限用于熏蒸，最大使用量以二氧化硫残留量计。硫黄作为漂白剂是通过燃烧产生的二氧化硫气体来使用的。使用时在密闭的房间内燃烧，对蜜饯类、干果、干菜、粉丝进行熏蒸，达到漂白与防腐的目的。

三、使用注意事项

按食品添加剂标准使用二氧化硫及各种亚硫酸制剂是安全的。但用"吊白块"处理食品是非法的，因为"吊白块"不是食品添加剂，是一种工业用拔染剂，其主要毒性成分是甲醛。

亚硫酸盐类溶液很不稳定，易于挥发、分解而失效，所以要临用现配，不可久贮。金属离子能促进亚硫酸的氧化，而使色素氧化变色。亚硫酸类制剂只适合植物性食品，不允许用于鱼肉等动物食品，因亚硫酸能掩盖其腐败迹象。亚硫酸类制剂需过量使用，一定的残留可抑制变色和具防腐作用，但不能在食品中残留过多，故必须按规定使用。含二氧化硫量高的食品会对铁罐腐蚀，并产生硫化氢，影响产品质量。

二氧化硫和亚硫酸盐经代谢成硫酸盐后，从尿液排出体外，并无任何明显的病理后果。但由于有人报告某些哮喘病人对亚硫酸或亚硫酸盐有反应，以及二氧化硫及其衍生物潜在的诱变性，人们正在对它们进行再检查。SO_2 具有明显的刺激性气味，经亚硫酸盐或 SO_2 处理的食品，如果残留量过高就可产生可觉察的异味。

典型工作任务

任务一　色素调配

【任务目标】

根据颜色技术原理，红、黄、蓝为基本三原色，理论上可采用三原色依据其比例和浓度调配出除白色之外的任何色调。而白色可调整彩色的深浅。其简单调色原理如下所示：

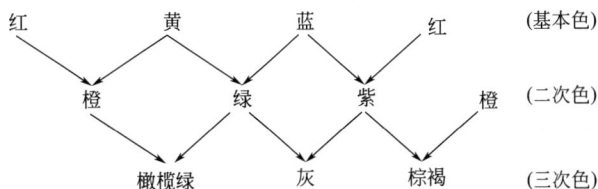

实验目的是掌握颜色调色原理，并进一步了解食用色素的性质与应用时的注意事项。

【任务条件】

苋菜红、胭脂红、柠檬黄、日落黄、亮蓝、靛蓝六种色素，蒸馏水，玻璃器皿等。

【任务实施】

（1）分别称取苋菜红、胭脂红、柠檬黄、日落黄、亮蓝、靛蓝各 1.0g，用纯净水定容至 1000mL。

（2）用量筒量取不同比例的色素溶液，进行复配，记录所拼色泽，见表 3-2。

表 3-2 不同色素拼色   单位：mL

序号	胭脂红	苋菜红	柠檬黄	日落黄	靛蓝	亮蓝	拼配色泽
1	40		60				
2	50	50					
3	40	60					
4		90		10			
5		70		30			
6		40			60		
7		70				30	
8			70			30	

任务二 护色剂在广式香肠加工中的应用

【任务目标】

掌握护色剂在典型食品加工中的应用。

【任务条件】

小烧杯，玻璃棒，量筒，冷藏柜，绞肉机，灌肠机，拌馅机，排气针，分光光度计，打浆机，离心机，台秤，砧板，刀具，塑料盆，细绳。

【配方】

1000g 原料肉（瘦肉占 70%，肥肉占 30%）；食盐 30g，白糖 10g，料酒 20mL，一级生抽 3g，口径 28～30mm 的猪小肠衣适量。

【护色剂配方设计】

实验所选不同护色剂配方见表 3-3。

表 3-3 护色剂配方设计表

实验配方	护色剂配方
1	空白
2	亚硝酸钠 0.05g/kg
3	亚硝酸钠 0.1g/kg
4	亚硝酸钠 0.15g/kg
5	亚硝酸钠 0.1g/kg＋异抗坏血酸 0.5g/kg
6	亚硝酸钠 0.1g/kg＋异抗坏血酸 0.5g/kg＋烟酰胺 0.15g/kg
7	红曲米 2g/kg

【任务实施】

1. 工艺流程

原料肉→清洗→切丁→搅拌（加入护色剂、辅料）→腌制→灌肠→排气→晾晒→评价。

2. 操作要点

（1）选料与修整　选用经卫生检验合格的新鲜或冻猪前后腿肉为原料。

（2）原料整理　将选好的猪前后腿肉，分割后去除筋、腱、结缔组织，分别切成10～12mm的瘦肉丁和9～10mm的肥肉丁，用35℃的温水冲洗油渍、杂物，使肉粒干爽。

（3）拌馅　将瘦、肥肉丁倒入拌馅机中，按配方要求加入护色剂、辅料和清水，搅拌均匀。

（4）腌制　拌好原辅料后腌制30min左右。

（5）灌肠　拌好的肉馅用灌肠机灌入猪的小肠衣中，每隔一定间距打结，然后用针刺肠身，将肠内空气和多余的水分排出，再用温水清洗表面油腻、余液，使肠身保持清洁。

（6）晾晒与烘烤　将灌好的肠坯挂在晾棚上，在日光下晾晒3h后翻转一次，约晾晒半天后转入烘房，在45～55℃条件下烘烤24h左右，包装后即为成品。

【注意事项】

（1）肥膘丁一定要用温水清洗，使其互相不粘连，并使肉丁柔软滑润，便于拌馅时与瘦肉料和各种配料混合均匀。

（2）拌馅的目的在于"匀"，拌匀为止，要防止搅拌过度，使肉中的盐溶性蛋白质溶出，影响产品的干燥脱水过程。拌好的肉馅不要久置，必须迅速灌制，否则瘦肉丁会变成褐色，影响成品色泽。

（3）灌制时要掌握松紧程度，不能过紧或过松，过紧会胀破肠衣，过松影响成品的饱满结实度。

（4）烘烤时必须注意温度的控制。温度过高易使脂肪融化，同时瘦肉也会烤熟。这不仅降低了成品率，而且色泽变暗，有时会使肠衣内起空壁或空肠，降低品质。温度过低又难以干燥，易引起发酵变质。

【产品特点】

广式香（腊）肠是以鲜（冻）肉为原料，加入辅料，经腌制、灌肠、晾晒、烘烤等工序加工而成，具有广式特色的生干腊肠。其外形美观，色泽鲜亮，香醇可口。

【质量标准】

（1）感官指标（表3-4）。

表3-4　感官指标

项　目	指　标
组织及形态	肠体干爽,呈完整的圆柱形,表面有自然皱纹,断面组织紧密
色泽	肥肉呈乳白色,瘦肉鲜红、枣红或玫瑰红色,红白分明,有光泽
风味	咸甜适中,鲜美适口,腊香明显,醇香浓郁,食而不腻,具有广式腊肠的特有风味
长度及直径	长度150～200mm,直径17～26mm
内容物	不得含有淀粉、血粉、豆粉、色素及外来杂质

（2）理化指标（表3-5）。

表 3-5 理化指标

项 目	优级	一级	二级
蛋白质含量/%	≥22	≥20	≥17
脂肪含量/%	≤35	≤45	≤55
水分含量/%	≤25	≤25	≤25
食盐(以 NaCl 计)含量/%	≤8	≤8	≤8
总糖(以葡萄糖计)含量/%	≤20	≤20	≤20
酸价(以 KOH 计)/(mg/g)	≤4	≤4	≤4
亚硝酸盐(以 $NaNO_2$ 计)含量/(mg/kg)	≤20	≤20	≤20

（3）微生物指标（表 3-6）。

表 3-6 微生物指标

包装方式	25℃以下	0～5℃
散装	15 天	90 天
普通包装	30 天	120 天
真空包装	90 天	180 天

任务三 易褐变果蔬的护色

【任务目标】

以新鲜莲藕为原料生产鲜切藕片，通过设计试验对莲藕切片进行护色处理，从而确定较佳的护色处理条件（复合护色剂配方、用量、处理时间、料水比等），主要掌握抗氧化剂、酸度调节剂等的性能及应用。

【任务条件】

不锈钢小刀（去皮用）、菜刀，案板，电子秤（0.1g、1g 或 5g），罐头瓶（250mL，带盖，6 个），吸量管（5mL 或 10mL，3 个），洗耳球（3 个），筷子（3 根），聚乙烯塑料自封袋。

新鲜莲藕（1500g，新鲜良好，无霉烂变质、病虫伤及机械伤，藕表面光滑、硬实，藕体色泽均匀一致，整齐度较好，直径在 45mm 以上），柠檬酸，D-异抗坏血酸钠（异维生素 C 钠），EDTA-2Na，氯化钙。

【任务原理】

果蔬褐变的原因大致分为两大类：①酶促褐变，涉及的酶有多酚氧化酶（PPO）、过氧化物酶（POD）、过氧化氢酶（CAT）、苯丙氨酸解氨酶（PAL）等，起主要作用的是 PPO 和 POD；②非酶褐变，主要有美拉德（Maillard）反应、焦糖化反应、抗坏血酸自身氧化等。

控制酶促褐变的方法主要从控制酶和氧两方面入手，主要途径有：①钝化酶的活性，如热烫、添加抑制剂等；②改变酶作用的条件，如 pH、水分活度等；③隔绝氧气，如脱气、真空包装等；④使用食品添加剂（起主要作用的是抗氧化剂，其他起辅助作用），如柠檬酸、（异）抗坏血酸及其盐类、植酸或植酸钠、EDTA-2Na、二氧化硫及亚硫酸盐类、氯化钙、氯化钠、β-环状糊精、L-半胱氨酸、聚乙烯聚吡咯烷酮等。对于非酶褐变，可通过控制热处理强度、pH等来实现。

【任务实施】

1. 工艺流程

原料验收→清洗→修整、去节→去皮→切片→护色→包装→冷藏→评价护色效果。

2. 操作要点

（1）护色液配制　见表3-7。

表 3-7　护色液配方

序号	柠檬酸 /(g/kg)	异维生素C钠 /(g/kg)	氯化钙 /(g/kg)	EDTA-2Na /(g/kg)
1	1	1	0.8	0.2
2	2	2	0.8	0.2
3	4	4	0.8	0.2
4	1	1	0.4	0.2
5	2	2	0.4	0.2
6	4	4	0.4	0.2

（2）去皮、切片　去皮、切片均应迅速进行，藕片厚度为4～5mm，及时对藕片进行护色处理。

（3）护色、硬化　在贴有试验编号的罐头瓶中进行护色，藕片与护色液的重量比为1:3左右（具体待定），护色液须完全浸没藕片，护色时间60min以上（具体待定）。

（4）包装、冷藏　用塑料自封袋排气包装，贴上写有试验编号的标签，置于4～7℃冰箱冷藏。

（5）评价护色效果　每隔一天观察一次鲜切藕片的色泽，直至色泽出现等级差别，对各个试验样品进行感官描述并评分。

【产品质量评价方法】

参考《清水莲藕罐头》QB/T 1605—1992，参照表3-8评分标准进行打分。

表 3-8　评分标准

项　目	说　明	分　值
色泽(50分)	色泽无褐变，有光泽	50
	呈黄白色或浅红褐色，有光泽	40
	呈黄白色或浅红褐色，较有光泽	30
	呈浅灰褐色，尚有光泽	20
滋味、气味(20分)	具有莲藕的滋味及清香味，无异味	20
	具有莲藕应有的滋味及气味，无异味	15
	有异味	5
组织形态(30分)	组织软硬适度，无灰头、紫褐头	30
	组织软硬较适度，允许个别片有轻微的灰头、紫褐头	20
	组织软硬尚适度，允许个别片有灰头、紫褐头、锈斑孔	10

参考《食品安全国家标准 食品添加剂使用标准》（GB 2760—2024），具体见表3-9。

表 3-9　鲜切果蔬添加剂使用标准

产品	可用护色剂	功能	国标最大用量/(g/kg)
鲜切果蔬	柠檬酸	酸度调节剂	按需要适量用
	抗坏血酸	抗氧化剂	5.0
	D-异抗坏血酸及其钠盐	抗氧化剂、护色剂	5.0(以抗坏血酸计)
	植酸或植酸钠	抗氧化剂	0.2
	EDTA-2Na	抗氧化剂、防腐剂、稳定剂、凝固剂	0.25
	氯化钙	稳定剂和凝固剂、增稠剂	1.0
	磷酸盐	稳定剂、凝固剂、酸度调节剂、抗结剂、水分保持剂、膨松剂	5.0(以 PO_4^{3-} 计)
	亚硫酸盐	漂白剂、防腐剂、抗氧化剂	不允许使用
	乙酸锌	国家标准中检索不到	国家标准中检索不到

任务四　漂白剂在食品加工中的应用

【任务目标】

掌握漂白剂在典型产品加工中的应用。

【任务条件】

粉丝。

天平，量筒，烧杯，水浴锅，玻璃棒，烘箱，WSC-S 测色色差计。

【漂白剂应用方案设计】

具体参见表 3-10。

表 3-10　不同漂白剂配方设计

实验配方	漂白剂配方设计	实验配方	漂白剂配方设计
1	0.1 亚硫酸氢钠质量(g/kg)	5	0.1 低亚硫酸钠质量(g/kg)
2	0.15 亚硫酸氢钠质量(g/kg)	6	0.15 低亚硫酸钠质量(g/kg)
3	0.2 亚硫酸氢钠质量(g/kg)	7	0.2 低亚硫酸钠质量(g/kg)
4	0.25 亚硫酸氢钠质量(g/kg)	8	0.25 低亚硫酸钠质量(g/kg)

【任务实施】

有色粉丝──→漂白──→烘干──→评价。

1. 漂白剂溶液的配制

按照方案准确称量相应的漂白剂，在 500mL 的烧杯中配制成漂白剂溶液。

2. 漂白

用水浴锅加热到 40~50℃，加入相应量的粉丝，以保鲜膜封口，漂白一定时间。

3. 评价

将粉丝捞出放入烘盘移入烘箱中烘干，感官评定，并测其色度。

【漂白剂漂白效果的评价】

1. 感官评定

漂白剂的作用将会影响到粉丝的色泽与气味。由经验丰富的食品专家 10 人组成监评组，就粉丝的色泽和气味两方面进行评价粉丝的漂白效果,各自所占权重分别为 7 分、3 分,满分 10 分。感官质量评分标准见表 3-11。

表 3-11　感官质量评分标准

项目	评 分			
色泽	7 乳白色或白色,光泽好	5 色微深,有光泽	3 色深,光泽差	1 色极深,无光泽
气味	3 产品固有气味,无异常	2 产品固有气味,稍有气味	1 有 SO_2 气味	0 SO_2 气味很浓

2. 色度测定

将粉丝粉碎,用 WSC-S 测色色差计进行测定。其中 L 表示黑白(亮暗),+表示偏白,-表示偏暗;A 表示红绿,+表示偏红,-表示偏绿;B 表示黄蓝,+表示偏黄,-表示偏蓝。漂白时间对漂白效果的影响见表 3-12。

表 3-12　漂白时间对漂白效果的影响

测定指标	漂白时间/min							
	0	10	20	30	40	50	60	70
L								
A								
B								
漂白效果(评分)								

任务五　火腿肠中亚硝酸含量的测定

【任务目标】

1. 熟练掌握样品制备、提取的基本操作技能。

2. 进一步学习并熟练地掌握分光光度计的使用方法和技能。

3. 学习盐酸萘乙二胺比色法测定亚硝酸盐的原理及操作要点。

【任务条件】

1. 原料与仪器

火腿肠,小型绞碎机,分光光度计。

2. 试剂

(1) 亚铁氰化钾溶液　称取 106g 亚铁氰化钾 $[K_4Fe(CN)_6 \cdot 3H_2O]$,溶于水,定容至 1000mL。

(2) 乙酸锌溶液　称取 220g 乙酸锌 $[Zn(CH_3COO)_2 \cdot 2H_2O]$,加 30mL 冰醋酸溶解,用蒸馏水定容至 1000mL。

(3) 饱和硼砂溶液　称取 5g 硼酸钠 $(Na_2B_4O_7 \cdot 10H_2O)$,溶于 100mL 热水中,冷却后备用。

（4）0.4％对氨基苯磺酸溶液　称取 0.4g 对氨基苯磺酸，溶于 100mL 20％盐酸中，避光保存。

（5）0.2％盐酸萘乙二胺溶液　称取 0.2g 盐酸萘乙二胺，以水定容至 100mL，避光保存。

（6）亚硝酸钠标准贮备溶液　精密称取 0.1000g 亚硝酸钠（事先于硅胶干燥器中干燥 24h），用重蒸馏水溶解并定容至 500mL。此液含 200μg/mL 亚硝酸钠。

（7）亚硝酸钠标准使用液　吸取标准液 5.00mL 于 200mL 容量瓶中，用重蒸馏水定容。此液含 5μg/mL 亚硝酸钠。临用时配制。

【任务内容】

利用盐酸萘乙二胺比色法测定香肠中亚硝酸的含量。

【任务原理】

样品经处理、沉淀蛋白质，去除脂肪后，亚硝酸盐与对氨基苯磺酸在弱酸性条件下重氮化，再与盐酸萘乙二胺偶合，形成紫红色偶氮染料，在 538nm 处有最大的吸收，测定吸光度以定量。

【任务实施】

1. 样品处理

称取 5.0g 经绞碎混匀的样品，置于 50mL 烧杯中，加 12.5mL 硼砂饱和液，搅拌均匀，以 70℃的水 300mL 将样品洗入 500mL 容量瓶中，于沸水浴中加热 15min，取出后冷至室温，然后一面转动、一面加入 5mL 亚铁氰化钾溶液，摇匀，再加入 5mL 乙酸锌溶液，以沉淀蛋白质。加水至刻度、摇匀，放置半小时，除去上层脂肪，清液用滤纸过滤，弃去初滤液 30mL，滤液备用。

2. 亚硝酸盐含量的测定

吸取 40mL 上述滤液于 50mL 比色管中，另吸取 0.00mL、0.20mL、0.40mL、0.60mL、0.80mL、1.00mL、1.50mL、2.00mL、2.50mL 亚硝酸钠标准使用液，分别置于 50mL 比色管中。于标准管及样品管中分别加入 2mL 0.4％对氨基苯磺酸溶液，混匀，静置 3～5min 后各加入 1mL 0.2％盐酸萘乙二胺溶液，加水至刻度，混匀，静置 15min，用 2cm 比色皿，以空白调节零点，于波长 538nm 处测吸光度，绘制标准曲线比较。

【任务结果处理】

1. 数据记录

① 测定（表 3-13）。

表 3-13　样品数据记录

样品质量/g	样品处理液的总体积/mL	样液吸光度

② 标准吸收曲线（表 3-14）。

表 3-14 标准吸收曲线数据记录

比色管号	亚硝酸钠标准液量/mL	亚硝酸钠含量/($\mu g/50mL$)	吸光度
0			
1			
2			
3			
4			
5			
6			
7			
8			

2. 绘制标准曲线

3. 结果计算

$$x = \frac{m_1 \times 1000}{m \times \dfrac{40}{500} \times 1000 \times 1000} \qquad (3-1)$$

式中　x——样品中亚硝酸盐的含量，g/kg；

　　　m——样品质量，g；

　　　m_1——测定用样液中亚硝酸盐的含量，μg。

【任务思考】

1. 本方法中使用的蛋白质沉淀剂是什么？

2. 本方法操作要点有哪些？

知识拓展与链接

一、调色技术

色、香、味、形是构成食品感官质量的四大要素，任何食品都与这四个要素有着密不可分的关系。这四大要素将颜色放在首位，说明了颜色的重要性。人们常说颜色是感动心灵的钥匙，适宜的颜色能刺激人的购买欲。一个只生产几种单调颜色饮料的厂家，其产品一定没有生命力。

饮料生产厂家应对所选用的着色剂进行周密的思考和实验，颜色适中柔和，能令人赏心悦目；一旦调配不当，则让人刺目、厌烦、恶心。颜色失调或颜色不符合品种要求，会让消费者心理反感，因为消费者出于生活上的习惯与常年积累的经验，对各种食品的色泽自然而然有了深刻的印象。

以草莓饮料为例，其色泽应为淡红色，若消费者在购买时发现其颜色是黄色或绿色，那么一定会望而生畏，可见色泽对于品种是非常重要的。怎样赋予和保持食品诱人的、良好的色泽，刺激人们的食欲和消化功能，是一个值得研究的问题。

着色剂的种类很多，通常包括食用合成色素和食用天然色素两大类。现将在冷饮中经常使用的一些色素介绍如下。

不论使用天然色素还是合成色素都应注意，不同的色素溶解于不同的溶剂中，或同一种色素在不同溶剂中的色泽都是不同的。如在使用红曲色素粉时，若用水作溶剂而不是用酒精作溶剂，则生产出的草莓饮料不是淡红色，而是橙黄色，不符合品种要求。

色素在使用前，尤其是在试制新产品时，都要先配成 $10\%\sim15\%$ 的浓度后再用。有的厂家在色素使用方面存在严重问题，他们在使用时，不是先将其配成一定的浓度后再用，而是不称量，取上一勺加少许水搅拌成泥糊状，然后在料液内随意加一些并搅拌几下。这样做是严重违反食品添加剂法规的，不但有害于消费者的健康，同时生产成本也高，影响到生产厂家自身的经济效益。色素的添加量一定要严格按照我国《食品安全国家标准 食品添加剂使用标准》(GB 2760—2024) 执行。

调色时，要按照水果本身的色泽来选择色素，宜淡不宜浓，如成熟的草莓的色泽是鲜艳的红色，但草莓饮料的颜色则要求淡雅些，以淡红色为佳。这么做还有一个原因，就是红色是暖色调，在炎热的夏、秋两季红色过浓的饮料总给人以更热的感觉。青梅饮料的颜色以绿色为好，这时的绿色可以稍浓些，因绿色是冷色，但添加量应严格按照 GB 2760—2024 的规定。

橘子冷饮的色泽应以当地消费者喜爱的橘子品种为准，假定人们爱吃黄岩橘子，那么橘子冷饮的色泽以黄岩橘子的橙黄色为佳。橙黄色泽在色素中很难找到，可通过调配制得，即用几种色素进行拼配。

在调配时，第一次使用的色泽为基本色，第二次使用的由红、黄、蓝调制出的橙、绿与紫色称为复合色，第三次使用的由橙、绿、紫调制出的橄榄、暗灰与棕褐色则称为再复合色。

在生产可可饮料时，如用可可粉的量在 0.5%，可加 0.053% 的焦糖；若生产的是咖啡饮料，在使用咖啡汁或速溶咖啡时也应适量加些焦糖，使用焦糖的目的是增加上述两种产品的棕褐色泽。

二、关于护色剂的致癌问题

亚硝酸盐除了具有急性毒性外，动物试验和人群调查早已确证该物质有致癌性，其机制是与仲胺反应生成亚硝胺，亚硝胺在体内可进一步生成重氮链烷，而使 DNA 中的鸟苷酸甲基化，最终引起基因突变。虽然尚无直接证据证实肉类腌制中的亚硝酸盐引起人类癌症，但应予高度重视。但鉴于它们对肉制品的多重作用，目前还没有理想的替代品。为保障人民的身体健康，在肉制品加工中应严格控制亚硝酸盐及硝酸盐的使用量。

实际上亚硝酸盐在人们生活中普遍存在，目前肉制品中仍使用亚硝酸盐，许多植物材料中也存在硝态氮化合物，在细菌及其他还原条件下形成亚硝酸盐，是过度施肥和不当加工造成的。另外，环境污染、水源污染，造成多种食品都含有一定的亚硝酸盐。有人估计，平均每人每天摄入亚硝酸盐 $0.77mg$，其中 39% 来自肉制品、34% 来自谷物焙烤食品、16% 来自蔬菜。

三、护色剂研究进展

1. 降低硝酸盐类的使用量

2. 研究新的复合护色剂

在护色时加入氨基酸。氨基酸呈中性和酸性，完全可以阻止二甲基亚硝酸胺的生成并有良好的护色效果。据报道，0.5%～1%赖氨酸盐和精氨酸等量混合物与10mg/kg的亚硝酸钠，用于灌肠制品，产品色调很好。氨基酸类物质有可能大幅度降低亚硝酸钠的用量，从而大大降低亚硝酸盐的危险性并有助于护色。

3. 替代品的研究进展

日本及我国湖南农大在1996～2003年，研究畜禽血液血红蛋白作为护色剂，取得了一定进展，与直接使用亚硝酸钠相比，有效地降低了肉制品中亚硝酸盐的残留量，且有保持肉制品所具有的色泽、风味，防腐抗菌等特性。

4. 护色助剂与品质改良剂的使用研究

（1）维生素C与品质改良剂磷酸盐的作用　维生素C可以促进亚硝酸盐还原为NO，缩短原料肉的腌制时间，使产品发色均匀。这种作用不仅发生在加工时，在贮藏中也是如此。同时，抗坏血酸对不饱和脂肪酸含量较高的食品有防氧化褐变作用，对食品起到护色作用。

磷酸盐类能螯合金属离子，以防止维生素C被破坏，有防氧化护色的能力。但要注意，为提高肉的持水性而加入的某些磷酸盐是碱性的，会改变体系的pH而使护色效果变差。

（2）维生素C与枸橼酸或其钠盐混合使用　枸橼酸是良好的金属离子螯合剂，可以使维生素C作用增强。

（3）其他护色助剂　如硫酸亚铁、顺丁烯二酸等，都在研究、试验中。

四、禁用的漂白剂

"吊白块"，化学名甲醛次硫酸氢钠（$NaHSO_2 \cdot CH_2O \cdot 2H_2O$），俗名"雕白块（粉）"或"吊白块（粉）"，"吊白块"呈白色块状或结晶性粉粒，溶于水，在常温时较为稳定，在高温下可分解成亚硫酸盐，有强还原作用，主要在印染工业中作拔染剂。其水溶液在60℃以上开始分解出有害物质，在120℃以下分解产生甲醛、二氧化硫和硫化氢等有毒气体，可使人头痛、乏力、食欲减退等，医学专家指出，人食用掺有"吊白块"的食品后，可引起过敏、肠道刺激、食物中毒，肾脏、肝脏受损等疾病，严重的可导致癌症和畸形病变。一次性食用剂量达到10g就会有生命危险。

目标检测

1. 食品着色剂如何选择与拼色？
2. 着色剂的定义及其功能类别代码是什么？
3. 着色剂的来源有哪些？
4. 我国允许使用的合成色素有哪些？
5. 观察生活的周围，使用色素的食品有哪些？
6. 着色剂的使用应注意哪几方面的事项？
7. 食品加工中常用的护色剂和护色助剂有哪几种？
8. 为什么在肉制品中添加硝酸盐或者亚硝酸盐可以使肉保持鲜艳的红色？
9. 简述漂白剂解决食品褐变、改善视觉指标的方法、机制及应用。

10. 比较两类漂白剂的特点。

11. 使用还原型漂白剂时，应注意的事项有哪些？

项目二　香精和香料

知识目标

1. 了解香精和香料在食品加工中的意义。
2. 掌握香精和香料的定义、分类和作用机理。
3. 掌握香精和香料使用方法及在各类食品中添加剂量要求。

技能目标

在典型食品加工中能正确选择和使用香精和香料。

职业素养目标

1. 引入宋朝洪刍论著《香谱》，介绍香料的使用在我国有着悠久的历史，通过梳理香料的发展史及贸易史呈现出满满的中国文化，产生强烈的国家认同感和民族自信。

2. 孙宝国院士带领技术团队攻克技术壁垒，掌握肉类香精香料制作的核心技术，引出科技报国，勤奋学习、勤奋工作，工匠精神、科学精神和创新理念。

3. 学习香料香精的自我设限功能，引导过犹不及的人生哲理。

4. 添加牛肉香精，把鸭胸肉当牛肉销售的案例，引出职业道德，树立社会主义核心价值观。

知识准备

知识一　香精、香料概述

食品用香料、香精是食品添加剂中的一大类，是食品生产中最重要的原材料之一，其对于食品的色、香、味具有画龙点睛的作用。食品加工过程中，有时需要添加少量香精或香料，用以改善或增强食品的香气和香味。食品正是有了香料、香精的点缀而变得丰富多彩。食品香料、香精的应用为人们创造了不同品种、不同口味、不同香气特征的食品。

香精与香料

食品的香气是食品中挥发性物质的微粒悬浮于空气中，经过鼻孔刺激嗅觉神经，然后传至大脑而引起的感觉。能用嗅觉辨别出该物质存在的最低浓度称为香气阈值。关于嗅觉产生的理论有很多，它们的共同点是在闻香过程的第一阶段，即香气物质与鼻黏膜之间发生了作用及变化。食品的香气是嗅觉、口感的综合，是食品应有的很重要的感官品质，对人有强烈的吸引力，控制着人的食欲。

香料的应用历史悠久，中国、印度、埃及、希腊等文明古国都是最早应用香料的国家。古人所用的香料都是从芳香植物中提取或动物分泌的天然香料，大都用于入药医病、供奉祭祀或调味增香等。

食品在加工过程中，常常要添加少量香料，以改善或增强食品的香气和香味，这些香料被称为食品用香料。香气是香料成分在物理、化学上的质与量在空间和时间上的表现，所以在某一固定的质与量、某一固定的空间或时间所观察到的香气现象，并不是真正的香气全貌。香气强度常用阈值，亦称槛限值或最少可嗅值表示。通过嗅觉能感觉到的有香物质的界限浓度，称为有香物质的嗅阈值。能辨别出其香种类的界限浓度称阈值。

一、食用香精、香料的种类及呈香原因

1. 食用香精、香料的种类

食用香精、香料一般是指符合国家卫生要求的用于食品赋香的香料单体或混合物。

食用香料是指能够用于调配食品香精，并使食品增香的物质。食用香料包括天然香料和合成香料两种，其中天然香料是从动植物体内物质分离出的呈香材料。如从植物中分离得到的香气提取物（包括精油、浸膏、油树脂、酊剂、精油等）。天然香料不是单体物质，而是多种成分的混合物，在香料分类中天然香料的分类编码前注以"N"。合成香料又可划分为天然等同香料与人造香料：天然等同香料是与天然香料中产生的香气的组分或主体成分分子相似的物质，其包括用化学方法制作的合成品和用从天然物种中分离的纯品，天然等同香料的分类编码以"I"开头；人造香料在自然界中并不存在，完全是由人工合成制造的，人造香料的分类编码以"A"开头。像玫瑰油、柠檬油、橙皮油等属于天然香料，在使用中可以作为单体使用，也可以和其他香料复配；乙酸乙酯、乙基麦芽酚、δ-十二内酯、乙酸丁酯等则属于人工合成的单体香料。但这些单体香料在自然界的一些植物或果实中也存在，并且目前利用酶反应或生物技术也都可以制备，只是生产规模还比较小，不能满足市场需要。

2. 香精、香料的呈香原因

发香物质一般属于有机化合物，人们根据近代有机化学理论和测试手段，认为发香物质发香的原因、香味的差异和强度的不同，主要在于其发香基团、碳链结构、取代基相对位置及分子中原子空间排布的不同。

（1）发香基团　发香物质中必须有一定种类的发香基团，发香基团决定了香味的种类，其中包括含氧基团，羟基、醛基、酮基、羧基、醚基、苯氧基、酯基、内酯基等；含氮基团，氨基、亚氨基、硝基、肼基等；含芳香基团，芳香醇、芳香醛、芳香酯、酚类及酚醚等；含硫、磷、砷等原子的化合物。单纯的碳氢化合物极少具有怡人的香味。

（2）碳链结构　分子中碳原子数目、双键数目、支链、碳链结构等均对香味产生影响。香料化合物的分子量一般在 $50\sim300$，相当于含有 $4\sim20$ 个碳原子。在有机化合物中，碳原子个数太少，则沸点太低，挥发过快，不宜作香料使用。如果碳原子个数太多，由于蒸气压减小而特别难挥发，香气强度太弱，也不宜作香料使用。

碳原子个数对香气的影响，在醇、醛、酮、酸等化合物中，均有明显的表现。

脂肪族醇化合物的气味随着碳原子个数增加而变化。$C_1 \sim C_3$ 的低碳醇具有酒香香气；$C_6 \sim C_9$ 的醇，除具有清新果香外，还带有油脂气味；当碳原子个数增加时，则出现花香香气；C_{14} 以上的高碳醇，气味几乎消失。

在脂肪族醛类化合物中，低碳醛具有强烈的刺激性气味；$C_8 \sim C_{12}$ 醛具有花香、果香和油脂气味，常作香精的头香剂；C_{16} 高碳醛几乎没有气味。

碳原子个数对大环酮香气的影响是很有趣的，它们不但影响香气的强度，而且可以导致香气性质的改变。$C_5 \sim C_8$ 的环酮具有类似薄荷的香气，$C_9 \sim C_{12}$ 的环酮转为樟脑香气，C_{13} 的环酮具有木香香气，$C_{14} \sim C_{18}$ 大环酮具有麝香香气。

不饱和化合物常比饱和化合物的香气强。双键能增加气味强度，三键的增强能力更强，甚至产生刺激性。

(3) 取代基 取代基对香味的影响也是显而易见的，取代基的类型、数量及位置对香气都有影响。例如，在吡嗪类化合物中，随着取代基的增加，香味的强度和香味特征都有变化。

紫罗兰酮和鸢尾酮相比较，基本结构完全相同，只差一个甲基取代基，但它们的香味有很大的差别。

(4) 分子中原子的空间排布 在香料分子中，由于双键的存在而引起的顺式和反式几何异构体，或者由于含有不对称碳原子而引起的左旋和右旋光学异构体，对香味的影响也是比较普遍的。例如在薄荷醇、香芹酮分子中，都含有不对称碳原子。

(5) 杂环化合物中的杂原子 有机的硫化物多有臭味，含氮的化合物也多有臭味。吲哚也称粪臭素，但极度稀释后呈茉莉香味。这些杂环化合物对香味都有一定的特别的影响，如甲硫醚与挥发性脂肪酸、酮类形成乳香；某些含氧与含硫和氮的杂环化合物有肉类香味。

影响香味的其他因素还很多，有些结构相似的化合物不一定有相似的香味，有些结构不同的化合物也有可能有相似的香味。所以某些化合物能发香，并不单纯取决于发香基团和结构等因素，还可能有其他原因。美国学者 Amoore 认为，当物质分子几何形状与特定形态的生理感觉器官位置相吻合时，就会有类似的气味。

香味的产生与香味剂的物理特性有关。在一定程度上取决于该物质的蒸气压、溶解性、扩散性、吸附性及表面张力。香味剂的分子量不会太大或太小，一般在 20～300。

化合物的气味还与其分子的电性存在一定的关系，如在苯环上引入吸电子基 —CHO、—NO$_2$、—CN 等，一般产生类似的气味。

二、食用香精、香料的安全性

由于多数香料物质的香气在香型或稳定性方面有一定的局限性，实际上是以香料调制成不同香型的香精进行增香使用。食用香精是由香料组成，且种类与数量很难限定，因此，许多国家仅对食品用香料的物种及分类做出限制和说明。

1. 国内香精、香料的管理

我国食品安全国家标准《食品安全国家标准 食品添加剂使用标准》(GB 2760—2024) 附录 B 中对我国目前食品用香料的使用做出了规定：在食品中使用食品用香料、香精的目的是使食品产生、改变或提高风味；食品用香料一般配制成食品用香精后用于食品加香，部分也可直接用于食品加香；食品用香料、香精不包括只产生甜味、酸味或咸味的物质，也不包括增味剂；并且还明确标明食品用香料、香精在各类食品中按生产需要适量使用，并规定了没有加香必要食品的种类。此外，国家市场监督管理总局、卫健委等部门还相继采取一系列措施，比如食品用香料、香精生产采用"生产许可证、卫生制度许可证"制度，生产品种上报相关部门备案；国家技术监督部门定期现场巡视、监督抽查检验、制定相关的标准法规等以确保食品香料、香精的安全、卫生。

2. 国外香精、香料的管理

在全世界范围内，食品用香精管理比较权威的机构主要有以下几个。

联合国粮农组织（FAO）和世界卫生组织（WHO）成立的国际食品法典委员会（CAC），1995 年制定食品添加剂通用法典标准。

联合国食品添加剂法规委员会（CCFA）、食品香料工业等国际组织（IOFI）制定食品用香料分类系统，并将香料分为天然、天然等同和人造香料三类，以"N""I""A"等字母表示，写在编码前面。

国际食品香料香精工业组织（IOFI），对全球的食品香料规范生产、安全使用等方面起到了积极的推动作用。

知识二　香精应用技术

香料工业生产出来的天然香料和人造香料，由于香气品质不能满足人们的需求，除个别品种外，一般不单独使用，须有数种或几十种香料，按照适当比例调配成具有一定香型的混合制品以后，才能添加于产品之中。调香就是将数种乃至数十种香料，按照一定的比例调和成具有某种香气或香型和一定用途的调和香料的过程，这种调和香料称为香精。

香精的大致分类有食用香精、日化香精、熏香类香精等。日化香精的产品有香水、古龙水、花露水、香皂、洗衣粉、洗发香波、膏霜、发油、发蜡、分类化妆品、起气雾杀虫剂、餐巾纸、熏香蚊香等多种。熏香类香精有佛香及卫生香。

食用香精就是以大自然的含香食物为模仿对象，用各种安全性高的香料及辅助剂调和而成，并用于食品的香味剂。在香型方面，大多数是模仿各种果香而调和的果香型香精，其中使用最广泛的是橘子、柠檬、香蕉、菠萝、杨梅五大类果香型香精，大多用于饮料产品中；酒香型香精主要为柑橘酒香、朗姆酒香、松香酒香、白兰地酒香及威士忌酒香等；在糕点、糖果中主要为杏仁香、胡桃香、香草香、可可香、咖啡香、奶油香、奶油太妃香、焦糖香等；在方便食品中各种肉味香精则比较常见。

食用香精在配制中首先以一种或几种天然或人工香料配制成所需香味的主体，这种香味主体称主香剂，如调和玫瑰香精，常用香叶酸、香辛酸、苯乙酸、香叶油等数种香料作主香剂。然后在主香剂中加入合香剂、修饰剂来补充香味或掩蔽某些香味。合香剂的调剂，用作修饰剂香料的香型与主香剂不属于同一类型，是一种使用少量即可奏效的暗香成分，其作用是使香精变换格调。

食用香精品种较多，按剂型可分为液体香精、膏状香精和固体香精。液体香精按溶解性不同又可分为水溶性香精、油溶性香精和乳化香精。固体香精又称粉末香精。

一、水溶性香精

水溶性香精是用各种天然香料、合成香料调配成的，主香体溶解于蒸馏水、乙醇、丙二醇或甘油等稀释剂中，必要时再加入酊剂、萃取物或果汁而制成，为食品中使用广泛的香精之一，主要用于饮料、乳制品和糖果中。

1. 性状

一般为透明的液体，其色泽、香气、香味和澄清度符合该型号的指标。在水中透明溶解或均匀分散，具有轻快的头香，耐热性较差，易挥发。本品在蒸馏水中的溶解度为 0.10%～0.15%（15℃），对 20%（体积分数）乙醇的溶解度为 0.20%～0.30%（15℃）。水溶性香精不适合用于在高温条件下加工的食品。

2. 配制

水溶性香精是将各种香料和稀释剂按一定比例与适当顺序相互混溶，经充分搅拌后再经过过滤制成的。香精若经一定成熟期贮存，其香气往往更为圆熟。水溶性香精一般分为柑橘型香精和酯型水溶性香精，它们的制法不完全相同。

（1）柑橘型香精的制法 将柑橘类植物精油 10～20 份和 40%～60% 乙醇 100 份，加于带有搅拌装置的抽出锅中，在 60～80℃下搅拌 2～3h，进行温浸，也可在常温下搅拌一定时间，进行冷浸。将上述抽出锅中温浸或冷浸物密闭保存 2～3d 后进行分离，分出乙醇溶液部分于 -5℃左右冷却数日，加入适当的助滤剂趁冷将析出的不溶物过滤去，必要时进行调配，经圆熟后即得成品。生产中冷却是为了除萜，除萜后制得的水溶性香精溶解度好，比较稳定，香气也比较浓厚，除萜不良的香精会发生浑浊。用作柑橘类精油原料的有橘子、柠檬、白柠檬、柚子、柑橘等。

（2）酯型水溶性香精（水果香精）的制法 将主香体（香基）、醇和蒸馏物混合溶解，然后冷却过滤，着色即得制品。下面介绍几种酯型水溶性香精的配方（%）。

① 苹果香精：苹果香基 10、乙醇 55、苹果回收食用香味料 30、丙二醇 5。

② 葡萄香精：葡萄香基 5、乙醇 55、葡萄回收食用香味料 30、丙二醇 10。

③ 香蕉香精：香蕉香基 20、水 25、乙醇 55。

④ 菠萝香精：菠萝香基 7、乙醇 48、柑橘香精 10、水 25、柠檬香精 10。

⑤ 草莓香精：麦芽酚 1、乙醇 55、草莓香基 20、水 24。

⑥ 西洋酒香精：乙酸乙酯 5、酒浸剂 10、丁酸乙酯 1.5、乙醇 55、甲酸乙酯 2.5、水 25、异戊醇 1。

⑦ 咖啡香精：咖啡酊 90、10% 呋喃硫醇 0.05、甲酸乙酯 0.5、丁二酮 0.02、西克洛汀 0.5、丙二醇 8.93。

⑧ 香草香精：香荚兰酊 90、麦芽酚 0.2、香兰素 3、丙二醇 6.3、乙基香兰素 0.5。

3. 应用

食用水溶性香精适用于汽水、冰淇淋、冷饮、酒、酱、菜和调味品等食品的赋香。汽水、冰棒中用量为 0.02%～0.1%，酒中用量为 0.1%～0.2%；软糖、糕饼软馅、果子露等中用量为 0.35%～0.75%。针对香味的挥发性，对工艺中需要加热的食品应尽可能在加热冷却后或在加工后期加入。对要进行脱臭、脱水处理的食品，应在处理后加入。

4. 贮存

由于香精含有各种香料和稀释剂，除了容易挥发，有些香料还易变质。一般主要是氧化、聚合、水解等作用的结果，引起并加速这些作用的则往往是温度、空气、水分、阳光、碱类、重金属等。香精一般采用深褐色的玻璃瓶盛装，大包装可用铝桶盛装，要贮存在阴凉处，贮存温度以 10～30℃为宜，这样处理有利于防止低沸点香料与稀释剂的挥发而导致的浑浊和油水分离，但温度也不宜过低，以防止析出结晶或出现油水分离的现象，贮运中应防火，防止日晒雨淋。启封后的香精应该尽快用完，如未启封的香精，其保质期为 1～2 年。

二、油溶性香精

油溶性香精通常是精炼植物油脂、甘油或丙二醇等油溶性溶剂将香基加以稀释而成。

1. 性状

油溶性香精为透明的油状液体，其色泽、香气、香味和澄清度符合该型号的指标，不发生表面分层或浑浊现象。以精炼植物油作稀释剂的食用油溶性香精，在低温时会发生冻凝现象。香味的浓度高，在水中难以分散，耐热性高，留香性能较好，适用于高温操作的食品和糖果及口香糖。

2. 配制

油溶性香精通常是取香基 10％～20％和植物油、丙二醇等 80％～90％（作为溶剂），加以调和即得制品。下面介绍几种油溶性香精的配方（％）。

① 苹果香精：苹果香基 15、植物油 85。

② 香蕉香精：香蕉香基 30、柠檬油 3、植物油 67。

③ 葡萄香精：葡萄香基 10、麦芽酚 0.5、乙酸乙酯 10、植物油 79.5。

④ 菠萝香精：菠萝香基 15、植物油 83、柠檬油 2。

⑤ 草莓香精：草莓香基 20、麦芽酚 0.5、乙酸乙酯 5、植物油 74.5。

⑥ 咖啡香精：咖啡油树脂 50、10％呋喃硫醇 0.2、甲基环戊烯酮醇 2、丁二酮 0.1、麦芽酚 1、丙二醇 46.7。

⑦ 香荚兰香精：香荚兰油树脂 30、麦芽酚 1、香兰素 5、丙二醇 42、乙基香兰素 2、甘油 20。

3. 应用

食用油溶性香精主要用于焙烤食品、糖果等的赋香。其用量为：糕点、饼干中 0.05％～15％，面包中 0.04％～0.1％，糖果中 0.05％～0.1％。在焙烤食品中，必须使用耐热的油溶性香精。

三、乳化香精

乳化香精是由食用香料、食用油、密度调节剂、抗氧化剂、防腐剂等组成的油相和由乳化剂、防腐剂、酸味剂、着色剂、蒸馏水（或去离子水）等组成的水相，经乳化、高压均质制成的乳状液。通过乳化可抑制挥发，由于节约乙醇，成本低，因此，乳化香精的应用发展很快。但若配制不当可能造成变质，并造成食品的细菌性污染。

1. 性状

乳化香精为稳定的乳状液体系，不分层。香气、香味符合同一型号的标准样。粒度小于 $2\mu m$，并均匀分布。稀释 1 万倍，静置 72h，无浮油，无沉淀。

乳化香精的贮藏期为 6～12 个月，若使用贮藏期过久的乳化香精，会引起饮料分层、沉淀。乳化香精不耐热、冷，温度下降至冰点时，乳化体系破坏，解冻后油水分离；温度升高，分子运动加速，体系的稳定性变低，原料易被氧化。

2. 配制

将油相成分，香料、食用油、密度调节剂、抗氧化剂和防腐剂加以混合制成油相。将水相成分，乳化剂、防腐剂、酸味剂和着色剂溶于水制成水相。然后将两相混合，用高压均质器均质、乳化，即制成乳化香精。

3. 应用

乳化香精适用于汽水、冷饮的赋香。用量：雪糕、冰淇淋、汽水为 0.1%，也可用于固体饮料，用量为 0.2%～1.0%。

四、粉末香精

使用赋形剂，通过乳化、喷雾干燥等工序可制成一种粉末状香精。由于赋形剂（胶质物、变性淀粉等）形成薄膜，包裹住香精，可防止受到空气氧化或挥发损失，且贮运方便，特别适用于疏水性的粉状食品的加香。

粉末香精按配制法可分为四种。

1. 载体与香料混合的粉末香精

将香料与乳糖一类的载体进行简单的混合，使香料附着在载体上，即得该种香精。如取香兰素 10%、乳糖 80%、乙基香兰素 10%，将它们粉碎混合，过筛即得粉末香荚兰香精。该类香精主要用于糖果、冰淇淋、饼干等。

2. 喷雾干燥制成的粉末香精

将香料预先与乳化剂、赋形剂一起分散于水中，形成胶体分散液，然后进行喷雾干燥，成为粉末香精。该法制得的粉末香精，其香料为赋形剂所包覆，可防止氧化和挥发，香精的稳定性和分散性也都较好。如粉末橘子香精的制法，取橘子油 10 份、20% 阿拉伯树胶液450 份，采用与乳化香精同样的方法制成乳状液，然后进行喷雾干燥，即得到柑橘油被阿拉伯胶包覆的球状粉末。

3. 薄膜干燥法制成的粉末香精

将香料分散于糊精、天然树胶或糖类的溶液中，然后在减压条件下用薄膜干燥机干燥成粉末。这种方法去除水分需要较长的时间，在此期间香料易挥发变质。

4. 微胶囊香精

微胶囊香精是指将香料包裹在微胶囊内而形成的粉末香精。这种香精将香料包藏于微胶囊内，与空气、水分隔离，香料成分能稳定保存，不会发生变质和大量挥发等情况，具有使用方便、放香缓慢持久的特点。在香精工业上主要采取两种胶囊化技术，第一种是真胶囊化技术，即以液体香精为核心，周围被如明胶一样的外壳包围，此方法技术成本较高且应用范围有限；第二种是将众多超细香精珠滴包埋在由不同载体组成的基质中。

在选择胶囊化技术时，香精的释放性能是十分重要的因素。根据香精使用范围、浓度及效果的不同，需采用相应的技术实现其控制释放。具体方法有如下几种。

（1）溶解性控制香味释放　当香精胶囊被水溶解时，香味即会释放出来，通过选择适当的载体能够控制胶囊的溶解速度从而控制香精的释放。

（2）非溶解性香味释放　采用不溶于水的胶囊系统，能使香精存在于含水产品中，直至食用时香味释放。

（3）温度控制香味释放　采用特殊技术使胶囊化香精达到以温度控制释放的效果，如在焙烤食品中添加香精，即可在焙烤达到适当温度时释放香味达到所需效果。

（4）机械破碎性香味释放　将细小的明胶胶囊化香精应用于糖果产品中，消费者可在咀嚼产品的机械破碎动作下使香味立即释放。

目前，在香精行业实现胶囊化的方法主要有：喷雾干燥法、挤压法、分子包埋法、凝聚法以及物理吸附法等。

知识三　食用香料应用技术

一、常用天然香料

我国是较早使用香料的文明古国之一，有着丰富的天然资源。广东、广西、云南、福建、四川、浙江等南方各省有天然香料植物园地。我国天然香料有很多，如薄荷、桂花、玫瑰、桂皮、肉豆蔻、八角、花椒等，我国生产的茉莉花浸膏、柠檬油、香叶油、薰衣草油和薄荷脑都是驰名中外的优质产品。鸢尾、香茅、依兰、白兰、山苍子和留兰香等也享有盛名。

这些香料中的香味成分，大都以游离态或苷的形态存在于植物的各个部位，如在天然香精油中，从种子中提取出的苦杏仁油、茴香籽油、芥菜籽油和芥子油，从果实中提取出的有杜松子油、胡椒油、辣椒油，从花中提取的有丁香油、啤酒花油，从根、皮中提取的有桂皮油、姜油、柠檬油等。

天然香料的产品大都是液态，含有挥发性的萜烯、芳香族、酯族和酯环族等成分。提取方法主要是水蒸气蒸馏、挥发性溶剂浸提、压榨法等，一般将其加工为精油或浸膏的形式。

食品中常用香料如下：咖啡酊、香荚兰豆酊、甘草酊、广藿香油、留兰香油、甜橙油、柠檬油、柚皮油、薄荷油、姜油、八角茴香油、肉桂油、月桂叶油、桉叶油、薰衣草油等。

1. 咖啡酊

咖啡酊含有挥发性酯类、乙酸、醛等 60 余种芳香物质和咖啡因、单宁、焦糖等，由茜草科木本咖啡树的成熟种子，经焙烤、冷却后磨成细粒状，然后用有机溶剂提取而得。

【性质】　咖啡酊为棕褐色液体，具有咖啡香气味和口味。

【性能】 具有赋予食品咖啡香味的性能。

【安全性】 美国FDA将本品列为一般公认安全物质。

【应用】 按我国《食品安全国家标准 食品添加剂使用标准》(GB 2760—2024)，规定本品为允许使用的食用天然香料。主要用于酒类、软饮料和糕点等，用量按正常生产需要添加。

2. 甘草酊

甘草酊主要含有甘草素、甘草次酸、甘草苷、异甘草苷、新甘草苷等。甘草洗净、干燥，然后用乙醇提取，提取液经过滤、浓缩即得。

【性质】 甘草酊为黄色至橙黄色液体，有微香，味微甜。

【性能】 甘草酊具增香、解毒等功效。

【安全性】 性平，无毒性。

【应用】 按我国《食品安全国家标准 食品添加剂使用标准》(GB 2760—2024)，规定甘草酊为允许使用的食用天然香料。

3. 留兰香油

留兰香油又称薄荷草油、矛形薄荷油或绿薄荷油。主要成分有L-香芹酮、L-柠檬烯、L-水芹烯、桉叶素、L-薄荷酮、异薄荷酮、3-辛醇、蒎烯和松油醇等。以留兰香的茎、叶为原料，采取水蒸气蒸馏法提油，得油率0.3%～0.4%。

【性质】 留兰香油为无色或微带黄色，或黄绿色液体，有留兰香叶的特征香气。

【性能】 能使食品有留兰香的香气，产生特殊风味。

【安全性】 尚无数据。

【应用】 按我国《食品安全国家标准 食品添加剂使用标准》(GB 2760—2024)，规定留兰香油为允许使用的食品天然香料。可直接用于糖果、胶姆糖，如用在留兰香硬糖中。此外还用于调配香精。

4. 甜橙油

甜橙油有冷磨油、冷榨油和蒸馏油3种，主要成分为烯（90%以上）、类醛、辛醛、己醛、柠檬醛、甜橙醛、十一醛、芳樟醇、萜品醇、邻氨基苯甲酸甲酯等。

【性质】 冷榨品和冷磨品为深橘黄色或红棕色液体，有天然的橙子香味，味芳香。遇冷变浑浊。与无水乙醇、二硫化碳混溶，溶于冰醋酸。蒸馏品为无色至浅黄色液体，具有鲜橙皮香气。溶于大部分非挥发性油、矿物油和乙醇，不溶于甘油和丙二醇。可采用冷磨法、冷榨法、蒸馏法提取，冷磨法得油率0.35%～0.37%；冷榨法得油率0.3%～0.5%；蒸馏法得油率0.4%～0.7%。

【性能】 甜橙油是多种食用香精的主要成分，可直接用于食品，尤其是高档饮料中，以赋予其天然橙香气味。不得用于有松节油气味的食品。

【安全性】 白鼠、兔子$LD_{50} > 5.0g/kg$体重。美国FDA将本品列为一般公认安全物质。

【应用】 按我国《食品安全国家标准 食品添加剂使用标准》(GB 2760—2024)，规定甜橙油为允许使用的食品天然香料。主要用于调配橘子、甜橙等果香型香精，也直接用于食品，如清凉饮料、啤酒、冷冻果汁露、糖果、糕点、饼干和冷饮等中。用量按正常生产需要而定，如橘汁中用量为 0.05％。

5. 薄荷油

薄荷油（亚洲）主要成分为薄荷脑（薄荷醇）、薄荷酮、乙酸薄荷酯、丙酸乙酯、α-蒎烯、辛醇-3、莰烯、苎烯、百里香酚、胡椒酮、胡薄荷酮、异戊酸、石竹烯、异戊醛、糠醛及己酸等。

【性质】 薄荷油为淡黄色或淡草绿色液体，温度稍降低即会凝固，有强烈的薄荷香气和清凉的微苦味。凝固点 5～28℃，酸值（以 KOH 计)＜2mg/g。以薄荷全草为原料，用水蒸气蒸馏法提取，得油率为 1.3％～1.6％。

【性能】 赋予食品薄荷清香，使口腔有清凉感，有清凉、祛风、消炎、镇痛和兴奋等作用，构成食品特殊风味。

【安全性】 FAO/WHO 对薄荷油 ADI 未做规定。

【应用】 按我国《食品安全国家标准 食品添加剂使用标准》(GB 2760—2024)，规定薄荷油为允许使用的食用天然香料。主要用于糕点、胶姆糖、甜酒等，用量按正常生产需要而定。

按 FAO/WHO 规定，薄荷油用于菠萝罐头、青豆罐头、果冻和果酱，用量视生产需要而定。

6. 八角茴香油

八角茴香油又称大茴香油，主要成分有大茴香脑（80％～95％）、大茴香醛、大茴香酮、茴香酸、苎烯、松油醇和芳樟醇等。将八角茴香的新鲜枝叶或成熟的果实粉碎后采用水蒸气蒸馏法提取，得油率 0.3％～0.7％。

【性质】 八角茴香油为无色透明或浅黄色液体，具有大茴香的特征香气，味甜。凝固点 15℃。易溶于乙醇、乙醚和氯仿，微溶于水。

【性能】 八角茴香是常用的烹调用辛香料，八角茴香油广泛用于食品、化妆品和医药等。用于食品使之具有八角茴香的香气，特别适用于酒、饮料。在化妆品中，主要用于牙膏、牙粉、香皂等，使它们具有特征香气。在医药中起兴奋、祛风、镇咳等作用。

【安全性】 八角茴香是人们数千年来使用的调味料，并未发现因用于食品而导致影响健康的实例。

【应用】 按我国《食品安全国家标准 食品添加剂使用标准》(GB 2760—2024)，规定八角茴香油为允许使用的食用天然香料。主要用于酒类、碳酸饮料、糖果及焙烤食品等，用量按正常生产需要而定。还可用作提取食用茴香脑和大茴香酸的原料。

二、常用合成香料

合成香料是利用有机合成方法制成的香料，其品种已达 3000 种，是食品添加剂中数量最多、作用最突出、最重要的组成部分。大多数食品香料化合物除了含有 C、H 两种元素外，还含有一定比例的 O、S、N 三种元素。

合成香料一般不单独用于食品的加香，多配成食用香精使用。下面介绍主要的品种。

1. 柠檬醛

柠檬醛有 α-柠檬醛（香叶醛）和 β-柠檬醛（橙花醛）。

【性质】 柠檬醛为无色或淡黄色液体，有强烈的类似无萜柠檬油的香气，为 α-柠檬醛

和 β-柠檬醛的混合物。能与醇、醚、甘油、丙二醇、精油、矿物油混溶。不溶于水，化学性质较活泼，在碱中不稳定，能与强酸聚合。

【安全性】　大鼠经口 LD_{50} 为 4.96g/kg 体重。对大鼠最大无作用量（MNL）为 0.5g/kg 体重。ADI 为 0～0.5mg/kg 体重，FAO/WHO 将其列为一般公认安全物质。

【应用】　按我国《食品安全国家标准　食品添加剂使用标准》(GB 2760—2024)，规定柠檬醛为允许使用的食用合成香料。主要用于配制柠檬、柑橘、什锦水果等果香型香精。用量按正常生产需要而定。美国食用香料制造者协会规定的使用范围和用量如下：软饮料 0.00092％；冷饮 0.0023％；糖果 0.0041％；焙烤食品 0.0043％；胶姆糖 0.0170％。

2. 香兰素

【性质】　香兰素为白色至微黄色针状结晶或晶体粉末，具有类似香荚兰豆香气，味微甜。熔点 81～83℃，沸点 284～285℃，相对密度 1.056。易溶于乙醇、乙醚、氯仿、冰醋酸和热挥发性油等，溶于水、甘油。对光不稳定，在空气中逐渐氧化。遇碱或碱性物质易变色。

【安全性】　大鼠经口 LD_{50} 为 1.58g/kg 体重，对大鼠最大无作用量（MNL）为 1g/kg 体重。ADI 为 0～10mg/kg 体重，FAO/WHO 将香兰素列为一般公认安全物质。

【应用】　按我国《食品安全国家标准　食品添加剂使用标准》(GB 2760—2024)，规定香兰素为允许使用的食用合成香料。用于配制香草、巧克力、奶油等食用型香精，用量为 25％～30％。直接用于饼干、糕点时，用量为 0.1％～0.4％；用于冷饮时，用量为 0.01％～0.3％；用于糖果时，用量为 0.2％～0.8％。

3. 糠醛

【性质】　糠醛为无色液体，暴露在光和空气中变成棕红色并且树脂化，具有类似谷类、苯甲醛的气味，有焦糖味。熔点 -38.7℃，沸点 161.7℃，闪点 60℃。极易溶于乙醇、乙醚，易溶于热水、丙酮、苯及氯仿。

【安全性】　大鼠经口 LD_{50} 为 0.127g/kg 体重。FAO/WHO 对糠醛的 ADI 未做规定。糠醛能刺激皮肤和黏膜；空气中最高允许浓度为 0.0005％。

【应用】　按我国《食品安全国家标准　食品添加剂使用标准》(GB 2760—2024)，规定糠醛为允许使用的食品合成香料。主要用于配制面包、奶油硬糖、咖啡等热加工型香精。

4. 苯甲醛

【性质】　苯甲醛为无色或淡黄色液体，有苦杏仁香气，焦味。熔点 -26℃，沸点 179.9℃，闪点 62℃。与乙醇、乙醚、氯仿、挥发和非挥发性油混溶。微溶于水，具有强遮光性。不稳定，遇空气和光氧化成苯甲酸。能随水蒸气挥发。

【安全性】　大鼠经口 LD_{50} 为 1.3g/kg 体重。对大鼠最大无作用量（MNL）为 0.5g/kg 体重。ADI 为 0～5mg/kg 体重。FAO/WHO 将苯甲醛列为一般公认安全物质。苯甲醛有低毒，对神经有麻醉作用，对皮肤有刺激作用。

【应用】　按我国《食品安全国家标准　食品添加剂使用标准》(GB 2760—2024)，规定苯甲醛为暂时允许使用的食品合成香料。主要用于配制杏仁、樱桃、桃、果仁等果香型香精，用量为 40％左右。也可直接用于食品，如在樱桃罐头中，每 10kg 糖水可加入 30mL 苯甲醛。

5. 丁香酚

【性质】 丁香酚为无色或淡黄色液体，具有浓郁的竹麝香气味。熔点 $-9.2 \sim -9.1℃$，沸点 $253.2℃$。混溶于乙醇、乙醚、氯仿和挥发性油中，溶于冰醋酸和苛性碱，不溶于水。具有很强的杀菌力。在空气中色泽逐渐变深，液体变稠。可使红色石蕊变蓝，与三氯化铁的乙醇溶液作用呈蓝色。

【安全性】 大鼠经口 LD_{50} 为 $2.68g/kg$ 体重，中等大小的狗经口 LD_{50} 为 $7 \sim 88g/kg$ 体重。ADI 为 $0 \sim 2.5mg/kg$ 体重。丁香酚无毒害作用。

【应用】 按我国《食品安全国家标准 食品添加剂使用标准》（GB 2760—2024），丁香酚规定为允许使用的食品合成香料。主要用于配制烟熏火腿、坚果和香辛料等型香精。亦用于配制康乃馨香型花露水、化妆品和香皂用香精。还可用作局部镇痛药等。

6. 乙基麦芽酚

【性质】 乙基麦芽酚为白色或淡黄色结晶或晶体粉末，具有非常甜蜜的持久焦甜香味，味甜，稀释后呈果香味。熔点 $89 \sim 93℃$。溶于乙醇、氯仿、水及丙二醇，微溶于苯。乙基麦芽酚的性能和效力较麦芽酚强 $4 \sim 6$ 倍。

【安全性】 小鼠经口 LD_{50} 为 $1.2g/kg$ 体重，FAO/WHO 规定，ADI 为 $0 \sim 2mg/kg$ 体重。以 $0.2g/kg$ 体重的剂量每日对大鼠投药 2 年，其生长、体重、血检均正常。

【应用】 按我国《食品安全国家标准 食品添加剂使用标准》（GB 2760—2024），规定乙基麦芽酚为允许使用的食品合成香料。主要用于配制草莓、葡萄、菠萝、香草等果香型香精。也可直接用于食品，用量少于麦芽酚，按正常生产需要使用。

📇 典型工作任务

任务一 食品调香、调味

【任务目标】

通过几种果香型、花香型等食用香精的食品加香、调香实验，了解常见食用香精、香料的基本组成、香韵的描述方法，初步掌握加香方法，并通过味的调配初步掌握几种常见呈味剂的协同效应。

【任务条件】

果香型、花香型香精各 $3 \sim 5$ 种，香辛料 3 种，天然果汁 $2 \sim 3$ 种，酸味剂、甜味剂各 3 种，核苷酸，味精，精盐，奎宁，乌梅汁（均为食品级）。分析天平，恒温水浴锅。

【任务实施】

1. 记忆数种香料、香精、国药，并写出香型、香韵。

2. 对未标名称的 $1 \sim 5$ 号香精样品进行观察、嗅辨后，写出香精名称和香型。

3. 模拟天然果汁饮料的调香、加香实验，试配制橙汁或柠檬汁饮料，记录用量和呈香效果。

4. 辨别三种酸味剂和三种甜味剂的不同味质感并初步试验它们的阈值。

5. 对比现象和变味现象实验

已有砂糖、精盐、奎宁、酸味剂等呈味剂，请设计实验过程和呈味剂用量，进行呈味剂的对比现象和变味现象实验，并说明第一味对第二味的加强或减弱的影响，先尝味对后味味质感的影响，进行列表比较说明。

6. 相乘效应实验

已有精盐、味精、核苷酸，请设计实验过程和用量，并进行实验与品尝，说明相乘效应的结果，列表比较说明。

7. 相抵效应实验

已有精盐、乙酸、糖、奎宁、味精等呈味剂，设计并实验相抵效应，列表说明。

8. 味质感比较

相同浓度的柠檬酸和乳酸溶液的味质感与酸味强度的比较。

9. 自制饮料的调味（如乌梅汁饮料）

取 60mL 乌梅汁，用砂糖、精盐进行调味设计，比较加呈味剂前后的酸涩味变化情况，并说明其原因。

【任务思考】

1. 请从日常生活中举一例说明各种味觉的相互作用。

2. 现有一份刚炒好的青菜，经品尝太咸，难以入口，请你根据调味协同效应原理加以调剂，令其可口。

任务二　饮料的调色、调香与橙汁饮料加工

【任务目标】

1. 能掌握软饮料调色、调香的基本方法技能。

2. 熟悉柑橘类水果的榨汁方法和柑橘类苦味物质的来源及避免将其引入果汁的方法。

3. 能熟练操作橙汁饮料的生产工艺及控制橙汁饮料成品质量的措施。

【任务条件】

1. 原料

甜橙、纯净水。

2. 调香添加剂

胭脂红、柠檬黄、靛蓝（亮蓝）、橙子香精、橘子香精、柠檬香精、香草香精、苹果香精、草莓香精、猕猴桃香精、葡萄香精、牛乳香精、绿茶香精、红茶香精、麦芽香精、乙基麦芽酚、柠檬酸。

3. 橙汁饮料添加剂

抗坏血酸（钠）、蔗糖、蛋白糖（50 倍）、柠檬酸、酸性 CMC-Na、黄原胶、琼脂、β-胡萝卜素、1% 柠檬黄、1% 日落黄、甜橙香精、橘子香精等。

4. 仪器

榨汁机、胶体磨、均质机、杀菌机、封盖机、电子天平、不锈钢锅、不锈钢勺、筛网（100 目、200 目）、1000mL 量杯、500mL 烧杯、250mL 烧杯、0.5mL 移液管、25mL 刻度试管、玻璃棒、温度计、比色卡、酸性精密 pH 试纸等。

【任务实施】

1. 饮料的调香

香精主要由主香剂、顶香剂、辅香剂、保香剂和稀释剂组成，对饮料具有赋香、增香补香、矫味、稳定、提高商品价值等作用。在现代软饮料的生产中，已离不开香精的使用。添加香精可以弥补在加工过程中香气成分的损失，也可使香气达到惟妙惟肖的地步。添加香精时需注意添加顺序要正确、用量要准确、温度要适宜、饮料酸甜度要适宜、其他辅料纯度要高、搅拌要均匀。

使用香精时，一般几种香精混合使用，以弥补单一香精香气的单调性，从而使香气更协调、柔和、逼真。

利用橙子香精、橘子香精、柠檬香精、香草香精、苹果香精、草莓香精、猕猴桃香精、葡萄香精、牛乳香精、绿茶香精、红茶香精、麦芽香精、乙基麦芽酚等调配出以下香型。

甜橙香：用＿＿＿＿＿＿＿＿＿＿香精，比例＿＿＿＿＿＿＿＿＿＿＿；

奶茶香：用＿＿＿＿＿＿＿＿＿＿香精，比例＿＿＿＿＿＿＿＿＿＿＿；

柠檬茶香：用＿＿＿＿＿＿＿＿香精，比例＿＿＿＿＿＿＿＿＿＿＿；

苹果奶香：用＿＿＿＿＿＿＿＿香精，比例＿＿＿＿＿＿＿＿＿＿＿；

草莓奶香：用＿＿＿＿＿＿＿＿香精，比例＿＿＿＿＿＿＿＿＿＿＿；

麦乳晶香：用＿＿＿＿＿＿＿＿香精，比例＿＿＿＿＿＿＿＿＿＿＿；

猕猴桃晶香：用＿＿＿＿＿＿＿香精，比例＿＿＿＿＿＿＿＿＿＿；

用以上香精，还能调出哪些香型？＿＿＿＿＿＿＿＿＿＿＿＿＿。

2. 橙汁饮料加工工艺流程

饮料瓶、盖→清洗→沥水→杀菌

甜橙→挑选→清洗→榨汁→粗滤→调配→均质→精滤→脱气→杀菌→灌装→封盖→倒转→冷却→检验→贴标→成品

3. 橙汁饮料加工操作要点

（1）原料选择　甜橙又名黄果、广柑、橙，果皮薄而紧，质量好，耐贮运，果皮中含橙皮苷，可供药用。甜橙是世界上广泛栽培的柑橘品种，风味较好，除鲜食外，普遍用作果汁加工。甜橙分为普通甜橙、脐橙和血橙三类。普通甜橙无脐，果肉橙色或黄色，优良品种有新会橙、香水橙、锦橙和伏令夏橙等；脐橙果顶开孔，内有水果瓤囊露出成脐状，果肉橙色；血橙无脐，果肉亦呈红色或橙色，有血红色斑条。适合加工果汁饮料的优良品种有雪橙、锦橙和伏令夏橙。要求原料新鲜、成熟度高、甜酸适中、风味好、出汁率高、无腐烂病害。

雪橙果实为球形或长圆形，果皮深橙或橙红色，光滑、稍厚，难剥离；油胞大而密，囊瓣果心大而紧实，肾形；汁胞柔软多汁，风味浓厚，甜酸适度，具有特别果香。锦橙别名鹅蛋柑，果实长圆形，似鹅蛋，果大；果皮橙红色、鲜艳、中等厚，光滑；油胞中大或小、密、微凸，少数凹；果心小而半充实，囊瓣梳形，囊衣薄、脆略韧；汁胞披针形、小、橙黄色，酸甜适度，味浓汁多，微具香气，耐贮藏。伏令夏橙别称华兰西晚橙，果实近椭圆形或团球形，顶部圆，较平，蒂部平滑；果皮橙黄色或橙红色，较厚而韧；油胞较大，微凸；果心较充实，囊瓣肾形，囊皮中厚、脆；汁胞纺锤形，橙黄色，果肉柔软多汁，酸甜适口，有香气。

（2）挑选、清洗　利用捡果机或挑选台选果，剔除病虫果、未熟果、碰伤果、破裂果和腐烂果等不合格果实及枝、叶、草等杂物，然后将果实送至洗涤机，浸入含洗涤剂的水中，清除果蔬原料表面的泥沙、尘土、虫卵、农药残留，减少微生物污染。洗涤效果取决于清洗时间、洗液温度、机械力作用方式、洗液性质及清洗设备类型。常用方法有浸泡法清洗、化学法清洗［用 5～10mg/kg 氯（NaClO）防止微生物污染，用 0.5％～1％NaOH 去除虫卵，用 0.05％～0.1％盐酸去除农药残留］、鼓泡法清洗（用机械吹气泡使果蔬相互摩擦、碰撞而达到清洗目的）、喷淋法清洗（距离 17～18cm，水压 0.8～0.9MPa，流量 20～30L/min）、超声波法清洗（利用超声波的空穴效应对水果进行无损伤清洗）。

常用清洗设备有鼓泡式清洗机、刷洗机、水果浮选机、滚筒式清洗机、振动式喷洗机等，可据果蔬品种、产量选用。

（3）榨汁　橙子果实构造比苹果、番茄复杂，是榨汁较为困难的一种水果。橙子果实外皮的油胞中含有以萜类为主的精油，榨汁时容易混入果汁内，精油含量一般在 1.2％左右。果汁中的苦味成分主要来自内外果皮和种子中的黄酮类化合物和柠檬苦素，后者苦味较强。柠檬苦素的阈值在纯水中约为 1mg/kg，在 10％糖液中约为 2mg/kg。有些橙汁在加热时出现苦味，是由于作为柠檬苦素前体的柠檬苦素单内酯与酸性果汁接触时，分解成内酯，变为有苦味的柠檬苦素。

目前柑橘类水果普遍采用全果榨汁，常用 FMC 榨汁机。为提高橙汁质量，榨汁时应注意：出汁率要高，平均出汁率 40％～45％；果汁中不得含有大量果皮油；防止白皮层和囊衣混入，这些物质如被破碎，果汁中就会混入苦味成分，不仅增加苦味，还会产生加热臭；可适量混入果浆，使果汁呈现应有的色调；采用避免种子破碎的榨汁设备，防止种子中的柠檬苦素混入果汁，增加苦味。

如没有全果榨汁机，可剥去甜橙的外果皮、白皮层，然后用普通榨汁机榨汁，这样可减少果汁中的苦味成分，还可提高出汁率，出汁率达 55％～60％，浆渣也是可以利用的副产品。榨汁后测定果汁的糖、酸含量及 pH 等理化指标。

（4）粗滤　榨取的橙汁应先经粗滤，以去除汁中分散和悬浮的粗大果肉颗粒、果皮碎屑、纤维素和其他杂质。粗滤常用筛滤法，用不锈钢平筛、回转筛或振动筛，筛网孔径 40～100 目（0.50～0.25mm）。也可用滤布（尼龙、纤维、棉布）粗滤。

粗滤可进一步调整果汁中的含浆量。果汁中的微细果浆使果汁产生良好的色泽和一定的浊度，但果浆过量会使果汁黏稠化，对瓶装果汁来说，在贮藏过程中会产生果浆沉淀，影响产品外观。而果浆量过少，果汁的色泽和浊度不足，味道也变淡。一般果汁中含 3％～5％的果浆量是适宜的。

（5）调配　每组按调配成品饮料 3kg 计算，分别加入下列配料，并搅拌均匀，琼脂、酸性 CMC 和黄原胶须提前 1～2h 用适量 65～75℃温水搅拌使其充分溶解。

甜橙原汁 15％，抗坏血酸 0.02％，蔗糖 8％～10％；

蛋白糖 0.02％，柠檬酸 0.15％～0.25％，琼脂 0.06％；

酸性 CMC 0.08％，黄原胶 0.05％，甜橙香精 0.02％；

橘子香精 0.01％，柠檬黄 0.04％，日落黄 0.02％。

加入以上配料后，用纯净水补至 3kg，搅拌均匀，调配好的料液 pH 为 3.0～3.5；调配顺序：糖的溶解与过滤→加果蔬汁→调整糖酸比→加稳定剂、增稠剂→加色素→加香精→搅拌、均质。

（6）均质　通过均质可使含有不同大小浆粒的果蔬汁悬浮液中的浆粒进一步微细化，改变其颗粒大小和粒径分布，使果肉汁完全乳化混合，使果蔬汁保持一定的浑浊度，获得不易分离和沉淀的果蔬汁饮料；促进果胶渗出，使果胶和果汁亲和，均匀而稳定地分散于果蔬汁中，保持均匀的浑浊度；减少稳定剂和增稠剂用量，改善饮料口感。

浑浊型果蔬汁饮料均质压力 18～20MPa，果肉型 30～40MPa。经高压均质机均质后固体颗粒粒度＜2μm。若无均质机，可用胶体磨或匀浆机代替，其粒径为 2～5μm。

（7）精滤　当前广泛应用的过滤方法是硅藻土过滤，该法适用于含低浓度、小胶体粒子（0.1～1.0μm）的悬浮液的过滤。硅藻土添加量一般为果蔬汁量的 0.05%～0.10%；硅藻土过滤机每平方米过滤面积可容纳 8.5～11.0kg 硅藻土，过滤每 1000L 果蔬汁需硅藻土量：苹果汁 1～2kg、葡萄汁 3kg、其他果蔬汁 4～6kg。亦可用精密过滤，即微孔过滤。采用微细颗粒的硅藻土、聚乙烯等材料，微孔孔径 0.5～1.0μm，可滤除大于孔径的果蔬微粒、蛋白质、胶体物质等，过滤效果较理想。

若无过滤机，可用 200 目的筛网过滤 2～3 次，也具有较好的过滤效果。

（8）脱气　果蔬原料本身含有氧，在榨汁、调配、搅拌、分离、过滤时，还会引起空气的二次混入；水中空气也会带入饮料中。实践表明，每升果蔬汁中含 2.5～4.5mL 氧时就会影响果蔬汁的质量：会破坏维生素 C，与果蔬汁中的各种成分反应，使香气、色泽发生劣变；会提高果肉颗粒与汁液间的密度差，降低浑浊稳定性；造成加工过程中大量泡沫的出现；会腐蚀易拉罐内壁。

脱气对抑制好气菌繁殖，防止果浆或其他悬浮物上浮，杀菌或减少灌装时产生的气泡，减少维生素 C 损失，防止香味和色泽变化以及防止马口铁罐的腐蚀具有重要意义，但会损失部分挥发性芳香成分。常用真空脱气机脱气，影响脱气的因素有真空度、物料温度、物料的表面积、脱气时间和选用的脱气设备等。脱气时脱气罐内真空度一般为 0.08～0.09MPa；物料温度，热脱气为 50～70℃，常温脱气为 25～30℃；脱气时间 10～60s。

（9）杀菌　杀菌可破坏酶的活性，防止变色反应和其他反应；破坏微生物，对酵母和霉菌等微生物致死，防止发酵和败坏（果蔬汁为酸性或低酸性食品，pH2.4～5.0，一般在 3 左右；适宜酵母、霉菌生长的 pH 为 2～11，适宜乳酸菌、乙酸菌生长的 pH 为 3～4，适宜其他细菌生长的 pH 为 4.5～9.5；可见危害果蔬汁的微生物主要是酵母、霉菌、乙酸菌和乳酸菌等细菌）。

在现代饮料生产中，几乎都采用高温短时或瞬时杀菌工艺。普遍采用 93℃±2℃，保持 15～30s 的瞬时杀菌工艺，特殊情况时采用 120℃以上温度，保持 3～10s 的超高温瞬时杀菌工艺。亦可用 95℃水浴杀菌 8～10min，但由于受热时间长，易产生沉淀和分层现象，较少使用。

（10）灌装与冷却　除部分纸容器外，橙汁大多采用热灌装。杀菌后果汁温度一般降低 1～3℃，故灌装机内果汁温度常在 90℃左右。玻璃瓶的热灌装温度稍低些，果汁温度在 85℃左右，玻璃瓶先预热，灌装封盖后，将瓶翻转保温对瓶盖杀菌，随后经过有 3～4 级温差的冷却器冷却至 40℃左右。纸容器由于聚乙烯的软化温度和密封特性，灌装时果汁温度一般在 80℃左右。除热灌装外，纸容器包装还可采用冷灌装和无菌灌装。PET 瓶装的橙汁既可热灌装也可无菌灌装或冷灌装。

（11）检验与品评　将冷却后的产品于 37℃恒温箱中保温一周，对其理化指标和微生物指标进行测定，若无变质和败坏现象，则该产品的货架期可达一年。对产品进行感官品评，从色、香、味、形等几方面对产品进行评判。

【任务思考】

1. 添加香精可以起到哪些作用？添加香精时需注意什么？
2. 柑橘类果汁饮料为什么经常产生苦味？如何控制甜橙汁中苦味物质的产生？
3. 可通过哪些措施来控制橙汁饮料经常出现的分层和沉淀现象，提高其稳定性？

知识拓展与链接

一、天然香料产品制备

1. 制备方法概况

天然香料的制备多采用直接提取和浓缩的方法，如蒸馏法、压榨法、萃取（浸提）法、吸附法、超临界萃取法等。对单离香料的分离制备往往需要在提取的基础上进一步纯化。

2. 常用提取方法

（1）蒸馏法　用于提取精油，最常用的方法就是水蒸气蒸馏。微波辅助蒸馏技术和分子蒸馏技术虽然出现得较晚，但目前已发展为比较成熟的技术了。其中分子蒸馏技术主要用于制备单离香料。

（2）压榨法　适用于柑橘、柠檬类精油的提取。压榨法的最大特点是生产过程可以在室温下进行，这样柑橘油中的萜烯类化合物不会发生化学变化，可以确保精油质量，使其香气逼真，但操作复杂，出油率低。

（3）浸提法　即采用水、酒精、石油醚、油脂及其他溶剂对芳香原料（包括含精油的植物各部分、树脂树胶以及动物的泌香物质等）作选择性萃取，提取芳香成分。根据所用的溶剂不同，可分为冷浸法、温浸法等。

（4）吸附法　主要用于捕捉鲜花和食品中的一些挥发性香味成分。目前，常用的吸附剂有活性炭、氧化铝、硅胶、分子筛、XAD-4 树脂和 Tenax-GC 等。

（5）超临界萃取法　是 20 世纪 60 年代兴起的一种新型分离技术。超临界流体的密度接近于液体，而其黏度、扩散系数接近于气体，因此其不仅具有与液体溶剂相当的溶解能力，还有很好的流动性和优良的传质性能，有利于被提取物质的扩散和传递。超临界流体萃取技术正是利用其特殊性质，通过调节系统的温度和压力，改变溶质的溶解度，实现溶质的萃取分离。

二、合成香料类型

合成香料是采用天然原料或化工原料，通过化学合成制取的香料化合物。合成香料根据其合成所用原料的来源不同以及是否在天然产品中有所发现，可分为天然级香料、天然等同香料和人造香料。合成香料的制备包括了对各种香料中主体物质（化合物）的合成。从化学结构上合成香料可按照其中的官能团和碳原子骨架进行分类。

1. 按官能团分类

合成香料按官能团可分为烃类香料、醇类香料、酚类香料、醚类香料、醛类香料、酮类香料、缩醛基类香料、酸类香料、内酯类香料、腈类香料、硫醇类香料、硫醚类香料等。

2. 按碳原子骨架分类

合成香料按碳原子骨架可分为萜烯类（萜烯、萜醇、萜醛、萜酮、萜酯）、芳香族类（芳香族醇、醛、酮、酸、酯、内酯、酚、醚）、脂肪族类（脂肪族醇、醛、酮、酸、酯、内酯、酚、醚）、杂环和稠环类（呋喃类、噻吩类、吡咯类、噻唑类、吡啶类、吡嗪类、喹啉类）。

三、合成香料的制备

随着对食品香料的需求量增大，仅仅使用天然香料已经不能满足需要，于是人们开始研究用有机合成的方法，生产物美价廉产量大的合成香料。随着科学技术水平不断提高、生产工艺逐步完善，合成香料品种迅速增加。据统计，20 世纪 50 年代合成香料约有 300 个品种，60 年代约为 750 个品种，70 年代达到 3100 个品种。目前世界上合成香料已超过 5000 个品种，能够用于食品的有近 3000 多种。

四、合成香料的工艺特点

合成香料的生产按其生产性质属于精细有机合成工业，但合成香料工业也有其本身的特点。

① 合成香料具有品种多、消费量少的特点。因此，在生产上大多数采用生产规模小的间歇式生产方式。

② 有些合成香料对温度、光或空气是不稳定的。因此，在工艺选择、生产设备、包装方式和贮存运输等方面，应给予足够的重视。

③ 生产合成香料所用的化工原料种类多，其性质各不相同，而合成香料本身又大多具有挥发性，因此，要特别注意安全生产和环境保护等问题。

④ 合成香料与人们的日常生活和身体健康息息相关。其产品质量必须严格检验，要有安全卫生管理制度和必要的检测设备，必要时还应做毒理学检验。

目标检测

1. 香精和香料的区别及联系是什么？
2. 举例说明一种天然香料的性状及应用。
3. 简述食品工业中香精、香料的发展趋势。

项目三　呈味剂

知识目标

1. 了解酸度调节剂、甜味剂、增味剂在食品加工中的意义。
2. 掌握酸度调节剂、甜味剂、增味剂的定义、分类和作用机理。

3. 掌握酸度调节剂、甜味剂、增味剂的使用方法及其在各类食品中的添加要求。

技能目标

1. 正确对糖精钠进行含量检测。
2. 正确对食品进行调味。
3. 在典型食品加工中正确使用酸味剂、甜味剂。

职业素养目标

1. 关注肥胖症、糖尿病、血液黏稠等特殊群体的饮食需求，将知识的学习和关注特殊群体需求的社会责任联系起来，培养社会责任感和使命意识。
2. 很多天然甜味剂都符合中医"药食同源"理论，坚定文化自信。
3. 比较天然和合成甜味剂的优缺点及复配应用，加强团队合作、优势互补。
4. 代糖、新型鲜味剂的研发，培养创新精神。

知识准备

知识一　酸度调节剂

味感是食物在人的口腔内对味觉器官的刺激而产生的一种感觉，即人对各种味道的感觉及分类。不同国家由于生活习惯的差异，对味感的分类也有所不同。我国将味感分为酸、甜、苦、咸、辣、涩、鲜七味，日本分为甜、苦、酸、咸、辣五味，欧美一些国家分为甜、苦、酸、咸、金属、辣六味，印度则分为八味：甜、苦、酸、咸、辣、淡、涩、异味，此外，还有些国家或地区的分类有凉味、碱味等。而在生理上只有酸、甜、苦、咸四种基本味道，能赋予食品酸味、甜味、苦味、鲜味、咸味、涩味、麻味等特殊味感的一类食品添加剂即为呈味剂。呈味剂的种类非常多，一般可分为酸度调节剂、甜味剂、增味剂、咸味剂、苦味剂。酸度调节剂、甜味剂、增味剂在食品工业中应用得比较广泛，而咸味剂如食盐、酱油在我国大部分不属于食品添加剂，另外，目前在我国食品加工中苦味剂使用也较少。酸味剂、甜味剂和增味剂则是食品加工中应用最广泛的食品调味剂。

酸度调节剂亦称 pH 调节剂，《食品安全国家标准 食品添加剂使用标准》（GB 2760—2024）中规定：酸度调节剂是用以维持或改变食品酸碱度的物质。目前我国规定允许使用的酸度调节剂有：DL-苹果酸、DL-苹果酸钠、L（＋）-酒石酸、dl-酒石酸、L-苹果酸、L-苹果酸钠、冰乙酸（低压羰基化法）、冰乙酸（又名冰醋酸）、富马酸、富马酸一钠、己二酸、磷酸及磷酸盐、硫酸钙（又名石膏）、柠檬酸、柠檬酸钾、柠檬酸钠、柠檬酸一钠、偏酒石酸、葡萄糖酸-δ-内酯、葡萄糖酸钠、氢氧化钙、氢氧化钾、乳酸、乳酸钙、乳酸钠、碳酸钾、碳酸钠、碳酸氢钾、碳酸氢钠、碳酸氢三钠（倍半碳酸钠）、盐酸、乙酸钠（又名醋酸钠）等。

一、酸度调节剂在食品加工中的意义

1. 用于调节食品体系的酸碱性，以保持食品的最佳形态和韧度，同时降低体系的 pH，达到抑菌目的

如在凝胶、干酪、果冻、软糖、果酱等产品中，为了取得产品的最佳形态和韧度，必须正确调整 pH，果胶的凝胶、干酪的凝固尤其如此。酸味剂降低了体系的 pH，可以抑制许多有害微生物的繁殖，抑制不良的发酵过程。微生物生存需要一定的 pH，多数细菌为 6.5～7.5，少数耐受到 pH3～4（如酵母菌、霉菌），因此，酸味剂以调整酸度起防腐作用；还能增加苯甲酸、山梨酸等酸型防腐剂的抗菌效果；减少食品高温杀菌温度和时间，从而减少高温对食品结构与风味的不良影响。

2. 可作为香味辅助剂，形成特征风味

在食品加工中添加苹果酸可以辅助水果和果酱的香味；酒石酸辅助葡萄香味；磷酸可以辅助可口可乐香味；柠檬酸的酸味可以掩蔽或减少某些异味。另外，酸味剂还能平衡风味，修饰蔗糖或者甜味剂的甜味。未加酸度调节剂的糖果、果酱、果汁、饮料等味道平淡，甜味也很单调，加入适量的酸度调节剂来调整糖酸比，就能使食品的风味成功改善，而且会使被掩蔽的风味成功地再现，使产品更加适口。

3. 作为螯合剂

可螯合金属离子，避免氧化、变色腐败，与其他添加剂一起使用能增效。如铁离子、铜离子是油脂氧化、蔬菜褐变、色素褪色的催化剂，加入金属螯合剂是可行的方法，酸味剂也具有螯合作用，与金属离子结合而使其失去催化活性。

4. 酸味剂还具有缓冲作用

食品加工保存过程中都需稳定的 pH，要求 pH 变动范围很窄，单纯酸碱调整 pH 往往失去平衡，用有机酸及其盐类配成缓冲系统，不会导致因原料调配及加工过程中酸碱含量变化而引起 pH 过分波动的结果。如在糖果生产中可用于蔗糖的转化、抑制褐变。

除可调节食品的 pH、控制酸度、改善风味之外，酸度调节剂尚有许多其他功能特性。酸度调节剂还可作膨松剂，如与碳酸盐产生二氧化碳；具有还原性，如在水果蔬菜中作护色剂、肉类中作护色助剂；具有钝化作用，酸味剂对解酯酶有钝化作用等。

二、酸度调节剂作用机理

1. 酸味及酸味特征

酸味是由舌黏膜受到氢离子刺激而引起的感觉，所以在溶液中能电离出氢离子的物质都是酸味物质。一般，无机酸的酸味阈值在 pH3.4～3.5，有机酸的酸味阈值在 pH3.7～4.9。大多数食品的 pH 在 5～6.5，呈弱酸性，但无酸味感觉，若 pH 在 3.0 以下，酸味感强，使人难以适口。

阈值是指某一化合物能被人的感觉器官（味觉或嗅觉）所辨认时的最低浓度。感觉器官对味觉化合物感受敏感性及阈值各不相同。

甜味——蔗糖，阈值一般为 0.3％（质量分数）。

咸味——氯化钠，阈值一般为 0.2％（质量分数）。

酸味——柠檬酸，阈值一般为 0.02％（质量分数）。

苦味——奎宁，阈值一般约为 16mg/kg。

各种酸味剂有不同的酸味、敏锐度和呈味速度。如柠檬酸、抗坏血酸、L-苹果酸可产生令人愉快的、兼有清凉感的酸味，但味觉消失迅速；乳酸，酸味柔和，具有酸味，可提供柔和的风味；乙酸和丁酸，较强刺激味，有强化食欲的功能，酸味消失也较快；酒石酸，有强葡萄、柠檬风味，比柠檬酸酸感强 10％，但有较弱涩味；琥珀酸，兼有海扇和豆酱类风味；磷酸，虽为无机酸，但其解离度不比有机酸高多少，而所产生酸味强度约为柠檬酸和苹果酸的 2～2.5 倍，另有较弱涩味；乙酸则有刺激性气味；富马酸有强涩味并能呈长时间的酸味，酸味也比柠檬酸强得多。

酸味以及在口腔中引起的酸度与酸根的种类、pH、可滴定酸度、缓冲溶液以及其他物质特别是糖类的存在有关。在同样的 pH 下，有机酸比无机酸酸感要强，由于有机酸的阴离子容易吸附在舌黏膜上，中和了舌黏膜中的正电荷，使得氢离子更容易与舌味蕾相接触，而无机酸的阴离子容易与口腔黏膜蛋白质相结合，对酸味的感觉有钝化作用，另外，不同的有机酸阴离子在舌黏膜吸附能力不同，酸味强度也不相同，因此在相同 pH 下，酸度由强到弱其顺序为：乙酸＞甲酸＞乳酸＞草酸＞盐酸。若以柠檬酸的酸味强度定为 100，则酒石酸的比较强度为 120～130、磷酸为 200～230、延胡索酸为 263、L-抗坏血酸为 50。另外酸味感的时间长短不与 pH 成正比，解离速度慢的酸味维持时间长，解离快的酸味物质味觉很快消失。

2. 影响酸味的因素

影响酸味的因素是多方面的，大致可以分为以下三个方面。

（1）温度 一般温度对酸味影响较小，酸味与甜味、咸味及苦味相比，受温度的影响最小，酸以外的各种味觉常温与 0℃时的阈值相比，各种味觉变钝。

如常温时的酸味阈值与 0℃的阈值相比，柠檬酸酸味减少 17％，而盐酸奎宁产生的苦味减少 97％，食盐的咸味减少 80％，糖的甜味减少 75％。

（2）酸度调节剂的阴离子 在相同的浓度下，不同阴离子的各种酸的酸味强弱不同，是酸味剂解离的阴离子对味觉产生影响所致。因此，一种酸的酸味不能完全以相等重量或浓度代替另一种酸的酸味。同一浓度下比较不同酸的酸味强度，顺序为：盐酸＞硝酸＞硫酸＞甲酸＞乙酸＞柠檬酸＞苹果酸＞乳酸＞丁酸。

另外，阴离子上有无羟基、氨基、羧基和它们的数目及所处的位置对酸味剂的风味也有影响。

（3）其他味觉的影响 酸味与其他味觉可相互影响。甜味与酸味易互相抵消，有消杀作用，因此一般在食品加工中要控制合适的糖酸比例。而酸味与苦味、咸味难以相互抵消，一般无消杀现象。酸度调节剂与涩味物质或收敛性物质（如单宁）混合，会使酸味增强。

三、酸度调节剂的分类

酸度调节剂的分类方法很多，根据作用不同，酸度调节剂可分为酸化剂、碱化剂以及具有缓冲作用的盐类（缓冲剂）。在应用中，以有机酸及具有缓冲作用的盐为主。

1. 酸化剂

酸化剂也称酸味剂，把以赋予食品酸味为主要目的的食品添加剂称为酸味剂。酸度调节剂中使用最多的就是酸味剂，主要包括：柠檬酸、乳酸、酒石酸、苹果酸、偏酒石酸、磷酸、乙酸、盐酸、己二酸、富马酸等 33 种。酸味剂又可根据其化学性质，分为无机酸和有机酸两类，无机酸有盐酸、磷酸，有机酸有柠檬酸、乳酸、酒石酸、苹果酸、偏酒石酸、乙酸、己二酸、富马酸等。由于很多有机酸都是食品的正常成分，或参与人体正常代谢，因而安全性高，使用广泛。

2. 碱化剂

碱化剂也称碱性剂，包括氢氧化钙、氢氧化钾、氢氧化钠、碳酸氢三钠、碳酸钠、碳酸钾、碳酸氢钾等 10 种。

3. 缓冲剂

缓冲剂包括柠檬酸钠、柠檬酸钾、柠檬酸一钠、乳酸钠四种。在调节酸味上，柠檬酸盐优于磷酸盐，其酸味显得更为平和。

四、常用酸味剂的使用

酸味剂除能赋予食品酸味，还可作抗氧化剂的增效剂，增进食欲，有助于纤维素和钙、磷等物质的溶解，促进人体对营养物质的消化、吸收，同时还具有一定的防腐和抑菌作用等。酸味剂是食品添加剂中比较重要、用量较大的种类。

食品中的酸味剂在饮料中的应用是最为广泛的，可以使饮料产生特定的酸味；改进饮料的风味与促进蔗糖的转化；通过刺激产生唾液，加强饮料的解渴效果；具有防腐作用，一般清凉饮料中添加 0.01%～0.3% 的酸味剂，使 pH 下降，细菌难以生长。食品中用酸味剂，半数以上是选用柠檬酸，其次是苹果酸、乳酸、酒石酸及磷酸。在国外还使用富马酸及琥珀酸。

1. 柠檬酸（CNS: 01.101; INS: 330）

【性质】 白色结晶，无臭。易溶于水、乙醇、乙醚，其水溶液有较强酸味，在空气中潮解。常含一个结晶水，易风化失水。

【性能】 可作酸味剂、酸度剂、螯合剂、抗氧化增香剂、香料。柠檬酸是功能最多、用途最广的酸味剂：具有良好的防腐性能，能抑制细菌增殖；能增强抗氧化剂的抗氧化作用，延缓油脂酸败；含有 3 个羧基，具有很强的螯合金属离子的能力，可用作金属螯合剂；还可用作色素稳定剂，防止果蔬褐变。

柠檬酸是使用最广的酸味剂，是食品酸度的标准物。柠檬酸在柑橘类及浆果类水果中含量最多，并且大都与苹果酸共存，有强酸味，其酸味柔和爽快，入口就达到最高酸感，但是持续时间短，与柠檬酸钠复配使用，酸味更柔美。

【安全性】 柠檬酸是人体三羧酸循环的重要中间体，参与体内正常的代谢，无蓄积作用。其最大用量按正常需要，ADI 不需要限制。用含 1.2%（质量分数）柠檬酸的饲料喂养大鼠 2 年和 2 代饲养，没有发现对生长、病理学等有影响，只发现对牙齿有损伤。其急性中毒症与低血钙症相似，出现运动亢进，呼吸急促，毛细血管扩张，强直性痉挛，发绀等现象，继而死亡。常饮大量含高浓度柠檬酸的饮料，可造成牙齿釉质受腐蚀。

【应用】 《食品安全国家标准 食品添加剂使用标准》（GB 2760—2024）中规定柠檬酸可按生产需要适量用于各类食品，附录表 A.2 中一些特殊编号食品类别除外。它广泛用于清凉饮料、水果罐头、糖果等食品中。汽水和果汁中，用量为 1.2～1.5g/kg，浓缩果汁为 1～3g/kg；糖水罐头中，使用要现用现配，加酸后的糖液要在 2h 内用完；果酱和果冻中以保持制品 pH 为 2.8～3.5 为宜；果酱中添加柠檬酸可以促进蔗糖转化，防止贮藏时蔗糖晶析发砂，添加时间为果酱浓缩接近终点时；水果硬糖在制膏冷却时添加；冰棍和雪糕添加柠檬酸时应先在耐酸的容器中加沸水溶解，待灭菌的料液打入冷却罐冷却后，再加入；可以作为抗氧化剂的增效剂以及羊乳的除膻剂组分。

2. 乳酸（CNS: 01.102; INS: 270）

【性质】 无色或浅黄色浆状液体，纯乳酸的熔点 16.8℃，沸点 122℃，相对密度 1.249。可溶于水、乙醇、乙醚、丙酮，几乎不溶于氯仿、石油醚，煮沸浓缩时乳酸缩合成乳酰乳酸，稀释并加热水解成乳酸。有吸湿性，有特殊酸味。

【性能】 可作为酸味剂、香料、防腐剂。乳酸存在于腌渍物、果酒、酱油和乳酸菌饮料中，具有特异收敛性酸味；还具有较强的杀菌作用，能防止杂菌生长，抑制异常发酵。

乳酸有特异收敛性，味酸，酸味阈值 40mg/kg。通常使用的乳酸溶液浓度约为 80%。

【安全性】 乳酸为哺乳动物体内正常的代谢产物，在体内分解为氨基酸和二羧酸物，几乎无毒。对新生儿从第 2 周至第 4 周喂以含 0.4%～0.5%（质量分数）DL-乳酸的食乳，对体重增长无影响。尽管如此，3 个月以下的婴儿以用 L-乳酸为好。

【应用】 《食品安全国家标准 食品添加剂使用标准》（GB 2760—2024）中规定乳酸可按生产需要适量用于各类食品，附录表 A.2 中一些特殊编号食品类别除外。食用乳酸可用于清凉饮料、乳酸饮料、合成酒、合成醋、辣椒油、酱菜等作酸味剂。乳酸在果菜中很少存在，现多用于人工合成品。通常的酸牛乳就是用乳酸菌来产生乳酸的，牛乳变酸后有很好的营养价值，并且别有风味。

3. L（+）-酒石酸，*dl*-酒石酸（CNS: 01.111, 01.313; INS: 334，—）

【性质】 无色透明晶体或白色粉末，略有特殊果香，味酸。可溶于水、乙醇，几乎不溶于氯仿。稍有吸湿性，较柠檬酸弱。有葡萄和白柠檬香气。在空气中稳定，无吸湿性。

【性能】 可作为酸味剂、pH 调节剂、螯合剂、抗氧化增效剂和复合膨松剂。在自然界中以钙盐或钾盐存在，广泛存在于植物中，尤以葡萄中含量较多。酸味是柠檬酸的 1.2～1.3 倍，但风味独特，所以可用于一些有特殊风味的罐头食品，还可与柠檬酸并用制作酸苹果等一些特殊酸味食品。加入酒中可增加酒的香味，酒石酸还可作为焙烤食品的膨松剂和发酵剂。

酒石酸是葡萄的特征酸，其酸味较强，味觉阈值 0.0025%，为柠檬酸的 1.2～1.3 倍，是酸味剂中酸味最强烈的，其 0.3% 水溶液 pH 为 2.4。在口中保持时间则最短，酸味爽口，但稍有涩感。

【安全性】 酒石酸进入人体后，20%（质量分数）由尿排出。有因一次误食 75～90g 酒石酸而造成死亡的病例。

【应用】《食品安全国家标准 食品添加剂使用标准》（GB 2760—2024）中规定酒石酸可按生产需要适量用于各类食品，附录表 A.2 中一些特殊编号食品类别除外。一般清凉饮料中添加 0.1%～0.2%，多与枸橼酸、苹果酸等其他有机酸合用。

4. L-苹果酸（CNS：01.104；INS：—）

苹果酸有 L-苹果酸、D-苹果酸、DL-苹果酸 3 种异构体，天然存在的苹果酸都是 L型的。

【性质】白色结晶或粉末，无臭，略带有刺激性爽快的酸味，熔点 128～131℃。极易溶于水，略溶于乙醇、乙醚，吸湿性强。保存时易受潮。

【性能】可作为酸味剂、抗氧化增效剂、香料。苹果酸酸味圆润，刺激缓慢但持久，正好与枸橼酸呈味特性互补，可增强酸味。另外，对油包水型乳化剂有稳定作用。在水果中使用有很好的抗褐变作用，但其高浓度时，对皮肤黏膜有刺激作用。

苹果酸的酸味较柠檬酸强 20% 左右，酸味爽口，微有涩苦。在口中呈味缓慢，维持酸味时间显著地久于柠檬酸，与柠檬酸合用，有强化酸味的效果。

【安全性】苹果酸是苹果的一种成分，从未发现不良反应，毒性极低。苹果酸是三羧酸循环的中间体，可参与机体正常代谢。其最大用量按正常生产需要，ADI 不需要特别规定。

【应用】《食品安全国家标准 食品添加剂使用标准》（GB 2760—2024）中规定苹果酸可按生产需要适量用于各类食品，附录表 A.2 中一些特殊编号食品类别除外。其 1% 水溶液 pH 为 2.4。由于苹果酸的酸味柔和且持久，目前广泛应用于酒类、饮料、果酱、口香糖等多种食品中。因其具特殊香味，可以有效地提高水果风味，可用于水果香型食品。在各种清凉饮料生产中，用 L-苹果酸配制的软饮料解渴爽口，有苹果酸味，接近天然果汁。且由于苹果酸用量平均可比柠檬酸少 8%～12%（质量分数），不损害口腔与牙齿，与柠檬酸相比，产生的热量更低，口味更好，被生物界和营养界誉为"最理想的食品酸味剂"，并有逐渐替代柠檬酸的势头，是目前世界食品工业中用量最大和发展前景较好的有机酸之一。

5. 磷酸（CNS：01.106；INS：338）

【性质】无色透明稠状液体，无臭，有酸味，一般浓度为 85%～98%，属强酸。易吸水，可与水或乙醇混溶。其稀溶液有愉快的酸味。

【性能】可作酸味剂、酸度剂、络合剂、抗氧化增效剂、pH 调节剂、增香剂。磷酸的酸度较柠檬酸大，是其 2.3～2.5 倍，有强烈的收敛味和涩味。在饮料业中用来代替柠檬酸和苹果酸。由于其独特的风味和酸味，可用于可乐香型碳酸饮料，在酿造业可作 pH 调节剂，在动物脂肪中可与抗氧化剂并用，在制糖过程中作蔗糖液澄清剂及在酵母厂作酵母营养剂等。在果酱中使用少量磷酸，以控制果酱能形成最大胶凝体的 pH。在软饮料、冷饮、糖果和焙烤食品中用作增香剂。

磷酸为可乐型饮料的特征酸，属强酸，风味不如有机酸好。

【安全性】用含 0.4%（质量分数）、0.75%（质量分数）磷酸的饲料喂养大鼠，经 3代共 90 周的试验，结果表明磷酸对生长和繁殖均无不良的影响，在血液和病理学上也无异常。美国 FDA 将磷酸定为一般公认安全物质，参与机体正常代谢。

【应用】在美国，磷酸是食品工业中用量仅次于柠檬酸的酸味剂，但其独特的风味和酸味几乎只用于可乐香型碳酸饮料，在可乐饮料中的用量为 0.2～0.6g/kg；也可用于某些清凉饮料如菠萝、酸梅汁中部分代替柠檬酸；干酪中（以磷计）用量为 9g/kg；虾或对虾罐头用量为 0.85g/kg；蟹肉罐头为 5g/kg；糖果、烘焙食品和食用油脂的抗氧化剂为 0.1g/kg（单用或与柠檬酸异丙酯混合物、柠檬酸单甘油酯并用）。

6. 富马酸（CNS: 01. 110; INS: 297）

【性质】 白色结晶性粉末，有特殊酸味。微溶于水、乙醚，溶于乙醇。对油包水型乳化剂有稳定作用。

【性能】 可作酸化剂、增香剂、抗氧化助剂。

富马酸的酸味强，为柠檬酸的 1.5 倍，故低浓度的富马酸溶液可代替柠檬酸，但由于微溶于水，一般不单独使用，与柠檬酸、酒石酸复配使用能呈现果实酸味。

【安全性】 富马酸是三羧酸循环的中间体，可参与机体正常代谢。富马酸的异构体马来酸（顺丁烯二酸）有毒性，而富马酸几乎无毒性。对兔子以 0.006g/kg 体重剂量腹腔注射，17～19 周后兔子出现甲状腺肿大、充血，睾丸萎缩和透明质酸酶减少等症状。用添加 1.5%（质量分数）富马酸的饲料喂养大鼠 2 年，鼠死亡率稍有增加，睾丸萎缩，而内脏器官没有变化，无致癌作用。

【应用】 可用于碳酸饮料、果汁饮料、胶基糖果、生面湿制品、口香糖。根据《食品安全国家标准 食品添加剂使用标准》（GB 2760—2024）中规定：胶基糖果最大使用量为 8.0g/kg；生湿面制品（如面条、饺子皮、馄饨皮、烧麦皮）、果蔬汁（浆）类饮料（包括发酵型产品等）最大使用量为 0.6g/kg；面包、糕点、饼干最大使用量为 3.0g/kg；焙烤食品馅料及表面用挂浆、其他焙烤食品最大使用量为 2.0g/kg；碳酸饮料最大使用量为 0.3g/kg。

五、酸度调节剂使用注意事项

① 工艺中一定要有加入的程序和时间。酸味剂大都电离出 H^+，它可以影响食品的加工条件，可与纤维素、淀粉等食品原料作用，也同其他食品添加剂相互影响。所以在食品加工工艺中一定要有加入酸味剂的程序和时间，否则会产生不良后果。

② 当使用固体酸味剂时，要考虑其吸湿性和溶解性。因此，必须采用适当的包装材料和包装容器。

③ 阴离子除影响酸味剂的风味外，还能影响食品风味，如前所述的盐酸、磷酸具有苦涩味，会使食品风味变劣。而且酸味剂的阴离子常常使食品产生另一种味，这种味称为副味，一般有机酸可具有爽快的酸味，而无机酸一般酸味不是很适口。

④ 酸味剂有刺激性，能增强唾液的分泌，增强肠胃的蠕动，促进消化吸收，但是过久的刺激，会引起消化功能疾病。

知识二　甜味剂

甜味是最受人们欢迎的一种味道，刚出生的婴儿天生就对甜味有特殊的喜好，而富有甜味的食物可以带给人愉悦的心情。甜度是许多食品的指标之一，为使食品、饮料具有适口的感觉，需要加入一定量的甜味剂。《食品安全国家标准 食品添加剂使用标准》（GB 2760—2024）中规定：赋予食品以甜味的物质为甜味剂。理想的甜味剂应具备以下特点：很高的安全性；良好的味觉；较高的稳定性；较好的水溶性；较低的价格。

目前我国规定允许使用的甜味剂有：D-甘露聚糖、阿力甜[又名 L-α-天冬氨酰-N-(2，2，4，4-四甲基-3-硫化三亚甲基)-D-氨酰胺]、阿斯巴甜（又名天门冬酰苯丙氨酸甲酯）、爱德万甜(又名 N-{N-[3-(3-羟基-4-甲氧基苯基)丙基]-L-α-天冬氨酰}-L-苯丙氨酸-1-甲酯)、安赛蜜（又名乙酰磺胺酸钾）、赤藓糖醇、甘草酸盐（包括甘草酸铵，甘草酸一钾，甘草酸三钾）、罗汉果甜苷、麦芽糖醇，麦芽糖醇液、木糖醇、纽甜(又名 N-[N-(3,3-二甲基丁基)-L-α-天门冬氨-L-苯丙氨酸 1- 甲酯)、乳糖醇（又名 4-β-D 吡喃半乳糖-D-山梨醇）、三氯蔗糖（又名蔗糖素）、山梨糖醇、山梨糖醇液、索马甜、糖精钠、天门冬酰苯丙氨酸甲酯乙酰磺胺酸、甜菊糖苷、甜蜜素（又名环己基氨基磺酸钠）、环己基氨基磺酸钙、异麦芽酮糖。

一、甜味剂在食品加工中的意义

甜味剂不仅满足了甜味食品的需要，而且还具有甜度高、能量低、对身体基本无影响，且多数可防龋齿和产品稳定性好等性能，在食品加工中起着非常重要的作用。

① 可以给予食品适口的口感　甜度是许多食品的指标之一，为使食品、饮料具有适口的感觉，需要加入一定量的甜味剂。

② 调节和增强食品的风味　在糕点中一般都需要甜味；在饮料中，风味的调整就有"糖酸比"一项。甜味剂可使产品获得好的风味，又可保留新鲜的味道。

③ 掩蔽不良风味　甜味和许多食品的风味是相互补充的，许多产品的味道就是由风味物质和甜味剂结合而产生的，所以许多食品都加入甜味剂。

二、甜味剂作用机理

1. 甜味及甜味特征

甜味是一种基本的味觉。在全球众多文化中，甜味都象征着美好的感觉。常见的甜味物质大多为糖类，主要是单糖和双糖，多糖大多无甜味。如蔗糖、葡萄糖、麦芽糖、果糖等都具有甜味。果糖是最甜的糖，乳糖的甜味较弱。蔗糖是典型的甜味物质，其甜味纯正。还有许多植物会产生葡萄糖苷，比糖要甜很多。一般来说，碳水化合物中的羟基越多，该物质就越甜。

甜味的高低、强弱称为甜度，甜度的测定到目前为止还只能凭人们的味觉来判断，不能用物理或化学方法来定量测定。因为蔗糖为非还原糖，其水溶液较为稳定，甜味纯正，所以选择蔗糖为标准，其他甜味剂的甜度是与蔗糖比较的相对甜度。基准如下：20℃条件下，味觉细胞感觉到 5% 或 10% 蔗糖的甜度为 1（或 100）。一些甜味剂的相对甜度及性质见表 3-15。

表 3-15　一些甜味剂的相对甜度及性质

甜味剂	甜度	营养性	来源	味觉	应用
葡萄糖	0.7	营养	淀粉水解	味淡	制药
果糖	1.3～1.7	营养	天然	果味	冷食
果葡糖浆	0.9	营养	天然	味浓	冷饮
木糖醇	0.65～1	营养	合成	清凉	低糖糕点
山梨糖醇	0.6	营养	合成	味平	冷饮
麦芽糖醇	0.8	营养	合成	味平	冷饮
甜菊糖	200	非营养	天然	苦味	低糖
甘草酸	100～200	非营养	天然	草药味	果脯
糖精钠	200～500	非营养	合成	苦味	冷饮
甜味素	150～200	非营养	合成	似蔗糖	冷饮

测定相对甜度有两种方法：一种是将甜味剂配成可被感觉出甜味的最低浓度，称为极限浓度法；另一种是将甜味剂配成与蔗糖浓度相同的溶液，然后以蔗糖溶液为标准比较该甜味剂的甜度，称为相对甜度法。

2. 影响甜度的因素

甜味剂的甜度受多种因素影响，主要有浓度、粒度、温度、介质以及甜味剂协同效应等。

（1）浓度　一般来说，甜味剂的浓度越高，甜度越大，但不一定是线性关系。大多数甜味剂的甜味随浓度增大的程度并不相同。许多糖的甜度随浓度增高的程度比蔗糖大。还有一些非甜味剂和合成甜味剂，在低浓度时呈现甜味，高浓度时往往出现苦味。

（2）粒度　粒度不同的同一种甜味剂往往会产生不同甜度。蔗糖有大小不同的晶粒，粗砂糖粒径大于 0.5mm，绵白糖粒径大于 0.05mm，当糖与唾液接触时，晶粒越细接触面积越大，溶解速度越快，能很快地达到较高浓度，故在口感上绵白糖比粗砂糖甜。实际上，将它们配成相等浓度溶液时，甜度相等。

（3）温度　多数甜味剂的甜度受温度影响，通常随温度升高而降低。如 5% 的果糖溶液在 5℃ 时甜度为 147、18℃ 时为 128.5、40℃ 时为 100、60℃ 时为 79.5。因此，以果糖作为食品甜味剂时，应当考虑该食品的进食温度。

（4）介质　介质对甜度也有影响，在水溶液中于 40℃ 以下，果糖的甜度高于蔗糖，在柠檬汁中于 40℃ 以下，两者的甜度大致相同。添加淀粉或树胶增稠剂，可以使蔗糖甜度有所提高，添加食盐或酸，对糖的甜度有影响，但缺乏规律性。

（5）甜味剂协同效应　将不同的甜味剂混合，有时会互相提高甜度，因此不同种类甜味剂有协同效应。利用此特点，可以调配复合甜味剂，复合甜味剂是指将两种或两种以上天然的或人工合成的甜味剂复合后使用，以达到综合甜味效果的一类甜味剂。它可以减少不良口味，增加风味；缩短味觉初始时的不佳感觉；提高甜味的稳定性；减少甜味剂总使用量，降低成本。例如，阿斯巴甜与 AK 糖混合具有协同效应，其用量只有单独使用的 1/3，而甜度可达蔗糖的 300 倍，口感近似蔗糖且使食品热量降低很多。

三、甜味剂的分类

甜味剂种类较多，分类方法也较多。按其来源可分为天然甜味剂和人工甜味剂；以其营养价值来分可分为营养性甜味剂和非营养性甜味剂；按其化学结构和性质分类又可分为糖类和非糖类甜味剂等。

1. 按来源分类

（1）天然甜味剂　甜菊糖、甘草、甘草酸二钠、甘草酸三钾钠、罗汉果苷等。

天然甜味剂具备不升高血糖、不引起龋齿、润肠通便、溶解吸热、入口清凉、甜度低、热值低、吸湿性好等优点。

（2）人工甜味剂　糖精钠、环己基氨基磺酸钠、天冬氨酰苯丙氨酸甲酯、乙酰磺胺酸钾、三氯蔗糖等。

人工甜味剂具有化学性质稳定，耐热、耐酸和碱，不易出现分解失效现象，故使用范围比较广泛；不参与机体代谢，大多数合成甜味剂经口摄入后全部排出体外，不提供能量，适合糖尿病人、肥胖症患者和老年人等特殊营养消费群使用；甜度较高，一般都是蔗糖甜度的50倍以上；价格便宜，等甜度条件下的价格均低于蔗糖；不是口腔微生物合适的作用底物，不会引起牙齿龋变等优点。但是相比较天然甜味剂，其甜味不够纯正，带有后苦味或金属异味，甜味特性与蔗糖还有一定的差距；不是食物的天然成分，有一种"不安全"的感觉。

2. 按营养价值分类

（1）营养性甜味剂　是指与蔗糖甜度相等时的含量，其热值相当于蔗糖热值2%以上者，主要包括各种糖类和糖醇类。如木糖醇、山梨糖醇、麦芽糖醇等。

（2）非营养性甜味剂　是指与蔗糖甜度相等时的含量，其热值低于蔗糖热值2%的甜味剂，包括甜叶菊苷、甘草苷等天然物质和糖精、甜蜜素、安赛蜜等化学合成物质。

3. 按化学结构和性质分类

（1）糖类甜味剂　包括蔗糖、果糖、淀粉糖、糖醇、寡果糖以及异麦芽酮糖等。蔗糖、果糖和淀粉糖通常视为食品原料，在我国不作为食品添加剂。糖醇类的甜度与蔗糖差不多，因其热值较低，或和葡萄糖有不同的代谢过程，而有某些特殊的用途，一般被列为食品添加剂。主要品种有：山梨糖醇、甘露糖醇、麦芽糖醇、木糖醇等。

（2）非糖类甜味剂　包括天然甜味剂和人工合成甜味剂，一般甜度很高，用量极少，热值很小，有些又不参与代谢过程，常称为非营养性或低热值甜味剂，是甜味剂的重要品种。如前所述，天然甜味剂的主要产品有：甜菊糖、甘草、甘草酸二钠、甘草酸三钠（钾）、罗汉果甜苷等。人工合成甜味剂的主要产品有：糖精钠、环己基氨基磺酸钠（甜蜜素）、天冬氨酰苯丙氨酸甲酯（甜味素或阿斯巴甜）、乙酰磺胺酸钾（安赛蜜）、三氯蔗糖等。

通常所说的甜味剂是指人工合成的非糖甜味剂、糖醇类甜味剂与天然非糖甜味剂3类。

四、常用甜味剂的使用

1. 人工合成的非糖甜味剂

（1）糖精钠〔CNS：19.001；INS：954（iv）〕

【性质】为无色至白色斜方晶系板状结晶或白色结晶性风化粉末、无臭，稀浓度味甜，大于0.026%则味苦，易溶于水，难溶于无水乙醇。稳定性好、不发酵、不变色、无热量，耐热及耐碱性弱，溶液煮沸可分解而甜味减弱，酸性条件下加热甜味消失，单独使用有持续性苦味。

【性能】 可作为甜味剂、增味剂。糖精钠为无营养甜味剂，使用中与酸味剂并用，口感清爽、甜味浓郁，与其他甜味剂并用，甜味接近砂糖。尤适宜在糖尿病、肥胖症患者等的低热食品中使用，但不适用于婴儿食品。

糖精钠是最古老的甜味剂，本品甜味强，约为蔗糖的500倍，甜味阈为0.00018%，浓度高时带有后苦味，具有价格便宜、不参加代谢、不提供能量以及性质稳定等优点。但糖精钠单独使用会带来令人讨厌的后苦味和金属味，可通过和甜蜜素等其他甜味剂混合来改善不良后味。

【安全性】 糖精钠是最早使用的人工合成甜味剂，已有近百年的应用历史，是有机化工合成产品，其安全性一直存在争议。糖精钠不参加人体代谢，人食用0.5h后，即可在尿中出现，食用24h内，排出90%，48h可全部排出体外，其化学结构无变化。在美国使用糖精须在标签上注明"使用本产品可能对健康有害，本产品含有可以导致实验动物癌症的糖精"。我国除了规定糖精的使用范围及使用量之外，还规定婴幼儿食品不得使用糖精。

【应用】 可用于饮料、酱菜类、复合调味料、蜜饯、配制酒、雪糕、冰淇淋、冰棍、糕点、饼干、面包、瓜子、话梅、陈皮、杨梅干、芒果干、无花果干、花生果、带壳（去壳）炒货食品等。《食品安全国家标准 食品添加剂使用标准》（GB 2760—2024）中规定（以糖精计）：冷冻饮品（食用冰除外）、腌渍的蔬菜、复合调味料、配制酒，最大使用量为0.15g/kg；果酱最大使用量为0.2g/kg；蜜饯凉果、新型豆制品（大豆蛋白膨化食品、大豆素肉等）、熟制豆类（五香豆、炒豆）、脱壳熟制坚果与籽类最大使用量为1g/kg；带壳熟制坚果与籽类最大使用量为1.2g/kg；水果干类（仅限芒果干、无花果干）、凉果类、话梅类（甘草制品）、果丹（饼）类最大使用量为5.0g/kg。

（2）环己基氨基磺酸钠（又名甜蜜素）[CNS：19.002；INS：952（iv）]

【性质】 白色结晶或结晶性粉末、无臭、味甜，易溶于水，加热后略有苦味，分解温度为280℃，不发生焦糖化反应，对热、光、空气稳定，耐碱性强，酸性条件时略有分解。

【性能】 环己基氨基磺酸钠为无营养甜味剂，可用于糖尿病患者食品。甜度为蔗糖的50倍。相对于蔗糖，甜蜜素的甜味来得较慢，但持续时间较久。甜蜜素风味良好，无异味，还能掩盖如糖精钠等所带有的苦涩味。本品有一定后苦味，常与糖精以9：1或10：1的比例混合使用，可使味质提高。与甜味素混合使用，也有增强甜度、改善味质的效果。与蔗糖混合使用，能高度保持食品原有的风味，并能延长食品的保存时间。

【安全性】 世界上有包括美国、英国、日本等国在内的40多个国家禁止使用甜蜜素作为食品甜味剂；另外有我国、欧盟、澳大利亚、新西兰在内的80多个国家及地区允许在食品中添加甜蜜素。

【应用】 可用于酱菜、调味酱汁、配制酒、糕点、饼干、面包、雪糕、冰淇淋、冰棍、饮料、蜜饯、陈皮、话梅、杨梅干、果冻、瓜子、腐乳、炒货等。《食品安全国家标准 食品添加剂使用标准》（GB 2760—2024）中规定（以环己基氨基磺酸计）：冷冻饮品（食用冰除外）、水果罐头、腐乳类、饼干、复合调味料、饮料类（包装饮用水类除外，固体按冲调倍数增加使用量）、配制酒、果冻（果冻粉按冲调倍数增加使用量），最大使用量为 0.65g/kg；果酱、蜜饯凉果、腌渍的蔬菜、熟制豆类最大使用量为 1.0g/kg；脱壳熟制坚果与籽类最大使用量为 1.2g/kg；面包、糕点、方便米面食品（仅限调味面制品）最大使用量为 1.6g/kg；带壳熟制坚果与籽类最大使用量为 6.0g/kg；凉果类、话梅类（甘草制品）、果糕类最大使用量为 8.0g/kg。

（3）乙酰磺胺酸钾（又名安赛蜜）（CNS：19.011；INS：950）

【性质】 呈白色结晶状粉末，无臭，易溶于水，难溶于乙醇等有机溶剂，无明确的熔点。对热、酸均很稳定，缓慢加热至 225℃以上才会分解。pH 适用范围较广，为 pH3～7。

【性能】 用作甜味剂。在食品中可单独使用，也可与其他甜味剂混合使用。在与阿斯巴甜（1：1）或环己基氨基磺酸钠（1：5）混合使用时，有明显的增效作用。甜度约为蔗糖的 200 倍，味质较好，没有不愉快的后味。安赛蜜甜味感觉快，味觉不延留。

【安全性】 安全性高，无致突变性，ADI 为 0～15mg/kg 体重。不参与任何代谢作用。在动物或人体内很快被吸收，但很快会通过尿排出体外，不提供热量。

【应用】 可广泛用于固体饮料、酱菜类、蜜饯、胶姆糖、餐桌用甜味料的各种食品。《食品安全国家标准 食品添加剂使用标准》（GB 2760—2024）中规定：以乳为主要配料的即食风味甜点或其预制产品（仅限乳基甜品罐头）、冷冻饮品（食用冰除外）、水果罐头、果酱、蜜饯、腌渍的蔬菜、加工食用菌和藻类、其他杂粮制品（仅限黑芝麻糊和杂粮甜品罐头）、谷类和淀粉类甜品（仅限谷类甜品罐头）、焙烤食品、饮料类（包装饮用水类除外，固体按冲调倍数增加使用量）、果冻（果冻粉按冲调倍数增加使用量），最大使用量为 0.3g/kg；风味发酵乳（以乳为主要配料）最大使用量为 0.35g/kg；调味品最大使用量为 0.5g/kg；酱油最大使用量为 1.0g/kg；糖果最大使用量为 2.0g/kg；熟制坚果与籽类最大使用量为 3.0g/kg；胶基糖果最大使用量为 4.0g/kg 等。

（4）三氯蔗糖（CNS：19.016；INS：955）

【性质】 为白色至近白色结晶性粉末，实际无臭，不吸湿，稳定性高，极易溶于水、乙醇和甲醇。具有很好的溶解性和稳定性，耐酸碱，耐高温。

【性能】 用作甜味剂、增味剂。本品为蔗糖衍生物，风味近似蔗糖，但甜度高，不致龋，稳定性高。对酸味和咸味有淡化效果；对涩味、苦味、酒味等不快的味道有掩盖效果；对辣味、奶味有增效作用。甜味与蔗糖相似，甜度为蔗糖的 600 倍（400～800 倍），口味纯正，没有任何异味或苦涩味。

【安全性】 ADI 为 15mg/kg 体重，没有任何安全毒理方面的疑问。目前，中国、美国、英国、日本、加拿大、俄罗斯、澳大利亚等国已允许其作为食品添加剂使用。由于其热量值极低，不会引起肥胖，可供糖尿病人、心脑血管疾病患者及老年人使用，也不会引起龋齿，对牙齿健康有利。因此，该产品是当今最理想的强力甜味剂。

【应用】 可用于餐桌甜味剂（0.05g/份）、果汁（味）型饮料、酱菜类、复合调味料、配制酒、雪糕、冰淇淋、冰棍、糕点、饼干、面包、不加糖的甜罐头水果、改性口香糖、蜜饯、饮料、固体饮料、浓缩果蔬汁、色拉酱、芥末酱、早餐谷物、甜乳粉、糖果、风味或果料酸奶、发酵酒、果酱类、水果馅、热加工过的水果或脱水水果、果冻类食品、酱及酱制品、醋、蚝油、酱油、调味乳。《食品安全国家标准 食品添加剂使用标准》（GB 2760—

2024）中规定：煮熟的或油炸的水果、水果干类最大使用量为 0.15g/kg；冷冻饮品（食用冰除外）、水果罐头、腌渍的蔬菜、杂粮罐头、焙烤食品、醋、酱油、酱及酱制品、饮料类（包装饮用水类除外）、配制酒，最大使用量为 0.25g/kg；加工食用菌和藻类最大使用量为 0.3g/kg；果冻最大使用量为 0.45g/kg；方便米面制品最大使用量为 0.6g/kg；发酵酒最大使用量为 0.65g/kg；调味乳、风味发酵乳最大使用量为 0.3g/kg；香辛料酱（如芥末酱、青芥酱）最大使用量为 0.4g/kg；果酱最大使用量为 0.45g/kg；调制乳粉和调制奶油粉、腐乳类、加工坚果与籽类、即食谷物包括碾轧燕麦（片）最大使用量为 1.0g/kg；蛋黄酱、沙拉酱最大使用量为 1.25g/kg；糖果、蜜饯凉果最大使用量为 1.5g/kg；餐桌甜味料最大使用量为 0.05g/份；其他杂粮制品（仅限微波爆米花）最大使用量为 5.0g/kg。

2. 糖醇类甜味剂

糖醇类天然甜味剂是世界上广泛采用的甜味剂之一。在果蔬中有少量存在。糖醇类甜味剂有控制黏度和质构、增加体积、保持湿度、降低水分活度、控制结晶（可维持甜、酸、苦味强度平衡）、改善或保持柔软度、改善脱水食品复水性、络合有害金属离子以及用作风味成分的载体等作用，对现代食品加工制造具有重要价值。其生产通过以糖为原料催化加氢的方法进行，使葡萄糖还原生成山梨糖醇、果糖还原生成甘露醇、麦芽糖还原生成麦芽糖醇等。

（1）麦芽糖醇 ［CNS：19.005；INS：965（i）］

【性质】 麦芽糖醇为无色透明黏稠液，易溶于水、乙酸，水溶液呈中性，吸湿性强，保湿性能好，其保湿性能比山梨糖醇好，故商品一般含麦芽糖醇仅 70％。难于发酵，具有非结晶性，有保香作用。在体内不被消化吸收，不产生热量，不使血糖升高，不增加胆固醇，不被微生物利用，为疗效食品的理想甜味剂。加热很难分解，发热量仅为蔗糖的 1/10，与蛋白质和氨基酸共存时加热，不产生美拉德褐变反应。

【性能】 可作为甜味剂、稳定剂、水分保持剂、乳化剂、膨松剂、增稠剂等。纯品麦芽糖醇甜度约为蔗糖的 85％～95％。

【安全性】 本品在体内不被分解利用，安全性高。

【应用】《食品安全国家标准 食品添加剂使用标准》（GB 2760—2024）中规定：冷冻鱼糜制品（包括鱼丸等）最大使用量为 0.5g/kg；调制乳、风味发酵乳、炼乳及其调制产品、稀奶油类似品、冷冻饮品（食用冰除外）、加工水果、腌渍的蔬菜、熟制豆类、加工坚果与籽类、可可制品、巧克力和巧克力制品包括代可可脂巧克力及制品、糖果、粮食制品馅料、面包、糕点、饼干、焙烤食品馅料及表面用挂浆、餐桌甜味料、液体复合调味料（不包括醋、酱油）、饮料类（包装饮用水类除外）、果冻、其他（豆制品工艺）、其他（制糖工艺）、其他（酿造工艺）等按生产需要适量使用。

（2）山梨糖醇 ［CNS：19.006；INS：420（i）］

【性质】 为白色吸湿性粉末或晶状粉末、片状或颗粒，无臭。依结晶条件不同，熔点在 88～102℃ 变化，相对密度约为 1.49。易溶于水，微溶于乙醇和乙酸。山梨糖醇液为含 76％～68％ 山梨糖醇的水溶液，耐酸、耐热，不产生美拉德褐变反应，有持水性，不为微生物发酵。

【性能】 用作甜味剂、膨松剂、乳化剂、水分保持剂、稳定剂、增稠剂。有清凉的甜味，甜度约为蔗糖的一半，热值与蔗糖相近。

【安全性】　本品安全性高，人摄入后在血液中不转化为葡萄糖，其代谢过程不受胰岛素控制。但人体饮食过量，超过 50g 时，因在肠内滞留时间过长，可导致腹泻。

【应用】　《食品安全国家标准 食品添加剂使用标准》（GB 2760—2024）中规定：冷冻鱼糜制品（包括鱼丸等）最大使用量为 0.5g/kg；生湿面制品（如面条、饺子皮、馄饨皮、烧麦皮）最大使用量为 30g/kg；在调味品、炼乳及其调制产品、水油状脂肪乳化制品类以外的脂肪乳化制品，包括混合的和（或）调味的脂肪乳化制品（仅限植脂奶油）、冷冻饮品（食用冰除外）、果酱、腌渍的蔬菜、熟制坚果与籽类（仅限油炸坚果与籽类）、巧克力和巧克力制品、糖果、面包、糕点、饼干、焙烤食品馅料及表面用挂浆、液体复合调味料（不包括醋、酱油）、饮料类（包装饮用水类除外）、膨化食品、其他（豆制品工艺用、制糖工艺用、酿造工艺用）中等按生产需要适量使用。

（3）木糖醇（CNS：19.007；INS：967）

木糖醇通常是以玉米芯、甘蔗渣、稻草、杏仁壳、桦木等为原料，经粉碎、水解、提取出木糖，再在镍催化下氢化而得。

【性质】　木糖醇为白色结晶或结晶性粉末，几乎无臭，有清凉甜味；极易溶于水，微溶于乙醇，对热稳定，对金属离子有螯合作用，无美拉德褐变反应。

【性能】　用作营养甜味剂和保湿剂。由于木糖醇于体内代谢与胰岛素无关，故适用于糖尿病患者食品的生产。本品不受酵母菌和细菌作用，故亦适用于防龋齿食品。甜度与蔗糖相当，极易溶于水，热值与葡萄糖相同。溶于水时吸热，食用时会在口中产生愉快的清凉感。

【安全性】　ADI 不做限制性规定。糖醇类在小肠的吸收很慢，食用过多时会引起肠胃不适（腹泻），故不宜在软饮料中使用。在其他食品中使用时，应在标签上说明适于糖尿病人食用。

【应用】　《食品安全国家标准 食品添加剂使用标准》（GB 2760—2024）中规定木糖醇可按生产需要适量用于各类食品，附录表 A.2 中一些特殊编号食品类别除外。用于糕点时，不产生褐变，制作需要有褐变的糕点时，可添加少量果糖；木糖醇不致龋且有防龋齿的作用，还能抑制酵母的生长和发酵活性，故不宜用于发酵食品。

3. 天然非糖甜味剂

天然非糖甜味剂包括糖苷类甜味剂和蛋白质甜味剂，其中糖苷类甜味剂包括甜菊糖、罗汉果甜苷等，蛋白质甜味剂包括索马甜等。

（1）甜菊糖苷（CNS：19.008；INS：960a）

甜菊糖苷又叫甜叶菊糖苷、甜叶菊苷，甜叶菊叶子提取物，不含糖分和热量，是发展前景广阔的新糖源。甜菊糖苷是经我国卫健委批准使用的甜味剂，其天然低热值并且非常接近蔗糖口味，是除甘蔗、甜菜糖之外第三种有开发价值和健康推崇的天然甜味剂，被国际上誉为"世界第三糖源"。

【性质】　甜菊糖苷为白色至微黄色结晶性粉末，味甜、高浓度稍苦，热稳定性强，不发酵、不变色，但碱性条件下易分解且分子量大（805.00），渗透性差，有吸湿性。溶于水、乙醇、甲醇，不溶于苯、醚及氯仿等有机溶剂。

【性能】　甜菊糖苷属无热量甜味剂，常与柠檬酸、甘氨酸或蔗糖、果糖并用。还可作芳香风味增强剂。食用后不被吸收，不产生热能，故为糖尿病、肥胖病患者良好的天然甜味剂。由于其不为微生物利用，故适用于防龋齿泡泡糖。甜度为蔗糖的 200～300 倍，甜味适口、后味少，但略带后苦涩味。

【安全性】　中国、日本对甜菊苷的毒性试验（包括急性、亚急性和慢性毒性试验）结果表明，无致畸、致突变及致癌性，食用后以原形经粪便及尿排出体外。我国食品添加剂使用标准规定按生产需要适量使用。美国、欧洲、加拿大认为其可能导致癌症和生殖问题。

【应用】　可用于糖果、糕点、饮料、果脯、瓜子等的生产。《食品安全国家标准 食品添加剂使用标准》（GB 2760—2024）中规定：膨化食品最大使用量 0.17g/kg；风味发酵乳、饮料类（包装饮用水除外）最大使用量 0.2g/kg；糕点最大使用量 0.33g/kg；调味品最大使用量 0.35g/kg；冷冻饮品（食用冰除外）最大使用量 0.5g/kg；熟制坚果与籽类最大使用量 1.0g/kg；蜜饯凉果最大使用量 3.3g/kg；糖果、果冻最大使用量 3.5g/kg；茶制品（包括调味茶和代用茶类）最大使用量 10.0g/kg；餐桌甜味料最大使用量 0.05g/份。甜菊糖带有后苦味，与甘草苷一起使用可起到相互改善口感的作用，与阿斯巴甜、甜蜜素及安赛蜜等混合使用也有协同增效作用，但与糖精混合时口感改善甚微；与蔗糖、果糖等其他甜味料配合，有改善品质、增强甜味的效果；在酸或盐中甜味显著。

（2）甘草酸铵，甘草酸一钾及三钾（CNS：19.012，19.010，19.025；INS：958）

甘草类甜味剂是从中国常用传统药材——甘草中用水浸取精制的甜味剂。

【性质】　甘草素为白色结晶粉末。因它不是微生物的营养成分，所以不像糖类那样易引起发酵。在腌制品中用甘草素代替糖，可避免加糖后出现的发酵、变色、硬化等现象。

【性能】　用作甜味剂、解毒剂、增香剂。甘草素的甜度为蔗糖的 200～500 倍，其甜刺激与蔗糖相比来得较慢，去得也较慢，甜味持续时间较长。有特殊风味，不习惯者常有持续性不快的感觉。

【安全性】　无毒。甘草是我国传统的调味料与中药，自古以来作为解毒剂及调味品，使用历史悠久，未发现对人体有危害，属于既是食品又是药品的品种。正常使用量是安全的。

【应用】　可用于肉禽罐头、调味料、糖果、饼干、蜜饯、凉果、饮料等，《食品安全国家标准 食品添加剂使用标准》（GB 2760—2024）中规定：蜜饯凉果、糖果、饼干、肉罐头类、调味品、饮料类（包装饮用水类除外）等按生产需要适量使用。少量甘草素与蔗糖共用，可少用 20% 的蔗糖，而甜度保持不变。甘草素本身并不带香味物质，但有增香作用。与蔗糖、糖精配合效果较好，若添加适量的柠檬酸，则甜味更佳。

（3）索马甜（CNS：19.020；INS：957）

索马甜是从苏丹草本植物非洲竹芋果实假种皮中提取的，甜味爽口，没有不良后味或苦涩味。主要由索马甜Ⅰ和索马甜Ⅱ两种蛋白质组成，均由 207 个氨基酸以直链形式构成，两者仅在 5 个氨基酸序列上有差异。在提取物中索马甜Ⅰ约占 96%，为主要成分。

【性质】 奶黄色到棕色粉状，具典型气味以及强烈甜味，极易溶于水，溶于60%乙醇液，不溶于丙酮。因其属碱性蛋白质，等电点为11.5～12.5，加热可发生变性而失去甜味，如在80～100℃下加热，甜感下降50%以上，100℃以上短时间加热影响不大。与单宁结合后亦会失去甜味。在高浓度的食盐溶液中甜度会降低。

【性能】 用作甜味剂、调味剂。供一般食品和保健食品使用。可改善某些氨基酸的苦味、鞣酸类涩味、咖啡因苦味，增强乳品和可可风味，用于香辛料等也可增强其效果。甜味阈值1.1mg/kg。即在甜味阈值浓度时约为蔗糖甜度的5500～8000倍，如低于1.1mg/kg，则可增强风味，如加索马甜0.5mg/kg，可使薄荷类香味阈值下降1/10～1/3。索马甜的甜感在pH2～10，100℃以下加热（或100℃以上的超高温瞬时杀菌）性能稳定，对酸也稳定。与糖类甜味剂共用有协同效应和改善风味作用。

【应用】 宜与蔗糖等糖类配合用于咖啡、巧克力、胶姆糖、饮料、冷饮、甜点、焙烤制品等。冷冻饮品、加工坚果与籽类、焙烤食品、餐桌甜味剂、饮料类（包装饮用水类除外）最大使用量为0.025g/kg。

五、甜味剂的选用原则

① 根据食品的品质、功能及生产工艺确定甜味剂。如根据食品的风味色泽、甜味剂的理化性质、食品的特性等确定甜味剂。

② 使用高倍甜味剂代替蔗糖后，应降低成本。

③ 符合消费者对风味的要求。

知识三　增味剂

增味剂又称风味增强剂或鲜味剂。《食品安全国家标准　食品添加剂使用标准》（GB 2760—2024）规定：补充或增强食品原有风味的物质为增味剂。它不影响酸、甜、苦、咸等4种基本味和其他呈味物质的味觉刺激，而是增强其各自的风味特征，从而改进食品的可口性。食品中的肉类、鱼类、贝类、香菇、酱油等都具有独特的鲜美滋味，这些不同风味的鲜美滋味是由各类食品所含的不同鲜味物质呈现出来的。例如，味精含谷氨酸钠在80%以上，贝类中含琥珀酸，鸡鱼肉汁中含5′-肌苷酸，香菇中含5′-鸟苷酸等。它们含有的不同的鲜味物质呈现出的鲜味构成了各自的独特风味。

增味剂的发展经历了五代。第一代，最主要的是谷氨酸钠（MSG），俗称味精，还有L-丙氨酸、甘氨酸、天冬氨酸及蛋氨酸等。第二代具有鲜味的核苷酸类有肌苷酸（IMP）、鸟苷酸（GMP）、胞苷酸（OMP）、尿苷酸（UMP）、黄苷酸（XMP）。第三代鲜味调味料为风味型鲜味调味料，包括动物蛋白质水解物、植物蛋白质水解物及酵母抽提物都是新型食品鲜味剂，主要用于生产各种调味品和食品的营养强化，并作为功能性食品的基料，是生产肉味香精的重要原料。第四代增味剂主要是复合型增味剂，是由氨基酸、味精、核苷酸、天然的水解物或萃取物、有机酸、甜味剂无机盐甚至香辛料、油脂等各种具有不同增味作用的原料经科学方法组合、调配、制作而成的调味产品，能够直接满足某种调味目的。这些调味料具有营养功能的同时，还具有特殊的风味。天然提取物与天然复合调味料，属于第五代鲜味调味料。

目前，我国批准许可使用的鲜味剂有谷氨酸钠、5′-鸟苷酸二钠、5′-肌苷酸二钠、5′-呈味核苷酸二钠、琥珀酸二钠和 L-丙氨酸、甘氨酸以及植物水解蛋白、动物水解蛋白、酵母抽提物等。

一、增味剂在食品加工中的意义

在家庭的食物烹饪或是食品加工中，增味剂起着很大的作用，广泛用于液体调料、特鲜酱油、粉末调料、肉类加工、鱼类加工、饮食业等食品行业。

1. 用于家庭及饮食业的调味品

在菜肴及汤汁中加入复合鲜味剂，不但可使汤汁鲜，并能赋予其浓厚的肉香味。烧肉、烧鸡、烧鸭、烧羊肉、卤制品、红烧鱼等的各种自制佐料汁中加入的复合鲜味剂，可使佐料呈现天然味感。

2. 用于肉类食品工业加工

按一定比例混合的酵母味素、水解动物蛋白、（I＋G）味精，用于肉类食品中，如火腿、香肠、肉丸、肉馅等，可抑制肉类的不愉快气味，具有矫味作用，增进肉香熟成，赋予肉制品浓郁香味。

3. 用于快餐食品工业加工

复合鲜味剂用于各式快餐食品方便面汤料中，可突出肉类香味和增强鲜味。

二、鲜味及鲜味特征

食物中的肉类、贝类、鱼类及味精和酱油等都有特殊的鲜美滋味，这就是我们通常简称的鲜味。这些食物中鲜味的主要成分是琥珀酸、核苷酸，还有氨基酸等。鲜味不影响任何其他味觉刺激，而只增强其各自的风味特征，从而改进食品的可口性。有些鲜味剂与味精合用，有显著的协同作用，可大大提高味精的鲜味强度（一般增加 10 倍之多）。

作为食品增味剂要同时具有三种呈味特性：本身具有鲜味，而且呈味阈值较低，即使在较低浓度时也可以刺激感官而显示出鲜美的味道；对食品原有的味道没有影响，即食品增味剂的添加不会影响酸、甜、苦、咸等基本味道对感官的刺激；能够补充和增强食品原有的风味，能给予一种令人满意的鲜美的味道，尤其是在有食盐存在的咸味食品中有更加显著的增味效果。

三、增味剂的分类

增味剂分类方法有两种：根据其来源可分为动物性增味剂、植物性增味剂、微生物性增味剂、化学合成增味剂；根据化学成分分为氨基酸类增味剂、核苷酸类增味剂、其他类增味剂。

氨基酸类增味剂主要有谷氨酸钠（MSG）、L-丙氨酸、甘氨酸。各种氨基酸都有其独特的风味，如 DL-丙氨酸增强腌制品风味，甘氨酸有虾及墨鱼味，蛋氨酸有海胆味。

核苷酸类增味剂主要有 5′-肌苷酸二钠、5′-鸟苷酸二钠、5′-呈味核苷酸二钠。

其他类增味剂包括琥珀酸二钠、水解蛋白、酵母抽提物等。

四、常用增味剂的使用

1. 谷氨酸钠（CNS: 12.001; INS: 621）

【性质】 无色至白色结晶或晶体粉末，无臭，相对密度 1.635。微有甜味或咸味，有特有的鲜味，易溶于水，微溶于乙醇，不溶于乙醚和丙酮等有机溶剂。不吸湿，对光稳定，贮存时无变化。

【性能】 可作增味剂（鲜味剂）。谷氨酸阈值为 0.03%，谷氨酸钠还有缓和咸、酸、苦味的作用，并能引出食品中所具有的自然风味。在通常的食品加工和烹调时不分解，但在高温和酸性条件下，会出现部分水解，并转变成 5′-吡咯烷酮-2-羧酸（焦谷氨酸）。在更高的温度和强酸或碱性条件下（尤其是后者），转化成为 DL-谷氨酸盐，呈味力均降低。

谷氨酸钠具有强烈的肉类鲜味，特别是在微酸性溶液中；味精一般使用浓度为 0.2%～0.5%，但谷氨酸质量占食品质量的 0.2%～0.8% 时，能最大限度地增进食品的天然口味。pH3.2（等电点）时，呈味能力最低；pH 大于 6 小于 7 时，几乎完全解离，鲜味最高；pH 大于 7 时，形成二钠盐，鲜味消失。

【安全性】 机体摄入本品后，参与体内正常的代谢，一般用量不存在毒性问题。但空腹食用味精 25mg/kg 体重，25～35h 后会出现头痛、出汗、恶心、口渴、面潮红、腹部疼痛等症状，但这些症状数小时之内会消失；婴儿不宜过多食用，谷氨酸会造成婴儿体内锌的缺乏；过多摄入味精会口渴，使血压升高，因为味精中含钠。

【应用】 《食品安全国家标准 食品添加剂使用标准》（GB 2760—2024）中规定谷氨酸钠可按生产需要适量用于各类食品，附录表 A.2 中一些特殊编号食品类别除外。可用于刀豆罐头、甜玉米罐头、蘑菇罐头、芦笋罐头、青豆罐头、干酪；蟹肉罐头中用量为 0.5g/kg，盐火腿和腌猪油罐头最高允许用量为 2g/kg，方便食品用汤料最高允许用量为 10g/kg，味精中用量一般为 0.2～1.5g/kg。在食品中的含量以 0.005%～0.08% 最好，与食盐共存时可增加其呈味作用；与 5′-肌苷酸二钠或 5′-鸟苷酸二钠并用，可显著增加其呈味作用，并以此生产"强力味精"等。谷氨酸钠与 5′-肌苷酸二钠之比为 1:1 的鲜味强度，可高达谷氨酸钠的 16 倍；在一般的烹调、加工条件下相当稳定，对 pH 低的食品可稍有变化，最好在食用前添加。对酸性强的食品比普通食品多加 20%，效果更好。

2. 5′-鸟苷酸二钠（CNS: 12.002; INS: 627）

【性质】 5′-鸟苷酸二钠为无色至白色结晶，或白色晶体粉末，平均含有 7 分子结晶水。无臭，有特殊的香菇鲜味。易溶于水，微溶于乙醇，不溶于乙醚。吸湿性强，对酸、碱、盐及热均稳定。油炸条件下，3min 后其保存率为 99.3%。

【性能】 增味剂（鲜味剂）。与谷氨酸钠并用有很强的协同增效作用。

5′-鸟苷酸二钠具有香菇特有的香气；与味精有协同效应，增鲜倍数在 5～6；可增加汤汁的黏滞性，即"肉质"感；5′-鸟苷酸阈值为 0.0125%，鲜味程度为肌苷酸钠的 3 倍以上，与 MSG 合用有十分强的相乘作用。市场上的 5′-呈味核苷酸二钠是 5′-肌苷酸二钠与 5′-鸟苷酸二钠各 50% 的混合物，而且与谷氨酸钠混合使用时有相乘效果。

【安全性】 大鼠口服 LD_{50} 大于 10g/kg 体重；ADI：无须规定。

【应用】 《食品安全国家标准 食品添加剂使用标准》（GB 2760—2024）中规定 5'-鸟苷酸二钠可按生产需要适量用于各类食品，附录表 A.2 中一些特殊编号食品类别除外。

我国规定：5'-鸟苷酸二钠用于酱油、调味料生产中用量按生产需要加入；FAO/WHO 规定：5'-鸟苷酸二钠可用于午餐肉、火腿、咸肉等腌制肉类，最大允许使用量为 0.5g/kg（以 5'-鸟苷酸计），对肉汤和汤类的最大使用量可视生产需要加入。

3. 5'-肌苷酸二钠（CNS: 12.003; INS: 631）

【性质】 无色至白色结晶或晶体粉末，平均含有 7.5 个分子结晶水，无臭，有特有的鸡肉鲜味；易溶于水，微溶于乙醇，不溶于乙醚。稍有吸湿性，但不潮解；对热稳定，在一般食品的 pH 范围（4～6）内，100℃ 加热 1h，几乎不分解；但在 pH 为 3 以下的酸性条件下长时间加压、加热时则有一定的分解。经油炸（170～180℃）加热 3min，其保存率为99.7%。对磷酸分解酶非常敏感，因为磷酸分解酶可将磷酸脱去而使其失去呈味作用。

【性能】 增味剂（鲜味剂）。5'-肌苷酸在水溶液中只要有 0.012%～0.025% 的量存在就有呈味作用。实际使用时，常与谷氨酸钠及鸟苷酸钠等联合作用。如本品以 5%～12% 的含量与谷氨酸钠混合使用，其呈味作用比单用谷氨酸钠高约 8 倍，有"强力味精"之称。

5'-肌苷酸阈值为 0.025%，5'-肌苷酸二钠为核苷酸类鲜味剂，有特异鲜鱼味，与谷氨酸有协同作用。若与谷氨酸钠以 1:7 复配，则有明显增强鲜味的效果。

【安全性】 FAO/WHO 规定，LD_{50} 为 14.4g/kg 体重（大鼠，经口），ADI 不做特殊规定。

【应用】 《食品安全国家标准 食品添加剂使用标准》（GB 2760—2024）中规定 5'-肌苷酸二钠可按生产需要适量用于各类食品，附录表 A.2 中一些特殊编号食品类别除外。5'-肌苷酸二钠单独使用较少，多与谷氨酸钠混合使用。混合使用时，其用量约为谷氨酸钠总量的1%～5%。酱油、食醋、肉制品、鱼制品、速溶汤粉、速溶面条和罐头食品等均可添加，用量为 0.01～0.1g/kg。5'-肌苷酸二钠可被动、植物组织中广泛存在的磷酸酯酶分解而失去呈味作用，所以当将其加入发酵食品或生鲜食品中时应予以注意。由于磷酸酯酶对热不稳定，尽管此酶的耐热程度因食品种类而有所不同，但一般在 80℃ 左右就失去活性。因此，在生鲜组织中加入本品凉拌之前，最好用 85℃ 以上的热水烫漂，以破坏此酶的活性。

4. 琥珀酸二钠[CNS: 12.005; INS: 364（ii）]

琥珀酸二钠是目前我国许可使用的唯一一种有机酸类鲜味剂。

【性质】 琥珀酸二钠六水物为结晶颗粒，无水物为结晶性粉末。无色至白色，无臭，无酸味，有特殊鲜味，在空气中稳定，易溶于水。不溶于乙醇。六水物于 120℃ 时失去结晶水而成无水物。

【性能】 增味剂（鲜味剂）。有特异的贝类鲜味，味觉阈值 0.03%。通常与谷氨酸钠配合使用，一般使用量为谷氨酸钠量的 10% 左右。

【安全性】 大鼠经口 LD_{50} 大于 10g/kg 体重。

【应用】 《食品安全国家标准 食品添加剂使用标准》（GB 2760—2024）规定：可用于调味料，最大用量为 20g/kg；作为调味料、复合调味料，常用于酱油、水产制品、调味粉、香肠制品、鱼干制品，用量为 0.01%～0.05%；用于方便面、方便食品的调味料中，具有增鲜及特殊风味，用量在 0.5% 左右。

5. 植物蛋白水解物（HVP）

植物蛋白水解物是指在酸或酶的作用下，水解含蛋白质的植物组织得到的产物。

【性质】 淡黄色至黄褐色液体、糊状体、粉状体或颗粒。糊状体含水分 17%～21%，粉状及颗粒者含水分 3%～7%。总氮量 5%～14%（相当于粗蛋白 25%～87%）。2% 水溶液的 pH 为 5.0～6.5，所含氨基酸视所用原料而不同。其鲜味物质和程度不尽相当，因所用原料和加工方法而异。

【性能】 氨基酸含量高，含有丰富的氨基酸、肽类化合物、有机酸以及微量元素、核苷酸、无机盐、碳水化合物等。能强化食品营养成分和鲜美感，有掩盖异味的功能。

【安全性】 天然品，无毒。

【应用】 广泛用于方便面料包、汤料、清汤、调味料、肉制品、鸡粉、牛粉、猪粉、膨化食品、水产加工品、方便食品等加工食品和烹调。午餐肉、火腿肠、火腿、腊肠肉类、水产品肉丸、鱼丸等肉食制品使用量为 1%～3%，可突出肉鲜味、降低脂肪、提高制品品级；鸡精、肉味、汤料、炒菜、酱包、火锅料等汤基料包，使用量为 3%～5%，可使风味突出，汤鲜味香绵柔齿；高级酱油、腌制菜、各种调味酱，使用量为 5%～8%，起增香、提鲜、着色作用；膨化食品、糕点、饼干、方便面、面块，使用量为 3%～5%，可增加食欲、提高风味；与核苷酸等鲜味剂混用，有相乘效果，具有淡盐、掩盖异味的功能，调味时，只要添加少许便能加强美味和口感，提高产品质量。口感极为鲜美，回味悠长。

6. 酵母抽提物

酵母抽提物别名酵母自溶提取物、酵母精、酵母味素。酵母提取物是以面包酵母、啤酒酵母、圆酵母等为原料，通过自溶法制备的营养型多功能鲜味剂和风味增强剂。主要成分为氨基酸类、肽类、碳水化合物和盐类。富含维生素 B_1、维生素 B_2、维生素 B_6、维生素 B_{12}、烟酸、叶酸、泛酸、生物素等，含氮 4%～8%（合粗蛋白 25%～50%），含有 19 种氨基酸，以谷氨酸、甘氨酸、丙氨酸、缬氨酸等为主，另含 5'-核苷酸等。它们的组成比例则因原料和加工方法而异。

【性质】 深褐色糊状或淡黄色粉末，呈酵母所特有的鲜味和气味。粉末制品具有很强的吸湿性。一般糊状品含水 20%～30%，粉末品含水 5.1%。5% 水溶液的 pH 为 5.0～6.0。

【性能】 酵母提取物中的呈味核苷酸和谷胱甘肽是增加食物风味的物质，常与其他调味品合并使用，广泛应用于各种加工食品，不仅可使鲜味增加，还可以掩盖苦味、异味，获得更加温和丰满的口感。酵母提取物还可用作营养增补剂、稳定性、乳化剂、增稠剂、酵母食料。

【安全性】 天然品，无毒。

【应用】 由于酵母抽提物营养丰富、加工性能良好，在一些食品加工中往往能起到有效增强产品鲜美味、醇厚感，同时缓和产品咸味、酸味，掩盖异味等作用，酵母抽提物在很多食品加工业中都得到了较好的应用。在方便面中，调料使用量为 0.5%～4.0%，可增强产品的鲜味、醇厚感，提高产品适口性和营养，面身使用量 0.5%～1.5%，可以改善和提高面饼的口感，增加营养；鸡精使用量 0.5%～4.0%，可有效提高鸡精中的氨基氮、总氮及呈味核苷酸含量，更容易达到标准要求。有效增鲜，使鸡精的香味纯正，口感醇厚、鲜美，提升产品档次；食用香精使用量 2%～15%，提供口感及香气的载体，使香精效果更充分体现；肉制品使用量 0.2%～1.0%，可烘托肉风味，掩蔽不良气味，增强产品鲜美感，改善产品肉质原味及醇厚味，改善切片性能，使组织更致密、切面更光滑；酱卤制品使用量 0.6%～4.0%，可强化风味，增强产品鲜味、肉质感及厚味，增进食欲；酱油使用量 0.4%～1.5%，掩蔽加工中产生的不良气味，突出产品酱香，提高产品氨基酸态氮等质量指标。

五、增味剂使用注意事项

1. 鲜味剂具有协调增效效应

鲜味剂之间存在显著的协同增效效应。在食品加工或在家庭的食物烹饪过程中如果将不同鲜味剂复合使用，使之协同增效，可减少添加量，降低成本，而且鲜味更圆润。比如核苷酸类鲜味剂中，加入味精、水解动物蛋白、酵母味素，可增强其鲜味强度且鲜味更加圆润可口，会产生具有各自风格的食品。

2. 食品加工工艺对鲜味剂的影响

（1）高温对鲜味剂的影响　加热对鲜味剂有显著影响，但不同鲜味剂对热的敏感程度差异较大，通常情况下，氨基酸类鲜味剂性能较差，易分解。因此，在使用这类鲜味剂时应在较低温度下加入。核苷酸类鲜味剂、水解蛋白、酵母抽提物较耐高温。

（2）食盐对鲜味剂的影响　所有鲜味剂都只有在含有食盐的情况下才能显示出鲜味。这是因为鲜味剂溶于水后电离出阴离子和阳离子，阴离子虽然有一定鲜味，但如果不与钠离子结合，其鲜味并不明显，只有在定量的钠离子包围阴离子的情况下，才能显示其特有的鲜味。这些定量的钠离子仅靠鲜味剂中电离出来的是不够的，必须靠食盐的电离来供给。因此，食盐对鲜味剂有很大的影响，且二者之间存在定量关系，一般鲜味剂的添加量与食盐的添加量成反比。

（3）pH 对鲜味剂的影响　绝大多数鲜味剂在 pH6～7 时，其鲜味最强。当食品的 pH<4.1 或 pH>8.5 时，绝大多数鲜味剂均失去其鲜味。

（4）食品种类对鲜味剂的影响　通常情况下，氨基酸类鲜味剂对大多数食品比较稳定，但核苷酸类鲜味剂（IMP、GMP、I+G）对生鲜动植物食品中的磷酸酯酶极其敏感，易被生物降解而失去鲜味。这些酶类在 80℃ 情况下会失去活性，因此，在使用这类鲜味剂时，应先将生鲜动植物食品加热至 85℃ 将酶纯化后再行加入。

除却上述两大方面，增味剂一般不应在断乳食品中添加。

典型工作任务

任务一　几种甜味剂的性能比较

【任务目标】

1. 会正确比较几种常用甜味剂的性能。

2. 了解影响甜味剂甜度的因素。

【任务原理】

甜味剂的甜度受多种因素影响，其中主要有浓度、粒度、温度、介质和甜味剂协同效应。

【任务条件】

1. 实训材料

蔗糖、山梨糖醇、木糖醇、环己基氨基磺酸钠（甜蜜素）、糖精钠。

2. 实训试剂及仪器

蒸馏水、烧杯、锥形瓶、玻璃棒、量筒、电子天平。

【任务实施】

1. 用电子天平分别称取 5g 蔗糖、山梨糖醇、木糖醇于烧杯中，量取 100mL 水倒入，用勺搅拌至溶解，品尝评价其甜度及性能。填写表 3-16。

2. 在天平上称取 3g 蔗糖于一次性杯中，量取 100mL 水倒入，用勺搅拌至溶解；同法称取 0.2g 甜蜜素于一次性杯中，量取 100mL 水溶解；同法称取 0.2g 糖精于一次性杯中，量取 100mL 水溶解，比较甜度。将三种溶液于恒温水浴锅或采用酒精灯加热，加热至感觉刚烫嘴为合适，比较加热前后甜度。将结果填入表 3-17。

【任务结果】

表 3-16　比较几种常见的糖醇类甜味剂的口感

项　　目	蔗糖 5g/100mL	山梨糖醇 5g/100mL	木糖醇 5g/100mL
固体色泽和形状			
水中的溶解性			
与蔗糖相比的甜度	100		
综合口感			

注：表格中甜味特点可以使用甜味纯正、高浓度明显后苦味、明显苦涩味、浓重的金属味、苦涩味、甜味纯正、高浓度下后甜长等文字。

表 3-17　几种常见甜味剂加热前后甜度比较

甜　味　剂	甜度排名	加热后甜度变化	加热后甜度排名	甜味特点
3g 蔗糖				
0.2g 甜蜜素				
0.2g 糖精				

注：表格中请说明加热对甜味剂甜味的加强或减弱的影响。

任务二　味的对比

【任务目标】

1. 会正确比较几种酸味剂的性能。

2. 了解食盐对几种甜味剂、酸味剂的影响。

【任务原理】

味的对比又称味的突出，是将两种以上不同味道的呈味物质，按悬殊比例混合作用，使量大的呈味物质味道突出的调味方式。味的对比主要是靠食盐来突出其他呈味物质的味道，因此才有"咸是百味之王"的说法。虽然是靠悬殊的比例将量大的呈味物质的味对比出来，但这个悬殊的比例是有限度的。究竟什么比例最合适，这要在实践中体会。

【任务条件】

天平、一次性杯、塑料勺、100mL量筒、玻璃棒、恒温水浴锅、吸管，蔗糖、甜蜜素、糖精、食盐、柠檬酸、白醋（均为食品级）。

【任务实施】

1. 甜味剂的对比

用电子天平分别称取5g蔗糖、0.2g甜蜜素、0.2g糖精于烧杯中，量取100mL水倒入，用勺搅拌至溶解，品尝评价其甜度再分别加0.1g NaCl、0.3g NaCl、0.6g NaCl、1.0g NaCl，比较不同量食盐对甜味剂甜味的影响。将结果填入表3-18。

2. 酸味剂的性能比较

① 在天平上称取0.1g柠檬酸于一次性杯中，量取100mL水用勺搅拌至溶解。

② 倒入适量白醋于一次性杯中，直接品尝其酸度。

③ 按照乙酸在水中的比例为1:500稀释白醋后，再品尝。

④ 比较①、②、③的风味、酸味。

⑤ 在各酸味剂中各加入0.1g NaCl、5g NaCl，评价其添加前后的酸味变化。并将结果填入表3-19。

【任务结果】

表3-18　食品调味的对比

甜味变化	纯蔗糖	加0.1g NaCl	加0.3g NaCl	加0.6g NaCl	加1.0g NaCl
3g蔗糖	甜味纯正				
0.2g甜蜜素					
0.2g糖精					

注：表格中请说明食盐对蔗糖甜味的加强或减弱的影响。

表3-19　酸味剂的酸味比较

酸味剂	酸度排名	酸味特点	加0.1g NaCl	加5g NaCl
0.1g柠檬酸				
白醋				
稀释后白醋(1:500)				

注：表格中酸味特点评价可参考酸感锐利、酸感柔和、后味悠长等文字。

咸味中加入微量醋，可使咸味增强，加入醋量较多时，可使咸味减弱。

醋中加入少量食盐，会使酸味增强，加入大量盐后则使酸味减弱。

咸味中加入砂糖，可使咸味减弱。

甜味中加入微量咸味，可在一定程度上增加甜味。

咸味中加入味精可使咸味缓和，味精中加入少量食盐，可以增加味精的鲜度。

任务三　食品调味

【任务目标】

1. 掌握食品呈味剂的使用浓度范围及化学稳定性。

2. 正确进行食品配方设计。

【任务原理】

食品调味就是将各种呈味物质在一定条件下进行组合，产生新味。其过程应遵循味强化原理、味掩盖原理、味派生原理、味干涉原理、味反应原理。

【任务条件】

分析天平、滴瓶、容量瓶、烧杯、吸管，柠檬酸、苹果酸、乳酸、酒石酸、磷酸、糖精、甜蜜素、蔗糖。

【任务实施】

1. 确定各种酸的最佳使用浓度并选择合理的组合酸型。分别配制 0.01%、0.1%、1% 的柠檬酸、苹果酸、乳酸、酒石酸、磷酸进行实验，比较口感强弱，并将结果记录在表 3-20 中。

2. 根据步骤 1 结果，选择合理的组合酸型，确定组合酸的方案，比较口感强弱，并将结果记录在表 3-21 中。

3. 研究常用甜味剂的使用浓度。配制各种常用甜味剂溶液 100mL，蔗糖、甜蜜素、糖精浓度分别为 10%、1%、0.1%，品尝；逐步稀释找出其甜度，并比较其风味特点，并将结果记录在表 3-22 中。

【任务结果】

表 3-20　各种酸强度比较

条　件	浓　度			结　论
	1%	0.1%	0.01%	
柠檬酸 酒石酸 苹果酸 乳酸 磷酸				

表 3-21　组合酸型

组合酸	组合 1	组合 2	组合 3	结　论
各种酸的浓度 风味特点				

表 3-22　各种甜味剂强度比较

条　件	浓　度			结　论
	10%	1%	0.1%	
蔗糖 甜蜜素 糖精				

任务四 饮料中糖精钠含量检测

【任务目标】

1. 学习薄层色谱法测定食品中糖精钠含量的基本原理。
2. 掌握薄层色谱法的基本操作技术。

【任务原理】

糖精钠是广泛使用的一种人工甜味剂。常见食品如酱菜、冰淇淋、蜜饯、糕点、饼干、面包等，均可以糖精钠作甜味剂来提高其甜度。糖精钠的定量分析方法有高效液相色谱法、薄层色谱法、离子选择电极法及紫外分光光度法等。目前使用较多的是高效液相色谱法。本次任务参照《食品安全国家标准　食品中苯甲酸、山梨酸和糖精钠的测定》（GB 5009.28—2016）展开，选取薄层色谱法进行检测。

在酸性条件下，食品中的糖精钠用乙醚提取，浓缩、薄层色谱分离、显色后，与标准比较，进行定性和半定量测定。

【任务条件】

1. 材料

饮料。

2. 试剂

乙醚，不含过氧化物；无水硫酸钠；无水乙醇及乙醇（95%）；聚酰胺粉，过200目筛；盐酸（1+1），取100mL盐酸，加水稀释至200mL；正丁醇-氨水-无水乙醇（7+1+2）；异丙醇-氨水-无水乙醇（7+1+2）；溴甲酚紫溶液（0.4g/L），称取0.04g溴甲酚紫，用乙醇（50%）溶解，加氢氧化钠溶液（4g/L）1.1mL调节pH为8，定容至100mL；硫酸铜溶液（100g/L），称取10g硫酸铜，用水溶解并稀释到100mL；氢氧化钠溶液（0.8g/L，40g/L）；糖精钠标准溶液，准确称取0.0851g经120℃烘干4h的糖精钠，加无水乙醇溶解，移入100mL容量瓶中，加乙醇稀释至刻度，此溶液每1mL相当于1mg糖精钠。

3. 仪器

玻璃纸；玻璃喷雾器；微量注射器；紫外光灯，波长253.7nm；薄层板，10cm×20cm或20cm×20cm；展开槽。

【任务实施】

1. 样品的提取

取10.0mL饮料试样（如试样中含有二氧化碳，先加热除去。如试样中含有酒精，加4%氢氧化钠溶液使其呈碱性，在沸水浴中加热除去），置于100mL分液漏斗中，加2mL盐酸（1+1），用30mL、20mL、20mL乙醚提取三次，合并乙醚提取液，用5mL盐酸酸化的水洗涤一次，弃去水层。乙醚层通过无水硫酸钠脱水后，挥发乙醚，加2.0mL乙醇溶解残留物，密塞保存，备用。

2. 薄层板的制备

（1）制板前的预处理　制板前应对玻璃板进行预处理，先用水或洗涤剂充分洗净烘干，在涂料前用含无水乙醇或乙醚的脱脂棉擦净。

（2）吸附剂的调制　　称 1.4g 硅胶 GF254 于小研钵中，加入 4.5mL 0.5％CMC-Na 溶液，充分研匀，但不宜过于剧烈，以免产生气泡，使固化后薄板上引起泡点。

（3）涂布操作　　将研匀的浆液倾注于 10cm×10cm 玻璃板中央，然后把玻璃板向前后左右缓缓倾斜，使浆液均匀布满整块玻璃板，将其置于水平的位置上，让其自然干燥后收入薄板架上。

（4）薄层板的活化和保存　　将自然干燥后的薄板放入干燥箱中，在 100℃活化 1h，然后放于干燥器中保存，供一周内使用。

3. 点样

点样前对薄层板进行修整，然后在薄板下端 2cm 处（用铅笔轻轻画一直线为原线），用微量注射器分别点 10μL 和 20μL 的样液两个点，同时点 3.0μL、5.0μL、7.0μL、10μL 糖精钠标准溶液（相当于糖精钠 3μg、5μg、7μg、10μg），各点间距 1.5cm。

4. 展开与显色

将点好的薄层板放入盛有展开剂的展开槽中，展开剂液层高约 0.5cm，并预先已达到饱和状态。展开至 10cm，取出薄层板，挥干，喷显色剂，斑点显黄色，根据试样点和标准点的比移值进行定性，根据斑点颜色深浅进行半定量测定。

5. 检出

（1）定性薄层板经斑点显色后，根据试样点与标准点的比移值 R_f 定性，比移值计算如下：

$$R_f = 原点至斑点中心的距离/原点至溶剂前沿的距离 = a/b \qquad (3-2)$$

（2）定量

① 直接半定量法　　在薄层板上测量斑点面积或比较颜色深浅进行半定量，本实验条件下，可直接根据试样与标准的斑点面积大小及颜色深浅比较，记录其点样体积，进行半定量。

② 洗脱定量法　　将吸附剂上的斑点刮入小烧杯中，加入适量的碳酸氢钠浸出后，经离心分离，取上清液用比色法、分光光度法等与标准比较定量。

【任务结果】

$$X = \dfrac{A \times 1000}{m \times \dfrac{V_2}{V_1} \times 1000} \qquad (3-3)$$

式中　X——试样中糖精钠的含量，g/kg 或 g/L；

　　　A——测定用样液中糖精钠的质量，mg；

　　　m——试样质量或体积，g 或 mL；

　　　V_1——试样提取液残留物加入乙醇的体积，mL；

　　　V_2——点样液体积，mL。

📖 知识拓展与链接

食品的呈味物质溶于唾液或其溶液刺激舌的味蕾，经味神经纤维传至大脑的味觉中枢，经过大脑分析，才能产生味觉。味道象征一定的物质信号，如甜味补充营养，酸味加速新陈代谢，咸味保持体液平衡，鲜味富含营养素蛋白质，苦味有毒。此外，不同的呈味物质对味觉还有协同增强或相消减弱的作用。

一、味的相互作用

两种相同或不同的呈味物质进入口腔时，会使二者呈味味觉都有所改变的现象，称为味觉的相互作用。

1. 味的对比现象

味的对比又称味的突出，指两种或两种以上的呈味物质，适当调配，可使某种呈味物质的味觉更加突出的现象。如在 10% 的蔗糖中添加 0.15% 氯化钠，会使蔗糖的甜味更加突出，在乙酸中添加一定量的氯化钠可以使酸味更加突出，在味精中添加氯化钠会使鲜味更加突出。

2. 味的相乘作用

味的相乘作用是指两种具有相同味感的物质进入口腔时，其味觉强度超过两者单独使用的味觉强度之和，又称为味的协同效应。如甘草酸铵本身的甜度是蔗糖的 50 倍，但与蔗糖共同使用时末期甜度可达到蔗糖的 100 倍。把麦芽酚加入饮料或糖果中能加强其甜味。

3. 味的消杀作用

味的消杀作用是指一种呈味物质能够减弱另外一种呈味物质味觉强度的现象，又称为味的拮抗作用或味的掩盖作用。如蔗糖与硫酸奎宁之间的相互作用，食盐和砂糖以适当浓度相混合会使咸味和甜味都减弱，低于阈值的氯化钠能轻微降低乙酸和柠檬酸的酸味感，但是能明显降低乳酸、酒石酸和苹果酸的酸味感。如料酒中的乙醇、食醋中的乙酸等，当这些调味品与原料共热时，其挥发性物质的挥发性得到加强，从而冲淡和掩盖了原料中的异味。

4. 味的变调作用

味的变调作用又称味的转化作用，是指两种呈味物质相互影响而导致其味感发生改变的现象。刚吃过苦味的东西，喝一口水就觉得水是甜的。刷过牙后吃酸的东西就有苦味产生。

5. 味的疲劳作用

味的疲劳作用指当长期受到某种呈味物质的刺激后，就感觉刺激量或刺激强度减小的现象。如连续吃糖，会感觉甜度减小。

二、调味的基本原理

调味是将各种呈味物质在一定条件下进行组合，产生新味，其过程遵循以下原理。

1. 味强化原理

味强化即一种味的加入会使另一种味得到一定程度的增强。这两种味可以是相同的，也可以是不同的，而且同味强化的结果有时会远远大于两种味感的叠加。如 0.1% CMP 水溶液并无明显鲜味，但加入等量的 1% MSG 水溶液后，则鲜味明显突出，而且大幅度地超过 1% MSG 水溶液原有的鲜度；若再加入少量的琥珀酸或柠檬酸，效果更明显。又如在 100mL 水中加入 15g 的糖，再加入 17mg 的盐，会感到甜味比不加盐时要甜。

2. 味掩盖原理

味掩盖即一种味的加入，而使另一种味的强度减弱，乃至消失。如鲜味、甜味可以掩盖苦味，姜、葱味可以掩盖腥味等。味掩盖有时是无害有益的，如辛香料的应用；但掩盖不是相抵，在口味上虽然有相抵作用，但被"抵"物质仍然存在。

3. 味派生原理

味派生即两种味的混合，会产生出第三种味。如豆腥味与焦苦味结合，能够产生肉鲜味。

4. 味干涉原理

味干涉即一种味的加入，会使另一种味失真。如菠萝或草莓味能使红茶变得苦涩。

5. 味反应原理

味反应即食品的一些物理或化学状态会使人们的味感发生变化。如食品黏稠度、醇厚度高能增强味感，细腻的食品可以美化口感，pH 小于 3 的食品鲜度会下降。这种反应有的是感受现象，原味的成分并未改变，例如，黏度高的食品是由于延长了食品在口腔内黏着的时间，以至舌上的味蕾对滋味的感觉持续时间也被延长，这样当前一口食品的呈味感受尚未消失时，后一口食品又触到味蕾，从而产生一种接近处于连续状态的美味感；醇厚是食品中的鲜味成分多，并含有肽类化合物及芳香类物质所形成的。

三、调味方法

调味过程以及味的整体效果与所选用的原料有重要关系，还与原料的搭配及配方和加工工艺有关。调味是非常复杂的过程，是动态的，随着时间的延长，味还有变化。但只要了解了味的突出、味的掩盖、味的相乘、味的转化，再了解了原料的性能，进而运用调味公式就会调出成千上万的味汁。

1. 味的增效作用

味的增效作用也可称味的突出，是将两种以上不同味道的呈味物质，按悬殊比例混合使用，从而突出量大的那种呈味物质味道的调味方法。如少量的盐加入鸡汤内，只要比例适当，鸡汤立即呈现出特别的鲜美。调味公式为：主味（母味）＋子味 A＋子味 B＋子味 C＝主味（母味）的完美。

2. 味的增幅效应

味的增幅效应也称两味的相乘，是将两种以上同一味道物质混合使用导致这种味道进一步增强的调味方式。如姜有一种土腥气，同时又有类似柑橘那样的芳香，再加上它清爽的刺激味，常被用于提高清凉饮料的清凉感；桂皮与砂糖一同使用，能提高砂糖的甜度；5′-肌苷酸与谷氨酸相互作用具有增幅效应而产生鲜味。

调味公式为：主味（母味）×子味 A×子味 B＝主味的扩大。

3. 味的抑制效应

味的抑制效应又称味的掩盖，是将两种以上味道明显不同的主味物质混合使用，导致各种主味物质的味均减弱的调味方式，即因某种原料的存在而明显地减弱其显味强度。如在较咸的汤里放少许黑胡椒，就能使汤的味道变得圆润，这属于胡椒的抑制效果。如辣椒很辣，在辣椒里加上适量的糖、盐、味精等调味品，不仅缓解了辣味，味道也更丰富了。

调味公式为：主味＋子味 A＋主子味 A＝主味完善。

4. 味的转化

味的转化又称味的转变，是将多种味道不同的呈味物质混合使用，致使各种呈味物质的本味均发生转变的调味方式。如四川的怪味，就是将甜味、咸味、香味、酸味、辣味、鲜味调味品等，按相同的比例融合，最后导致什么味也不像，称之为怪味。

调味公式为：子味 A＋子味 B＋子味 C＋子味 D＝无主味。

目标检测

1. 酸味剂在使用过程中应注意哪些问题？
2. 举例说明果蔬制品中常使用哪些酸味剂。
3. 比较天然甜味剂及合成甜味剂的优缺点，在使用过程中应注意哪些问题？
4. 了解常用天然、合成甜味剂的名称及应用范围。
5. 鲜味剂常分为哪几种？
6. 列出复合鲜味剂与其他调味剂复配使用的配方。

项目四　乳化剂和增稠剂

知识目标

1. 了解乳化剂、增稠剂在食品加工中的意义。
2. 掌握乳化剂、增稠剂的定义、分类和作用机理。
3. 掌握乳化剂、增稠剂使用方法及在各类食品中添加剂量要求。

技能目标

1. 能够进行乳化剂乳化能力测试。
2. 能正确进行乳化剂、增稠剂性能比较。
3. 在典型食品加工中能正确使用乳化剂、增稠剂。

职业素养目标

1. 学习使用乳化剂、增稠剂解决食品加工问题（沉淀、分层等），增强专业自信，激发对专业的热爱和学习的激情。

2. 冰淇淋原本互不相容的成分通过乳化剂得到了融合，乳化剂通过复配使用达到增效作用，兼容并蓄、海纳百川，生活才能更加多姿多彩；要善于团队合作、优势互补，达到事半功倍的效果。

3. 多数增稠剂是食用胶，主要成分是膳食纤维，不会导致血液黏稠度增加，要透过现象看本质，科学视角独立分析问题。

知识准备

知识一　乳化剂

随着人们生活水平的提高，消费者对食品的要求不仅仅是局限在营养价值丰富和合理方面，而且还要求食品在外观、颜色、香味、口味、稠度、新鲜度等感官特征方面具有让人满意的品质。为了满足广大消费者的需求，一方面要控制和改良食品原料、加工工艺、加工设备、包装及保藏方法，另一方面就是采用新型、高效、安全、优质的食品添加剂。乳化剂作为调质类食品添加剂，在食品工业中扮演着重要角色，是现代食品工业的重要组成部分。

乳化剂的作用

乳化剂在食品加工中可以改善组织结构，简化和控制食品加工过程，改善风味、口感，提高食品质量，延长货架期等，是很重要的一类食品添加剂。《食品安全国家标准　食品添加剂使用标准》（GB 2760—2024）规定：能改善乳化体中各种构成相之间的表面张力，形成均匀分散体或乳化体的物质的一类添加剂为乳化剂。

目前我国规定允许使用的乳化剂有：蔗糖脂肪酸酯、酪蛋白酸钠、山梨醇酐单月桂酸酯、山梨醇酐三脂肪酸酯、山梨醇酐单油酸酯、木糖醇酐单硬脂酸酯、山梨醇酐单棕榈酸酯、硬脂酰乳酸钙、双乙酰酒石酸单（双）甘油酯、硬脂酰乳酸钠、木松香甘油酯、氢化松香甘油酯、聚氧乙烯山梨醇酐单硬脂酸酯、聚氧乙烯山梨醇酐单油酸酯、改性大豆磷脂、丙二醇脂肪酸酯、聚甘油脂肪酸酯、山梨醇酐单月桂酸酯、聚氧乙烯（20）-山梨醇酐单月桂酸酯、聚氧乙烯（20）-山梨醇酐单棕榈酸酯、乙酰化单双甘油脂肪酸酯、硬脂酸钾、聚甘油蓖麻酸酯等 30 多种。

一、乳化剂在食品加工中的作用及在各类食品中的应用

乳化剂在食品加工中有多种功效，不同的乳化剂由于组成和结构不同，在食品加工中可起到乳化、润湿、渗透、发泡、消泡、分散、增溶、润滑等作用，广泛用于面包、糕点、饼干、人造奶油、冰淇淋、饮料、乳制品、巧克力等食品工业中，约占食品添加剂使用量的一半以上，是食品加工中必不可少的食品添加剂。乳化剂能稳定食品的物理性质，促进油水相溶，渗入淀粉结构的内部，促进内部交联，防止淀粉老化，起到提高食品质量、延长食品保质期、改善食品风味、增加经济效益等作用。

1. 乳化剂在食品加工中的作用

（1）乳化作用　乳化剂在食品工业中应用最广的是乳化作用。食品中大多含有溶解性质

不同的组分，乳化剂有助于它们均匀、稳定地分布，从而防止油水分离，防止糖和油脂的起霜，防止蛋白质凝集或沉淀。此外，乳化剂可以提高食品耐盐、耐酸、耐热、耐冷冻保藏的稳定性，乳化后的营养成分更易为人体消化吸收。如酒精饮料、咖啡饮料、人造炼乳可使用甘油酸酯、山梨糖醇酐脂肪酸酯、丙二醇脂肪酸酯等低亲水亲油平衡（HLB）值的亲油性乳化剂和其他亲水性乳化剂配合，提高饮料及炼乳的乳化稳定性。

（2）发泡作用和充气作用　泡沫是气体分散在液体里产生的，而乳化剂中饱和脂肪酸链能稳定液态泡沫，因此，可加入乳化剂起发泡作用，乳化剂是蛋糕、冷冻甜食和食品上的饰品物的必要成分。在烘焙制品中，乳化剂可与面筋蛋白相互作用，并强化面筋网络结构，使得面团保气性得以改善，同时也可增加面团对机械碰撞及发酵温度变化的耐受性。添加乳化剂，可使面糊密度下降、蛋糕体积增大，并获得良好的品质及外观。

（3）悬浮作用　悬浮液是不溶性物质分散到液体介质中形成的稳定分散液，用于悬浮液的乳化剂，对不溶性颗粒也有润湿作用，有助于确保产品的均匀性，如巧克力饮料为常用的悬浮液。

（4）破乳作用和消泡作用　采用相反类型乳化剂或投入超出所需要的乳化剂的量会产生破乳化作用，控制破乳化作用，有助于使脂肪形成较好的颗粒，形成最好的产品。在许多食品加工过程中往往需要破乳、消泡作用，如在冰淇淋生产中，就需要使脂肪质点有所团聚，以获得较好的"干燥"产品。而具有不饱和脂肪酸链的乳化剂能抑制泡沫，因此可在乳浊液中加入乳化剂以达到破乳、消泡作用。

（5）络合作用　主要包括以下两方面。

① 与淀粉形成络合物，使产品得到较好的瓤结构，增大食品体积，防止老化和保鲜，形成均匀的结构　乳化剂可与直链淀粉作用，防止淀粉制品的老化、回生等，使产品具有柔软性并能保鲜。其中作用最强的是蒸馏单甘酯。以单酸甘油酯为例，在调制面团阶段，乳化剂被吸附在淀粉粒的表面，可以抑制淀粉粒的膨胀，阻止淀粉粒之间的相互连接。此时乳化剂不能进入淀粉粒内部。在面团进入烤炉烘焙时，面团内部温度开始上升，大约到50℃时，单酸甘油酯由β-结晶状态转变为α-结晶状态，然后与水一起形成液体结晶层状分散相。α-结晶状态是乳化剂最有效的活性状态。当达到淀粉的糊化温度时，淀粉粒开始膨胀，乳化剂这时与溶出淀粉粒的直链淀粉和留在淀粉粒内的直链淀粉相互作用。由于乳化剂的构型是直碳氢链，而直链淀粉的构型是螺旋状，因此乳化剂与直链淀粉相互作用，形成的复合物在水中是不可溶的，阻止了直链淀粉溶出淀粉粒，大大减少了游离直链淀粉的量。

② 与原料中的蛋白质和油脂络合，增强面团强度　可与蛋白质相互作用，主要是蛋白质上氨基酸侧链基团与乳化剂发生作用。乳化剂加入面团后，与面筋蛋白形成复合物，即乳化剂的亲水基结合麦胶蛋白、亲油基结合麦谷蛋白，面筋蛋白分子变大，形成结构牢固细密的面筋网络，增强了面筋的机械强度，提高了面团的持气性，从而使产品体积增大。特别是在使用不能形成面筋的大豆蛋白时，使用乳化剂可以促进脂类对大豆蛋白的束缚，增强与其他成分的联系。

在有水存在时，乳化剂可与脂类作用，形成稳定的油水混合体系。乳化剂与脂类和蛋白质形成氢键或偶联络合物，强化了面团的网状结构，提高了面团的弹性和吸水性，增加了揉面时空气的混入量，缩短了发酵时间，使面包等制品膨松、柔软。

（6）结晶控制作用　乳化剂对固体脂肪结晶的形成、晶型和析出有控制作用。在巧克力中，促进可可脂的结晶变得微细和均匀；在冰淇淋等冷冻食品中，高 HLB 的乳化剂可阻止糖类等产生结晶；而在人造奶油中，低 HLB 的乳化剂则可阻止油脂产生结晶。人造奶油的耐贮性不如天然奶油，巧克力在贮藏中发生的发花现象，均是由晶体的多晶态变化造成的。人造奶油的 β'-型多晶中混有一部分 β-型多晶，而奶油为单纯的 β'-型结晶。由于 β-晶体颗粒大、熔点高，所以对人造奶油的油滑柔软感会带来不利影响。因此，在巧克力等食品中，可添加乳化剂控制熔点高的固体脂肪结晶的出现，防止人造奶油、起酥油、巧克力浆料等中粗大结晶的形成。

（7）润滑作用　甘油单酸酯和甘油二酸酯都具有较好的润滑效果，使淀粉制品被挤压时可获得优良的润滑性，能有效地用于食品加工过程。在焦糖中加入固体甘油单酸酯和甘油二酸酯能减少对切刀、包装物和消费者牙齿的黏结力。

（8）润湿作用　乳化剂对不溶性颗粒也有润湿作用，这有助于确保产品的均匀性，在奶粉、可可粉、麦乳精、速溶咖啡、粉末饮料冲剂和汤味料等食品中使用乳化剂，可提高其分散性、悬浮性和可溶性，有助于方便食品在冷水或热水中速溶和复水。如亲水性固体（蛋白质粉），加入水中迅速润湿，外湿内干，易结块，在其中添加一些极性低、亲脂性好的卵磷脂，可降低粉末的润湿速度，达到速溶。疏水性悬浮固体（全脂奶粉），具有类似脂肪的表面，加入极性高、亲水性好的卵磷脂，可消除脂肪与水之间的相互排斥性，使产品迅速分散于液体中，达到速溶。

（9）抗菌、保鲜作用　蔗糖酯等具有一定的抗菌性，可用作蛋品、水果、蔬菜等的保鲜涂膜剂的乳化剂。在果蔬表面涂膜，可抑制水分蒸发、防止细菌侵袭和调节其呼吸作用。天然乳化剂磷脂还具有抗氧化作用。

不同的乳化剂、同一乳化剂在不同条件下以及不同乳化剂的复配使用，其作用效果是有差异的。在食品加工过程中，根据食品种类、加工条件以及加工方法不同，正确选择食品乳化剂以及合理进行复配使用，可达到最佳使用效果。

2. 食品乳化剂在各类食品中的应用

乳化剂作为表面活性剂，能与脂类、蛋白质、碳水化合物等食品成分发生特殊的相互连接，具有乳化或破乳、润湿或反润湿、起泡或消泡以及分散、增溶、润滑等一系列作用。因此，乳化剂在食品加工中可起到多种功效，几乎所有的食品加工中都可以使用乳化剂，如焙烤制品、人造奶油、冷饮、乳制品及仿乳制品、肉制品、豆制品、糖果、饮料、罐头、料理等食品成品或辅助材料，用以改善品质、保持风味、延长保鲜期和改善加工性能。

（1）乳化剂在鱼肉糜、香肠等中的应用　使所添加的油脂乳化、分散；提高组织的均质性；有利于表面被膜的形成，以提高商品性和保存性；提高产品的嫩度，改善制品的风味，提高产品质量。

（2）乳化剂在糖果类中的应用　使所添加的油脂乳化、分散，提高口感的细腻性；使制品表面起霜，防止与包装纸的粘连；防止砂糖（水相基）结晶。

（3）乳化剂在胶姆糖中的应用　提高胶基的亲水性，防止粘牙；使各组分均质；防止与包装纸的粘连。

（4）乳化剂在面包、蛋糕类中的应用　防止小麦粉中直链淀粉的疏水作用，从而防止老化、回生，乳化剂能与面团中的直链淀粉络合，推迟了淀粉在面团存放时失水而重新结晶所致的发干、发硬，保持产品一定的湿度而使面包柔软保鲜，保持营养价值；降低面团黏度，便于操作，促使面筋组织形成，乳化剂与面团中的脂类和各种蛋白质形成氢键或络合物，像一条条锁链一样大大强化了面团在和面及醒发时形成的网络结构；提高发泡性，并使气孔分散、致密；促使起酥油乳化、分散，从而改善组织和口感。

（5）乳化剂在饼干类中的应用　提高面团亲水性，便于配料搅拌；使起酥油乳化、分散，改善组织和口感；提高发泡性，使气孔分散、致密。

（6）乳化剂在面条类中的应用　减少成品水煮时淀粉的溶出，降低损失；增强弹性、吸水性和耐断性；提高面团的亲水性，降低面团黏度、便于操作。

（7）乳化剂在酱、果类中的应用　防止油、水析出。

（8）乳化剂在冷冻食品中的应用　改善疏水组分的析水现象，从而防止粗大冰结晶的形成。

（9）乳化剂在豆腐中的应用　抑制发泡；提高豆浆的亲水性，使其与豆渣充分分离；增强保水性而使出浆率提高；提高固化成型后的保型能力。

另外，乳化剂还可用于需要添加淀粉的肉制品中，使制品的保水性增强、弹性增加，并减少淀粉填充物的糊状感；用于面粉以增加面筋强度；提高速溶食品如咖啡、奶粉等的速溶性等。

二、乳化剂作用机理

1. 乳化与乳化机理

把水和油一起注入烧杯，稍静置就会出现分层，在分界面处形成一层明显的接触膜，加以强烈的振荡或者搅拌可使两者互相混合，但这种用机械的方法制成的分散状态是不稳定的，一旦静置，还会分层，如果在此体系中加入少量乳化剂，再进行搅拌混合，则油就可以以微小的液滴分散于水中，形成乳浊液，这种现象就叫乳化。食品是含有水、蛋白质、糖、脂肪等组分的多相体系，因而食品中许多成分是互不相溶的，各组分混合不均匀，致使食品中出现油水分离、焙烤食品发硬、巧克力糖起霜等现象，影响食品质量。乳化剂正是能使食品多相体系中各组分相互融合，形成稳定、均匀的形态，改善内部结构，简化和控制加工过程，提高食品质量的一类添加剂。乳化剂使用得当，乳浊液的稳定性就好，很难再分层。食品中常见的乳状液，一相是水或水溶液，统称为亲水相；另一相为与水互不相溶的有机相，或称亲油相。两种不相混溶的液体，如水和油相混合时能形成两种类型的乳状液，即水包油（O/W）型和油包水（W/O）型乳状液。在水包油型乳状液中油以微小滴分散在水中，油滴为分散相，水为分散介质，如牛乳即为一种 O/W 型乳状液；在油包水型乳状液中则相反，水以微小液滴分散在油中，水为分散相，油为分散介质，如人造奶油即为一种 W/O 型乳状液。

食品乳化剂也称为表面活性剂，或说是使互不相溶的液质转为均匀分散相（乳浊液）的物质，添加于食品后可显著降低油水两相界面张力，使互不相溶的油（疏水性物质）和水（亲水性物质）形成稳定乳浊液的食品添加剂。乳化剂一方面通过在两相界面的吸附作用急剧降低表面张力，从而极大地降低整个体系的表面自由能，并形成新的界面，乳化剂分子内具有亲水和亲油两类基团，这两类基团能分别吸附在油和水两相互相排斥的相面上，形成薄分子层，降低两相的界面张力，即油分子与乳化剂的亲油部分为一方，水分子与乳化剂的亲水部分为另一方，这种两方的相互作用，使界面张力发生变化；另一方面，通过在微滴表面形成保护性的吸附层而赋予微滴很强的空间稳定作用。一般乳化剂的加入量愈多，界面张力的降低也愈大。这样就使原来互不相溶的物质得以均匀混合，形成均质状态的分散体系，改变了原来的物理状态，进而改善食品的内部结构，提高质量。

2. 亲水亲油平衡（HLB）值

一般亲水性强的乳化剂易形成油/水型乳浊液，亲油性强的乳化剂易形成水/油型乳浊液。为了表示乳化剂的亲水性和亲油性的平衡关系，通常使用 HLB 值（亲水亲油平衡值），1949 年格尔芬首先提出了乳化剂的亲水亲油平衡（hydrophilic-lipophilic balance）概念，并用 HLB 值表示乳化剂的亲水性。HLB 值有多种计算法，

$$\text{差值式：HLB} = \text{亲水基的亲水性} - \text{亲油基的憎水性} \tag{3-4}$$

$$\text{比值式：HLB} = \frac{\text{亲水基的亲水性}}{\text{亲油基的憎水性}} \tag{3-5}$$

每一种乳化剂的 HLB 值，都可用实验方法来测定，规定亲油性为 100% 的乳化剂，其 HLB 为 0（以石蜡为代表），亲水性 100% 者 HLB 为 20（以油酸钾为代表），其间分成 20 等分，以此表示其亲水性、亲油性的强弱，HLB 值越大，亲水性越强，HLB 值越小，亲油性越强。绝大部分食用乳化剂是非离子表面活性剂，HLB 值为 0~20，非离子型乳化剂的 HLB 值及其相关性质见表 3-23；离子型表面活性剂的 HLB 值则为 0~40。因此，凡 HLB 值<10 的乳化剂主要是亲油性的，而 HLB 值≥10 的乳化剂则具有亲水性特征。

表 3-23　非离子型乳化剂的 HLB 值及其相关性质

HLB 值	所占百分数/%		在水中性质	应用范围
	亲水基	亲油基		
0	0	100	HLB 1~4,不分散	
2	10	90		HLB 1.5~3,消泡作用
4	20	80	HLB 3~6,略有分散	HLB 3.5~6,W/O 型乳化作用(最佳 3.5)
6	30	70	HLB 6~8,经剧烈搅打后呈乳浊状分散	HLB 7~9,湿润作用
8	40	60		HLB 8~18,O/W 型乳化作用(最佳 12)
10	50	50	HLB 8~10,稳定的乳状分散	
12	60	40	HLB 10~13,趋向透明的分散	HLB 13~15,清洗作用
14	70	30		
16	80	20	HLB 13~20,呈溶解状透明胶体状液	HLB 15~18,助清作用
18	90	10		
20	100	0		

对于混合型的乳化剂，其 HLB 值具有加和性。故两种或两种以上乳化剂混合使用时，该混合乳化剂的 HLB 值可按其组成的各个乳化剂的质量分数求得：

$$\text{HLB}_{a,b} = \text{HLB}_a \cdot A\% + \text{HLB}_b \cdot B\% \tag{3-6}$$

式中，$\text{HLB}_{a,b}$ 为乳化剂 a、b 混合后的 HLB 值；HLB_a 和 HLB_b 分别为 a 和 b 两种乳化剂的 HLB 值；$A\%$ 和 $B\%$ 分别为 a 和 b 在该混合乳化剂中的百分含量（本式仅适用于非离子型乳化剂）。

3. 乳化剂的制备方法及影响因素

乳化剂的制备方法有四种，即干胶法、湿胶法、油相水相混合法、机械法。干胶法，即把水相加到含乳化剂的油相中，制备时先将胶粉（乳化剂）与油混合均匀，加入一定量的水，研磨乳化成初乳，再逐渐加水稀释至全量。湿胶法，即油相加到含乳化剂的水相中，制备时将胶（乳化剂）先溶于水中，制成胶浆作为水相，再将油相分次加于水相中，研磨成初乳，再加水至全量。油相水相混合法，即油相水相混合加至乳化剂中，将一定量油、水混合；阿拉伯胶置乳钵中研细，再将油水混合液加入其中迅速研磨成初乳，再加水稀释。

制备乳剂主要是将两种液体乳化，而乳化的好坏对乳剂的质量有很大影响。影响乳化的因素主要有界面张力、黏度、温度、乳化时间、乳化剂的用量等。一般选用能显著降低界面张力的乳化剂；乳化剂最适宜的乳化温度为70℃左右，若用非离子型表面活性剂作为乳化剂，乳化温度不应超过其昙点；一般乳化剂的用量越多，形成的乳剂也越稳定。

三、乳化剂的分类

食品生产使用的乳化剂品种繁多，分类方法也较多。其主要分类方法有以下几种。

（1）按其亲水亲油性可分为：亲水型乳化剂、亲油型乳化剂。

亲水型乳化剂一般指亲水亲油平衡值在9以上的乳化剂，易形成水包油型乳浊液，如吐温（Tween）系列、低酯化度的蔗糖酯、聚甘油酯类乳化剂；亲油型乳化剂一般指亲水亲油平衡值在3～6的乳化剂，易形成油包水型乳浊液，如山梨醇类乳化剂、脂肪酸甘油酯类乳化剂。

（2）按其来源可分为：天然的和人工合成的乳化剂。

磷脂类乳化剂为天然的乳化剂，人工合成的有蔗糖脂肪酸酯、山梨醇酯类乳化剂等。

（3）按其所带电荷可分为：离子型和非离子型乳化剂。

离子型乳化剂又分为阴离子型乳化剂、阳离子型乳化剂和两性乳化剂，如硬脂酰乳酸钙（钠）、硬脂酸钾、双乙酰酒石酸单双酯、为阴离子型乳化剂，磷酸盐类乳化剂为阳离子型乳化剂，卵磷脂为两性乳化剂。应用最多的为非离子型乳化剂，包括蔗糖脂肪酸酯、单硬脂酸甘油酯、木糖醇酐单硬脂酸酯、聚氧乙烯木糖醇酐单硬脂酸酯、丙二醇脂肪酸酯、乙酰化单双甘油脂肪酸酯、聚甘油蓖麻醇酸酯、松香甘油酯、氢化松香甘油酯、司盘20、司盘40、司盘60、司盘65、司盘80、吐温20、吐温40、吐温60、吐温80等。

（4）按其分子量大小可分为：小分子乳化剂和高分子乳化剂。

小分子乳化剂乳化效力强，常用的乳化剂均为小分子乳化剂，如各种脂肪酸酯类乳化剂。而高分子乳化剂稳定、效果好。

四、常用乳化剂的使用

1. 非离子型乳化剂

（1）蔗糖脂肪酸酯（CNS：10.001；INS：473）

蔗糖脂肪酸酯又称脂肪酸蔗糖酯、蔗糖酯（SE），是由蔗糖和脂肪酸（主要是硬脂酸、棕榈酸、油酸、月桂酸）酯化而成，主要产品为单酯、双酯和三酯的混合物。改变蔗糖与脂肪酸的比例，可获得具有不同亲水性/亲油性的酯。单酯含量高（等于或约为70%）的蔗糖酯有很好的水分散性，而单酯含量低（10%～30%）的具有油溶性。

【性质】　白色至黄色的粉末，或无色至微黄色的黏稠液体或软固体，无臭或稍有特殊的气味。易溶于乙醇、丙酮。单酯可溶于热水，但二酯和三酯难溶于水。溶于水时有一定黏度，有润湿性，对油和水有良好的乳化作用。软化点50～70℃。亲水性比其他乳化剂强。有旋光性。耐热性较差，在受热条件下酸值明显增加，蔗糖基团可发生焦糖化作用，从而使颜色加深。

【性能】　具有表面活性，能降低表面张力，有良好的乳化性能。同时，还具有良好的充气作用；能稳定其他乳化剂的α-晶型；能与面粉中的蛋白质和淀粉发生相互作用，从而使酵母发酵类食品（如面包）的体积增大；降低巧克力的流变性和黏度；可以提高淀粉的糊化温度和黏度；防止乳蛋白的凝聚沉降等作用。

蔗糖酯的HLB值为3～15。单酯含量越多，HLB值越高。HLB值低的，可用作W/O型乳化剂；HLB值高的，可用作O/W型乳化剂。

【安全性】　蔗糖酯是非常安全和无害的乳化剂，在人体内分解为蔗糖和脂肪酸，但在制备时使用了催化剂，会有二甲基甲酰胺残留，FAO/WHO暂规定，ADI为0～30mg/kg体重。

【应用】　蔗糖脂肪酸酯可用于肉制品、香肠、乳化香精、水果及鸡蛋保鲜、冰淇淋、糖果、面包、乳化天然色素、八宝粥、饮料、糖果（包括巧克力及巧克力制品）、调味料、即食菜肴、精制食用脂、稀奶油（淡奶油）及其类似品、糕点、焙烤食品等。具体使用时，一般先将蔗糖酯以少量水（或油、乙醇等）混合、润湿，再加入所需量的水（或油、乙醇等），并适当加热，使蔗糖酯充分溶解与分散。《食品安全国家标准　食品添加剂使用标准》（GB 2760—2024）规定：用于冷冻饮品（食用冰除外）、经表面处理的鲜水果、杂粮罐头、肉及肉制品、鲜蛋、饮料类（包装饮用水类除外），最大用量为1.5g/kg；调制乳、焙烤食品，最大用量为3g/kg；生湿面制品（如面条、饺子皮、馄饨皮、烧麦皮）、生干面制品、方便米面制品、果冻，最大用量为4g/kg；果酱、专用小麦粉（如自发粉、饺子粉等）、面糊（如用于鱼和禽肉的拖面糊）、裹粉、煎炸粉、调味糖浆、调味品、其他（仅限即食菜肴），最大用量为5g/kg；稀奶油（淡奶油）及其类似品、基本不含水的脂肪和油、水油状脂肪乳化制品及以外的脂肪乳化制品，包括混合的和（或）调味的脂肪乳化制品、可可制品、巧克力和巧克力制品（包括代可可脂巧克力及制品）以及糖果，最大用量为10g/kg。

（2）山梨醇酐脂肪酸酯类　山梨醇酐脂肪酸酯类即司盘类乳化剂，商品名Span，包括司盘20、司盘40、司盘60、司盘65、司盘80，是各种脂肪酸和山梨醇化学合成的产品，依脂肪酸种类不同而得到的系列产品。

【性质】　呈淡褐色油状或蜡状。有特异的臭气，其HLB值为1.8～8.6，可溶于水或油，适于制成O/W型和W/O型两种乳浊液，不同脂肪酸的山梨醇酐脂肪酸酯类的性质见表3-24。受热后会产生焦糖化作用，使成品具有焦糖的苦味和微甜味，并使成品色泽加深。其耐热性和水解性相对较为平稳。

表 3-24　司盘类乳化剂性质比较

名　称	HLB 值	性状	类　型
山梨醇酐单月桂酸酯(司盘 20)	8.6	淡褐色油状	O/W
山梨醇酐单棕榈酸酯(司盘 40)	6.7	淡褐色蜡状	O/W
山梨醇酐单硬脂酸酯(司盘 60)	4.7	淡黄色蜡状	W/O
山梨醇酐三硬脂酸酯(司盘 65)	2.1	淡黄色蜡状	W/O
山梨醇酐单油酸酯(司盘 80)	4.3	黄褐色油状	W/O
山梨醇酐三油酸酯(司盘 85)	1.8	淡黄色蜡状	W/O

【性能】　具有乳化、稳定、分散、帮助发泡及稳定油脂晶体结构等作用，常与其他乳化剂合用。

在人造奶油生产中，可避免游离脂肪酸的析出，在无溶剂的情况下使水溶性物质在油脂中乳化；蛋糕生产中，使其中的水和奶油处于较稳定的均匀状态，并缩短搅拌时间，提高成品质量；饮料生产中可用作维生素 A、维生素 D 的乳化分散剂；巧克力生产中可控制起霜现象，并防止油脂的酸败；胶姆糖生产中，可降低半流体或固体与固体界面的表面张力，防止胶质老化，改善咀嚼感和防止砂糖析出；固体饮料生产中，可用作可可粉、果汁粉的水分散剂。

山梨醇酐有明显的亲水性，其酯对降低界面张力的能力比单甘酯强得多。

【安全性】　本品安全性高，ADI 为 0～25mg/kg 体重。

【应用】　《食品安全国家标准 食品添加剂使用标准》（GB 2760—2024）规定：风味饮料（仅限果味饮料），最大用量为 0.5g/kg；调制乳、冰淇淋、雪糕类、除胶基糖果以外的其他糖果、面包、糕点、饼干、经表面处理的鲜水果、经表面处理的新鲜蔬菜、果蔬汁（浆）类饮料、固体饮料类（速溶咖啡除外），最大用量为 3.0g/kg；植物蛋白饮料，最大用量为 6.0g/kg；稀奶油（淡奶油）及其类似品、氢化植物油、可可制品、巧克力和巧克力制品（包括代可可脂巧克力及制品）、速溶咖啡、干酵母，最大用量为 10.0g/kg；脂肪、油和乳化脂肪制品（植物油除外），最大用量为 15g/kg 等。我国规定司盘 20，用于增大冰淇淋容积、防止面包老化、防止巧克力结霜以及改善口香糖胶质品质；司盘 40，用于椰子汁、果汁、牛乳、奶糖、冰淇淋、面包、糕点、巧克力，≤3g/kg；司盘 60，乳化力优于其他乳化剂，但风味差，故通常与其他乳化剂复配使用，可取得理想效果；司盘 80 为亲油型乳化剂，如与吐温 80 混合使用，乳化效果更佳。

（3）单、双甘油脂肪酸酯（CNS：10.006；INS：471）

【性质】　白色蜡状薄片或珠粒状固体，不溶于水，与热水经强烈振荡混合后可分散于水中，多为油包水型乳化剂。能溶于热的有机溶剂如乙醇、苯、丙酮以及矿物油和固定油中。凝固点不低于 54℃。

【性能】　乳化剂。具有良好的亲油性，是乳化性很强的油包水型（W/O）乳化剂，HLB 值小。

【安全性】　ADI：无限制性规定（FAO/WHO）。

【应用】　《食品安全国家标准 食品添加剂使用标准》（GB 2760—2024）规定：稀奶油、生湿面制品（如面条、饺子皮、馄饨皮、烧麦皮）、婴幼儿配方食品、婴幼儿辅助食品，按生产需要适量使用；香辛料类，最大用量为 5g/kg；赤砂糖、原糖、其他糖和糖浆，最大用量为 6g/kg；黄油和浓缩黄油，最大用量为 20g/kg；生干面制品，最大用量为 30g/kg。

（4）聚氧乙烯山梨醇酐脂肪酸酯（商品名 Tween）　聚氧乙烯山梨醇酐脂肪酸酯即吐温类乳化剂，是由司盘在碱性条件下和环氧乙烷发生加成反应生成的。多数为 O/W 乳化剂。

【性质】　一般为浅米色至淡黄色，具特有油脂气味和带有苦味的油脂滋味，吐温比司盘有更高的稠度和更低的熔点。吐温溶于水，为亲水性、O/W 型非离子表面活性剂，有很好的热稳定性和水解稳定性，不同脂肪酸的聚氧乙烯山梨醇酐脂肪酸酯类的性质见表 3-25。

表 3-25　吐温类乳化剂性质比较

商品名	脂肪酸种类	HLB 值	类型	性状
吐温 20	单月桂酸	16.9	O/W	油状液体
吐温 40	单棕榈酸	15.6	O/W	油状液体
吐温 60	单硬脂酸	14.9	O/W	油状液体
吐温 80	单油酸	15.0	O/W	油状液体

【性能】　具有乳化剂、消泡剂、稳定剂等作用，常与其他乳化剂合用。在食品中有良好的充气和搅拌起泡作用；对一定的油脂晶体结晶有很好的稳定作用；对难溶于水的亲油性物质（如精油）有良好的助溶作用，故可用以配制乳化香精。

聚氧乙烯基团的亲水性更高，吐温的 HLB 值远大于司盘，呈亲水性的 O/W 型乳化性，且吐温的界面活性作用不受 pH 的影响。

【安全性】　从吐温 80 到吐温 20，其 HLB 值越来越大，是因为加入的聚氧乙烯增多。聚氧乙烯增多，乳化剂的毒性则随之增大，故吐温 20 和吐温 40 很少作为食品添加剂使用，食品上主要使用吐温 60 和吐温 80，其 ADI 为 0～25mg/kg。

【应用】　《食品安全国家标准 食品添加剂使用标准》（GB 2760—2024）规定：饮料类（包装饮用水类及固体饮料类除外），最大用量为 0.5g/kg；果蔬汁（浆）类饮料，最大用量为 0.75g/kg；稀奶油、调制稀奶油、液体复合调味料最大用量为 1.0g/kg；调制乳、冷冻饮品（食用冰除外），最大用量为 1.5g/kg；含乳饮料、植物蛋白饮料、糕点，最大用量为 2.0g/kg；面包最大用量为 2.5g/kg；固体复合调味料最大用量为 4.5g/kg；水油状脂肪乳化制品及以外的脂肪乳化制品，包括混合的和（或）调味的脂肪乳化制品、半固体复合调味料，最大用量为 5g/kg。在实际生产中，吐温和司盘常常混用，两者混合比例依所需的 HLB 值而定。HLB 值与不同乳化剂的混合比见表 3-26。

表 3-26　HLB 值与不同乳化剂的混合比

HLB 值	乳化剂	HLB 值	乳化剂
2	8%司盘 80＋92%司盘 85	10	46%司盘 80＋54%吐温 80
4	88%司盘 80＋12%司盘 85	14	28%司盘 80＋72%吐温 80
6	83%司盘 80＋17%吐温 80	16	60%吐温 20＋40%吐温 80
8	65%司盘 80＋35%吐温 80	18	100%吐温 20

2. 离子型乳化剂

（1）硬脂酰乳酸盐　硬脂酰乳酸盐包括硬脂酰乳酸钙（CSL；CNS：10.009；INS：482i）、硬脂酰乳酸钠（SSL；CNS：10.011；INS：481i），由硬脂酸与乳酸在碱存在时反应制得，称为硬脂酰乳酸钠或钙，以 SSL 或 CSL 表示。

【性质】　为白色粉末，无臭、有焦糖样气味。SSL 为硬脂酰乳酸钠和少量其他有关酸类所形成的钠盐的混合物，不溶于水，能分散于热水，可溶于热的油脂；CSL 为硬脂酰乳酸钙和少量其他有关酸类所形成的钙盐的混合物，难溶于冷水，稍溶于热水，经加热、强烈搅拌，可完全溶解，易溶于热的油脂中。钙盐溶于热油脂中而钠盐溶于水，钙盐不吸潮而钠盐吸湿性强。由于二者的耐热性差，在受热时，色泽加深，酸值提高，酸、碱、酶（包括脂肪水解酶）都会导致其水解，故在水系中不宜高温长时间保存。

【性能】　乳化剂、稳定剂。CSL 或 SSL 在面团中可使面筋性质发生改善，大大提高面筋的弹性和稳定性，可增加面团的耐揉搓性，并减少糊化，非常适用于面包加工，可使面包体积增大、柔软并不易老化；用于面条中可增加面条的弹性，经得起长时间的水煮。

CSL 的 HLB 值为 5.1，而 SSL 的 HLB 值为 8.3，分别是 W/O 型和 O/W 型的乳化剂。

【安全性】　CSL，大鼠经口 LD_{50} 为 27g/kg 体重，ADI 为 0～20mg/kg 体重（FAO/WHO）。SSL，ADI 为 0～25mg/kg 体重。

【应用】　《食品安全国家标准 食品添加剂使用标准》（GB 2760—2024）规定：调制乳、风味发酵乳、冰淇淋、雪糕类、果酱、干制蔬菜（仅限脱水马铃薯粉）、装饰糖果（如工艺造型或用于蛋糕装饰）、顶饰（非水果材料）和甜汁、专用小麦粉（如自发粉、饺子粉等）、生湿面制品（如面条、饺子皮、馄饨皮、烧麦皮）、发酵面制品、面包、糕点、饼干、肉灌肠类、调味糖浆、蛋白饮料、特殊用途饮料、风味饮料、茶、咖啡、植物（类）饮料，最大用量为 2.0g/kg；稀奶油、调制稀奶油、稀奶油类似品、水油状脂肪乳化制品及以外的脂肪乳化制品，包括混合的和（或）调味的脂肪乳化制品，最大用量为 5.0g/kg；其他油脂或油脂制品（仅限植脂末），最大用量为 10.0g/kg。

一般为了克服钙盐的难溶性问题，可将钙盐与钠盐等量混合后使用。使用时可以与面粉直接混合均匀使用；或将其加入 6 倍的 60℃左右的温水中，制成膏状后，再按比例加入面粉中，效果更佳；添加量为 0.2%～0.5%（以面粉量计）。

（2）改性大豆磷脂（CNS：10.019；CAS：977092-75-3）　大豆磷脂是大量的卵磷脂、脑磷脂、肌醇磷脂和少量的磷脂酸、磷酸丝氨酸酯等的混合物。卵磷脂广泛存在于动植物中，是一种天然乳化剂，HLB 值约为 3.5，是亲油性乳化剂。其特点是纯天然的优质乳化剂，也是唯一不限制用量的乳化剂。有较强的乳化、润湿、分散作用，还有良好的医疗保健效果。改性大豆磷脂是以天然大豆磷脂为原料，经过乙酰化和羟基化改性及脱脂后制成。改性大豆磷脂的水分散性、溶解性及乳化性等均比大豆磷脂好，因而其乳化性和亲水性能较浓缩大豆磷脂效果更好，用量更少，同样可应用于多种食品之中。

【性质】　为黄色至棕黄色粉末，易吸湿，能分散于水，部分溶于乙醇，分散性、水解性好于大豆磷脂，无异味。

【性能】 乳化剂、脱模剂、品质改良剂。

【安全性】 ADI 不做限制性规定。

【应用】 《食品安全国家标准 食品添加剂使用标准》（GB 2760—2024）规定：改性大豆磷脂作为乳化剂可按生产需要适量使用。

五、乳化剂使用中的注意事项

① 乳化剂的 HLB 值是选择乳化剂的仅具参考性的数据，只有结合实践经验，经过试验，选用适宜的乳化剂，才可达到提高乳化体系稳定性的预期效果。

② 理想的乳化剂，应该是水相、油相的亲和力都较强。故应用中多取 HLB 值大和 HLB 值小的两种乳化剂混用，常致相乘效果。不同乳化剂复合使用，制得的乳浊液比较稳定。

③ 选水溶性乳化剂时，乳化剂亲油基与乳化体系中的有机溶液的结构越相似乳化效果越好。

④ 使用中应与增稠剂和密度调节剂等配合使用，以提高乳化剂的稳定作用。

⑤ 注意乳化剂的添加量。饼干中一般不超过面粉的 1%，通常为 0.3%～0.5%；如主要目的是乳化，则以配方中油脂总量为添加基准，一般为油脂的 2%～4%。

⑥ 在加入食品前，应将乳化剂在水中或油中充分分散，制成乳状液。

知识二　增稠剂

增稠剂是一类可以提高食品黏稠度或形成凝胶，从而改变食品的物理性状，赋予食品黏润、适宜的口感，并兼有乳化、稳定或使食品呈悬浮状态作用的食品添加剂。在加工食品中可起到提供稠度、黏度、黏附力、凝胶形成能力、硬度、脆性、紧密度、稳定乳化、悬浊体等作用，使食品获得良好的口感。亦常称作增黏剂、胶凝剂、乳化稳定剂等。因都属亲水性

增稠剂

高分子化合物，可水化形成高黏度的均相液，故亦称水溶胶、亲水胶体或食用胶。增稠剂在水中有一定的溶解度；在水中强化溶胀，在一定温度范围内能迅速溶解或糊化；其水溶液有较大黏度，具有非牛顿流体的性质；在一定条件下具有可形成凝胶和薄膜的特性。

目前允许使用的食品增稠剂有琼脂、羧甲基淀粉钠（CMS）、黄原胶、明胶、海藻酸钙、海藻酸钠、海藻酸丙二醇酯、卡拉胶、果胶、阿拉伯胶、槐豆胶、瓜尔胶、羟丙基淀粉、环状糊精（β-CD）、羧甲基纤维素钠（CMC）等 40 多种。

一、增稠剂在食品加工中的作用

食品增稠剂对保持流态食品、胶冻食品的色、香、味、结构和稳定性起相当重要的作用。

1. 增稠作用

增稠剂在食品中主要是赋予食品所要求的流变特性，同时可以改变食品的质构和外观，

将液体、浆状食品形成特定形态，并使其稳定、均匀，提高食品质量，以使食品具有黏滑适口的特点。

2. 胶凝作用

增稠剂的凝胶作用，是利用其胶凝性，当体系中溶有特定分子结构的增稠剂，浓度达到一定值，而体系的组成也达到一定要求时，体系可形成凝胶。

常用作果冻、奶冻、软糖、仿生食品中的胶凝剂。其中以琼脂最为有效。琼脂凝胶坚挺、硬度高、弹性小；明胶凝胶坚韧而富有弹性，承压性好，并有营养；卡拉胶凝胶透明度好、易溶解，适用于制作奶冻；果胶具有良好的风味，适于制作果味制品。在糖果、巧克力中使用增稠剂，目的是起凝胶作用、防霜作用，同时增稠剂能保持糖果的柔软性和光滑性。

3. 起泡作用和稳定泡沫作用

食品胶可使加工食品的组织趋于更稳定的状态，使食品质量不易改变，因此可叫作稳定剂、品质改良剂，如在蛋糕、啤酒、面包、冰淇淋中使用。在蛋糕、面包等食品中作发泡剂，如明胶发泡能力是鸡蛋的 6 倍。

4. 黏合作用

如在香肠中使用槐豆胶、鹿角菜胶。

5. 成膜作用

增稠剂能在食品表面形成非常光润的薄膜，可以防止冰冻食品、固体粉末食品表面吸湿而导致的质量下降。可作被膜用的有醇溶性蛋白、明胶、琼脂、海藻酸等。还可用于食品抛光。当前，可食用包装膜是增稠剂发展的方向之一。

6. 保水作用

增稠剂有强亲水作用，能吸收几十倍乃至上百倍于自身重量的水分。并有持水性，这个特性可改善面团的吸水量，使产品的重量增大；亲水胶具有强烈的水化作用，利用此特性可保持加工食品中的水分。如在面包中加入，可保持面包的含水量，使其新鲜。在肉制品、面粉制品中加入增稠剂能起改良品质的作用。

7. 矫味作用

对不良气味有掩蔽作用。其中环糊精效果较好，可消除食品中的异味，但绝不能将增稠剂用于腐败变质的食品。例如，在豆乳中加入 $2\%\sim5\%$ β-环状糊精可显著减少豆腥味。

8. 控制结晶作用

增稠剂具有溶水和稳定的特性，能使食品在冻结过程中生成的冰晶细微化，并包含大量微小气泡，使其结构细腻均匀，口感光滑，外观整洁。

除此之外，增稠剂还具有以下其他作用。由于多糖类增稠剂不为人体消化吸收，具有膳食纤维作用；有一些增稠剂还具有絮凝澄清作用，如卡拉胶可在果汁类食品中作澄清剂。增稠剂都是大分子物质，许多来自天然胶质，在人体内几乎不消化而被排泄掉，所以用增稠剂代替部分糖浆、蛋白质溶液等原料，很容易降低食品的热量，可以用于保健、低热食品的生产，如海藻酸钠用于低热量食品的生产。

二、增稠剂作用原理及影响因素

1. 食品增稠剂作用原理

食品增稠剂为亲水性高分子胶体物质，增稠剂分子结构中含有许多亲水基团，如羟基、羧基、氨基、羧酸根等，能与水分子发生水化作用，水化后以分子状态高度分散于水中，形成高黏度的单相均匀分散体系——大分子溶液，从而改善食品体系的稳定性。在水合物中，胶体物质分子相互交织形成立体网状结构，介质与溶质被包围在网眼中间，不能自由流动，使得水合物体系成为黏稠态的流体（酱状物）或凝胶（半固态或固态）。由于构成网架的高分子化合物或线性胶粒仍具有一定的柔顺性，所以整个凝胶还具有一定的弹性。胶体水合物中的水分蒸发比较困难，且吸附其上的水分蒸发后，具有成膜现象。

2. 影响增稠剂作用效果的因素

（1）结构及分子量对黏度的影响　一般增稠剂是在溶液中容易形成网状结构或具有较多亲水基团的胶体，具有较高的黏度。因此，具有不同分子结构的增稠剂，即使在相同的浓度和其他条件下，黏度亦可能有较大的差别。同一增稠剂品种，随着平均分子量的增加，形成网状结构的概率也增加，故增稠剂的黏度与分子量密切相关，即分子量越大，黏度也越大。食品在生产和贮存过程中黏度下降，其主要原因是增稠剂降解，分子量变小。

（2）浓度对黏度的影响　随着增稠剂浓度的增高，增稠剂分子的体积增大，相互作用的概率增加，吸附的水分子增多，故黏度增大，而在较高浓度时呈现假塑性。

（3）pH 对黏度的影响　介质的 pH 与增稠剂的黏度及其稳定性的关系极为密切。增稠剂的黏度通常随 pH 发生变化。如海藻酸钠在 pH 5～10 时，黏度稳定；pH 小于 4.5 时，黏度明显增加（但在此条件下由于发生酸催化降解，造成黏度不稳定，故在接近中性条件下使用较好）。在 pH 为 2～3 时，藻酸丙二醇酯呈现最大的黏度，而海藻酸钠则沉淀析出。明胶在等电点时黏度最小，而黄原胶（特别是在少量盐存在时）pH 变化对黏度影响很小。多糖类糖苷键的水解是在酸催化条件下进行的，故在强酸介质的食品中，直链的海藻酸钠和侧链较小的羧甲基纤维素钠等易发生降解造成黏度下降。所以在酸度较高的汽水、酸乳等食品中，宜选用侧链较大或较多，且位阻较大，又不易发生水解的藻酸丙二醇酯和黄原胶等。海藻酸钠和 CMC 等则宜在豆乳等接近中性的食品中使用。

（4）温度对黏度的影响　一般随着温度升高，溶液的黏度降低。随着温度升高，分子运动速度加快，一般溶液的黏度降低，高分子胶体解聚时，黏度的下降是不可逆的。为避免黏度不可逆的下降，应尽量避免胶体溶液长时间高温受热。如在通常使用条件下的海藻酸钠溶液，温度每升高 5～6℃，黏度就下降 12%。但也有例外，少量氯化钠存在时，黄原胶的黏度在 -4～93℃变化很小；位阻大的黄原胶和藻酸丙二醇酯，热稳定性较好。

（5）切变力对增稠剂溶液黏度的影响　由于增稠剂分子的高分子量和刚性，在较低的浓度时就具有较高黏度。切变力的作用是降低分散相颗粒间的相互作用力，在一定的条件下，这种作用力愈大，结构黏度降低也愈多。一定浓度的增稠剂溶液的黏度，会随搅拌、泵压等的加工、传输手段而变化。具有假塑性的液体饮料或食品物料，在挤压、搅拌等切变力的作用下发生的切变稀化现象，有利于这些产品的管道运送和分散包装。

注意：假塑性流体为非牛顿流体的一种，是指无屈服应力，并具有黏度随剪切速率增加而减小的流动特性的流体。

（6）增稠剂的协同效应　增稠剂混合复配使用时，增稠剂之间会产生一种黏度叠加效应，这种叠加可以是增效的：混合溶液经过一定时间后，体系的黏度大于各组分黏度之和，或者形成更高强度的凝胶。如卡拉胶和槐豆胶、黄原胶和槐豆胶、黄蓍胶和海藻酸钠、黄蓍胶和黄原胶等都有相互增效的协同效应。这种叠加也可以是减效的，如80%的黄原胶和20%的阿拉伯胶混合时，混合液有最低的黏度，比任一组分黏度都低。有时单独使用一种增稠剂得不到理想的结果，须同其他一些乳化剂复配使用，发挥协同效应。利用各种增稠剂之间的协同效应，采用复合配制的方法，可产生无数种复合胶，以满足食品生产的不同需要，并可达到最低用量水平。

除了 pH 和温度对黏度影响较大以外，还有多方面影响黏度的因素。如在海藻酸钠溶液中添加非水溶剂或增加能与水相混溶的溶剂（如酒精等）的量，溶液的黏度会提高，并最终导致海藻酸钠的沉淀。而高浓度的表面活性剂会使海藻酸钠黏度降低，最终使海藻酸盐从溶液中盐析出来，单价盐也会降低稀海藻酸钠的黏度。由于聚合程度不同，分子量差别亦很大，因此增稠剂无准确固定的分子量，一般用平均分子量或分子量范围表示。

三、增稠剂的分类

迄今用于食品工业的食品增稠剂已有 40 余种，其分类方法也比较多，主要根据来源、组成、作用进行分类。

（1）根据来源分类　可分为天然增稠剂和合成增稠剂两大类：天然增稠剂是从植物（渗出液、种子）、动物、海藻等组织中提取或利用微生物发酵法得到的；合成增稠剂主要以纤维素、淀粉为原料，在酸、碱、盐等化学原料作用下，经过水解、缩合、提纯等工艺制得，如羧甲基纤维素钠、海藻酸丙二醇酯、改性淀粉等。

在食品工业中主要以天然增稠剂为主，可分为动物性增稠剂、植物性增稠剂、微生物性增稠剂及海藻类胶四类。由动物性原料制取的增稠剂是从动物的皮、骨、筋、乳等中提取的，其主要成分是蛋白质，品种有明胶、酪蛋白等；植物性增稠剂是由植物种子、植物溶出液制取的增稠剂，常用的这类增稠剂有瓜尔胶、卡拉胶、刺槐豆胶、罗望子胶、亚麻子胶、决明子胶、田菁胶、果胶、魔芋胶、黄蜀葵胶等；微生物性增稠剂有黄原胶、结冷胶、凝结多糖、菌核胶等；海藻类胶有琼脂、卡拉胶、海藻酸、红藻胶等。天然增稠剂中，多数来自植物。

（2）按组成分类　可分为多肽类和多糖类两大类。我国批准使用的增稠剂中，除明胶是多肽类外，其余均为多糖类。

（3）根据其主要作用分类　分为增稠剂（主要用于增加黏度）和胶凝剂（主要用于形成凝胶）。典型的增稠剂有：改性淀粉、瓜尔（豆）胶、（刺）槐豆胶、黄原胶、阿拉伯胶、羧甲基纤维素（CMC）、海藻酸盐等；典型的胶凝剂有：明胶、海藻酸盐、果胶、卡拉胶、琼脂、结冷胶等。

四、常用增稠剂的使用

1. 天然类增稠剂

（1）动物性增稠剂

① 明胶（CNS：20.002；CAS：9000-70-8）　明胶的主要成分为氨基酸组成相同而分子量分布很宽的多肽分子混合物，分子量一般在几万至十几万。明胶既具有酸性，又具有碱性，是一种两性物质，明胶的胶团是带电的，在电场作用下，向两极中的某一极移动。明胶分子结构上有大量的羟基，另外还有许多羧基和氨基，使明胶具有极强的亲水性。明胶含有丙氨酸、甘氨酸、脯氨酸及羟脯氨酸等人体所需的 18 种氨基酸。

【性质】　明胶又名食用明胶，为白色或浅黄褐色、半透明、微带光泽的脆片或粉末，几乎无臭、无味。不溶于冷水，但能吸收 5 倍量的冷水而膨胀软化。溶于热水，冷却后形成凝胶。可溶于乙酸、甘油、丙二醇等多元醇的水溶液。不溶于乙醇、乙醚、氯仿及其他多数非极性有机溶剂。熔点在 24～28℃，其溶解度与凝固温度相差很小，易受水分、温度、湿度的影响而变质。

【性能】　可作增稠剂、稳定剂、澄清剂、发泡剂。可做奶糖、软糖的支撑骨架，起稳定形态和吸水的作用。雪糕、冰淇淋的稳定剂，保持细腻和降低融化速度。肉制品肉冻、火腿、罐头的胶冻剂，也有乳化作用。啤酒、果酒、果汁、乳饮料的澄清剂。用于乳制品如酸乳、软质干酪、低脂奶油等有抗乳清析出、乳化稳定、乳泡沫稳定等作用。

明胶凝固力比琼脂弱，浓度在 5％以下不能形成凝胶，要形成较结实的凝胶，浓度一般控制在 10％～15％。凝胶温度为 20～25℃，但高于 30℃会融化，具有入口即化的特点，而明胶因熔点高则需咀嚼。

【安全性】　ADI 不做特殊规定（FAO/WHO）。

【应用】　食品中应用于冰淇淋、糖果、罐头等方面，在糖果生产中使用明胶，能使其具有稳定的韧性和弹性，不易变形，生产啤酒或酒精时可作澄清剂，用量为 0.2％，可以做成各种凝胶型产品，本身有营养价值。明胶在使用时，溶解最好分两步进行：冷水中吸水膨胀、加热水或加热使明胶溶解成溶胶。另外，要防止因温度、酸、碱、细菌而引起明胶降解。

② 甲壳素（CNS：20.018；INS：—）

【性质】　外观为类白色无定形物质，无臭、无味，是聚合度较小的一种几丁质。能溶于含 8％氯化锂的二甲基乙酰胺或浓酸；不溶于水、稀酸、碱、乙醇或其他有机溶剂。但在水中经高速搅拌，能吸水胀润。在水中能产生比微晶纤维素更好的分散相，并具有较强的吸附脂肪的能力。甲壳素若脱去分子中的乙酰基就转变为壳聚糖，溶解性大为改善，常称之为可溶性甲壳素。

【性能】　功能增稠剂、稳定剂。

【安全性】　$LD_{50} \geqslant 7500mg/kg$ 体重（小鼠，经口）；Ames 试验，无致突变作用。

【应用】《食品安全国家标准 食品添加剂使用标准》（GB 2760—2024）规定，啤酒和麦芽饮料，最大用量为 0.4g/kg；食醋最大用量为 1.0g/kg；氢化植物油、其他油脂或油脂制品（仅限植脂末）、冷冻饮品（食用冰除外）、坚果与籽类的泥（酱），包括花生酱等、蛋黄酱、沙拉酱，最大用量为 2.0g/kg；乳酸菌饮料，最大用量为 2.5g/kg；果酱，最大用量为 5.0g/kg。

（2）植物性增稠剂

① 阿拉伯胶（CNS：20.008；INS：414） 阿拉伯胶又名阿拉伯树胶、金合欢胶。

【性质】 为白色或微黄白色、大小不等的颗粒、碎片或粉末，无臭，无味，溶于水，不溶于油和有机溶剂。浓度低于 40g/100mL 时，溶液呈牛顿液体特性；浓度大于 40g/100mL 时，则可观察到液体的假塑性。阿拉伯胶在水中具有高度的溶解性，能很容易地溶于冷热水中，配制成 50% 浓度的水溶液仍具有流动性，这是阿拉伯胶独一无二的特点。阿拉伯胶是典型的"高浓低黏"型胶体。偏酸性，pH4～8 时变化不大，有良好的亲水亲油性，是非常好的 W/O 型天然乳化剂。一般加热水溶液不会引起胶的性质变化。

【性能】 可作为增稠剂、稳定剂、乳化剂、涂釉剂。有保护胶体或稳定剂的作用，可作为冷冻饮品的稳定剂；在糖果制品中作为乳化剂，防止糖分结晶；可赋予面包表面光滑感；可作为饮料的乳化稳定剂、泡沫稳定剂；在香料颗粒周围形成保护膜可作驻香剂。

【安全性】 一般安全物质，无需制定 ADI 值。

【应用】 可用于饮料、巧克力、冰淇淋、果酱等各类食品。在使用阿拉伯胶时注意：25℃ 时阿拉伯胶可形成各种浓度的水溶液，以 50% 的水溶液黏度最大，溶液的黏度与温度成反比，pH6～7 时黏度最高；溶液中存在电解质时可降低其黏度，但柠檬酸钠却能增加其黏度；阿拉伯胶溶液的黏度将随时间的增长而降低，加入防腐剂可延缓黏度降低。

② 果胶（CNS：20.006；INS：440） 果胶是从柑橘类果实的果皮中提取的，主要成分是部分甲酯化的 D-半乳糖醛酸通过 α-1,4-糖苷键结合形成的一种线性多聚糖。

【性质】 为白色或带黄色、灰色细粉，几乎无臭，味微甜带酸，口感黏滑。溶于 20 倍水，形成乳白色黏稠状胶态溶液，呈弱酸性，果胶溶胶的等电点为 3.5，耐热性强。果胶液的黏度比其他水溶胶低。

【性能】 能作乳化剂、稳定剂、增稠剂。果胶因其特有的分子结构和性质被广泛应用于酸性乳饮料和酸乳中，起到稳定和胶凝的作用。

高酯果胶水溶液在可溶性糖（如蔗糖）含量大于或等于 60%，pH 2.6～3.4 时，形成非可逆性凝胶，胶凝能力随酯化度和聚合度而异，酯化度越高凝胶能力越强，凝胶速度也越快。低酯果胶与高酯果胶不同，糖度和酸度对其凝胶能力影响不明显，而钙离子成为其凝胶作用的制约因素。

【安全性】 ADI 无需规定。

【应用】《食品安全国家标准 食品添加剂使用标准》（GB 2760—2024）规定：果蔬汁（浆），最大用量为 3.0g/kg；稀奶油、黄油和浓缩黄油、生湿面制品（如面条、饺子皮、馄饨皮、烧麦皮）、生干面制品、其他糖和糖浆［如红糖、赤砂糖、冰片糖、原糖、果糖（蔗糖来源）、糖蜜、部分转化糖、槭树糖浆等］、香辛料类按生产需要适量使用。使用果胶时，可将 1 份果胶与 5 份砂糖拌匀，搅拌中加入热水（85℃），煮沸，使之完全溶解，溶解时切忌在高温下时间过长，需剧烈搅拌，防止结块。

③ β-环状糊精（CNS：20.024；INS：459） β-环状糊精又名 β-环糊精、环麦芽七糖、环七糊精、β-CD，是淀粉经酸解环化生成的产物。它可以包络各种化合物分子，增加被包络物对光、热、氧的稳定性，改变被包络物质的理化性质。

【性质】 白色结晶性粉末，无臭，稍甜，溶于水，难溶于甲醇、乙醇、丙酮。在碱性水溶液中稳定，遇酸则缓慢水解，其碘络合物呈黄色，结晶形状呈板状。β-CD 溶解度较大，持水性较高；β-环状糊精不易吸潮，化学性质稳定，能改变物料的物理化学性质、掩盖物料中的苦涩味和异味，不易受酶、酸、碱及热等环境因素的影响而分解。

【性能】 可作增稠剂、稳定剂、加工助剂，可与多种化合物形成包络复合物，使其稳定、增溶、缓释、乳化、抗氧化、抗分解、保温、防潮，并具有掩蔽异味等作用，为新型分子包裹材料。

【安全性】 大鼠口服 $LD_{50}>20g/kg$ 体重，无致突变作用；ADI 暂定 $0\sim6mg/kg$ 体重。

【应用】 β-环状糊精用于包络芳香料、辛辣料、色素等物质，改善食品的风味，脱除不良气味和其他对人体有毒的物质，增加难溶或不溶物的溶解度以及使易潮解和黏性物质粉剂化。广泛用于烘烤食品、汤料，在烘烤食品中用量为 2.5g/kg，汤料中用量为 100g/kg，制作橘子罐头时，添加糖浆量的 $0.2\%\sim0.4\%$ 可防止产生白色浑浊。

④ 瓜尔胶（CNS：20.025；INS：412） 瓜尔胶又名瓜尔豆胶。瓜尔胶为大分子天然亲水胶体，主要由半乳糖和甘露糖聚合为食品而成。属于天然半乳甘露聚糖，为一种天然的增稠剂，且是已知高效的水溶增稠剂之一。

【性质】 为白色或稍带黄褐色粉末，有的呈颗粒状或扁平状，无臭或稍有气味，保水性强，以低浓度可制成高黏度溶液。水溶液呈中性，有较好的耐碱性和耐酸性。

【性能】 可作为增稠剂、乳化剂、成膜剂、成型剂和稳定剂。加入硼酸或过渡金属离子（如 Ti），瓜尔胶水溶液在一定 pH 下会黏度增加或形成凝胶。

瓜尔胶在冷水中就能形成胶体溶液，使用方便并且较低浓度即可形成高黏度的溶液。1% 瓜尔胶水溶液的平均黏度比其他食用胶（槐豆胶、κ-卡拉胶、海藻酸钠）的 1% 溶液黏度都大。当瓜尔胶浓度在 $1\%\sim2\%$ 时，浓度增加 1 倍，黏度增加 10 倍，瓜尔胶溶液在高温下加热一段时间会发生不可逆降解，糖苷键被水解，结果使黏度急速丧失，在 pH3 以下的酸性溶液中也会发生降解。其 1% 水溶液在 $20\sim80℃$，黏度随温度增加呈线性降低。

【安全性】 大鼠口服 LD_{50} 为 60mg/kg 体重；ADI：无需规定。

【应用】《食品安全国家标准 食品添加剂使用标准》（GB 2760—2024）规定：稀奶油，最大用量为 1.0g/kg；较大婴儿和幼儿配方食品，最大用量为 1.0g/L。瓜尔胶能与一些线性多糖如黄原胶、琼脂糖形成复合体，但无协同作用；瓜尔豆胶溶液通常在制备好 2h 后达到最高黏度。加热可迅速达最高黏度，在室温下制备并放置需添加防腐剂以防止因微生物繁殖而引起的腐败。增加蔗糖浓度会降低瓜尔胶溶液的黏度。

⑤ 罗望子多糖胶（CNS：20.011；INS：—） 罗望子多糖胶又名罗望子胶、角种子多糖胶。将罗望子属豆科植物罗望子（又名酸角豆）的荚果种子胚乳部分烘烤后粉碎，用水提取精制而成罗望子多糖胶，由半乳糖、木糖与葡萄糖组成。

【性质】 微带褐红色、灰白色至白色的粉末，无臭，少量油脂可使之结块并具有油脂味。它是一种亲水性植物胶，易溶于热水，在冷水中易分散并溶胀。不溶于醇、醛、酸等有机溶剂，能与甘油、蔗糖、山梨醇及其他亲水性胶互溶。25℃时，2％以上的水溶液难于流动，5％的水溶液成团。具有耐盐和耐酸特性，振动、搅拌或加盐，均不影响其黏度。

【性能】 增稠剂，稳定剂，胶凝剂。具有类似果胶的性能，有糖存在时，可形成凝胶，其适宜 pH 的范围比果胶更广泛，凝胶强度约为果胶的 2 倍。性能稳定，比果胶易于保存。

【安全性】 ADI 无需规定。

【应用】《食品安全国家标准 食品添加剂使用标准》（GB 2760—2024）规定，冷冻饮品（食用冰除外）、可可制品、巧克力和巧克力制品（包括代可可脂巧克力及制品）以及糖果、果冻最大用量为 2.0g/kg。使用罗望子多糖胶时应注意：罗望子多糖胶比一般的增稠剂易分散于水，在低温下稳定；因含有磷酸酯，与金属有螯合作用，可防止食品褐变。

（3）微生物性增稠剂——黄原胶（CNS：20.009；INS：415） 黄原胶又名汉生胶、黄杆菌胶。黄原胶是黄单胞菌在特定条件下代谢而产生的一种胞外多糖胶质。其结构是由 D-葡萄糖、D-甘露醇、D-葡萄糖醛酸、乙酸和丙酮酸组成的"五糖重复单位"聚合而成的生物高分子，是目前集增稠、乳化、稳定于一体，性能优越的生物胶。

【性质】 类似白色或淡黄色粉末，可溶于水，不溶于大多数有机溶剂。黏度高，如 1％黄原胶水溶液的黏度相当于同样浓度明胶的 100 倍。其水溶液对温度、pH、电解质浓度的变化不敏感，故对冷、热、氧化剂、酸、碱及各种酶都很稳定。在低剪切速率下，即使浓度很低也具有高黏度。其水溶液具高假塑性，即静置时呈现高强度，随剪切速率增加黏度降低，剪切停止，立即恢复原有黏度。

【性能】 可作增稠剂、乳化剂、调合剂、稳定剂、悬浮剂、胶凝剂、泡沫增强剂。突出的高黏度和水溶性，增稠、增黏效果显著。独特的假塑性流变学特征，在温度不变的情况下，黄原胶溶液可随机械外力的改变而出现溶胶和凝胶的可逆变化。优良的温度、pH 稳定性，黄原胶可以在 −18～120℃ 及 pH2～12 条件下，基本保持原有的黏度和性能，并具有可靠的增稠效果和冻融稳定性。具有令人满意的兼容性，与酸、碱、盐、酶、表面活性剂、防腐剂、氧化剂及其他增稠剂等化学物质共存时能形成稳定的增稠系统，并保持原有的流变性。在适当的比例下，与瓜尔豆胶、刺槐豆胶等其他胶类复配，具有明显的协同增效性。

【安全性】 ADI 不做特殊规定（FAO/WHO），可安全用于食品。

【应用】《食品安全国家标准 食品添加剂使用标准》（GB 2760—2024）规定：生干面制品最大用量为 4.0g/kg；黄油和浓缩黄油、赤砂糖、原糖、其他糖和糖浆，最大用量为 5.0g/kg；特殊医学用途婴儿配方食品最大用量为 9.0g/kg；生湿面制品（如面条、饺子皮、馄饨皮、烧麦皮），最大用量为 10.0g/kg；稀奶油、果蔬汁（浆）、香辛料类按生产需要适量使用。另外，使用黄原胶时要注意：制备黄原胶溶液时，如分散不充分，将出现结块。除充分搅拌外，可将其预先与其他材料混合，再边搅拌边加入水中。如仍分散困难，可加入与水混溶性溶剂，如少量乙醇；pH 高时，受多价离子和阳离子影响黏度降低，在 pH2～12 条件下，有一致并很高的黏度；添加氯化钠和氯化钾等电解质，可提高其黏度和稳定性；黄原胶可与大多数商品增稠剂配伍，对提高黏度起增效作用。

（4）海藻类胶

① 琼脂（CNS：20.001；INS：406） 琼脂又名琼胶、洋菜，为一种复杂的水溶性多糖类物质，是从红藻类植物——石花菜及其他数种红藻类植物中浸出、干燥得到。主要是聚半乳糖苷，其90％的半乳糖分子为D-型，10％为L-型。

【性质】 呈半透明色至浅黄色薄膜带状或碎片、颗粒及粉末。无臭或稍具特殊臭味，口感黏滑。不溶于冷水，冷水中吸水率可达20倍，可分散于沸水中吸水膨胀，含水时带韧性，干燥时易碎，在凝胶状态下不降解、不水解，耐高温。凝固温度为32～42℃，熔点是85～95℃。pH4～10时凝胶强度变化不大。

【性能】 可作增稠剂、稳定剂、乳化剂、胶凝剂。啤酒中可作铜的固化剂，与其中的蛋白质、单宁结合沉淀后除去。

琼脂的耐酸性高于明胶和淀粉，低于果胶和海藻酸丙二醇酯；胶凝能力很强，即使浓度<0.5％也能形成凝胶。1.5％琼脂溶液在32～39℃可以形成坚实而有弹性的凝胶，并在85℃以下不熔化，该特性可用以区别于其他海藻胶；琼脂的热稳定性很强，即使经高压杀菌锅处理，也不会降低其凝胶强度；琼脂耐热，但长时间在酸性条件下加热，可失去胶凝能力；琼脂凝胶化温度远低于凝胶熔化温度，琼脂的许多用途就是利用了它的这种高滞后性；琼脂无营养价值，难以被微生物利用。

【安全性】 ADI不做限制性规定（FAO/WHO）。

【应用】 可用于各类食品：果粒橙饮料以琼脂作悬浮剂，其使用浓度为0.01％～0.05％；果汁软糖中琼脂的使用量为2.5％左右，与葡萄糖液、白砂糖等制得的软糖，其透明度及口感远胜于其他软糖；肉类罐头、肉制品用0.2％～0.5％的琼脂能形成有效黏合碎肉的凝胶；八宝粥、银耳燕窝、羹类食品用0.3％～0.5％琼脂作为增稠剂、稳定剂；冻胶布丁以0.1％～0.3％的琼脂和精炼的半乳甘露聚糖，可制得透明的强弹性凝胶；果冻以琼脂作悬浮剂，参考用量为0.15％～0.3％，可使颗粒悬浮均匀，不沉淀，不分层；在啤酒澄清剂中以琼脂作为辅助澄清剂加速和改善澄清。使用琼脂时应注意：单独用制品会发脆、表面粗糙、易起皱；当与卡拉胶复配使用时，可得到柔软、有弹性的制品；琼脂与糊精、蔗糖复配时，凝胶的强度升高；而与海藻酸钠、淀粉复配使用时，凝胶强度则下降；与电解质会发生反应，氯化钙（钠）使胶凝性降低，氯化钾提高胶凝性，钾明矾使胶凝性降低，并变得难溶。

② 卡拉胶（CNS：20.007；INS：407） 卡拉胶又名角叉菜胶、鹿角藻胶，由某些红海藻提取制得，是由半乳糖及脱水半乳糖所组成的多糖类硫酸酯的钙、钾、钠、铵盐，根据其中硫酸酯结合形态的不同，主要可分为κ-型、τ-型、λ-型卡拉胶三种。

【性质】 该物质呈白色或浅黄色颗粒或粉末。无臭，无味，有的产品稍带海藻味，口感黏滑。在冷水中，λ-型卡拉胶溶解，κ-型和τ-型卡拉胶的钠盐也能溶解。其水溶液具高度黏性和胶凝性，凝胶是热可逆的。在热水或热牛乳中所有类型的卡拉胶都能溶解。卡拉胶不溶于甲醇、乙醇、丙醇、异丙醇和丙酮等有机溶剂。其水溶液具凝固性，所形成的凝胶是热可逆的。与水结合使黏度增加，与蛋白质起乳化作用，使乳化液稳定。

【性能】 卡拉胶由于具有黏性、凝固性、带有负电荷能与一些物质形成络合物等理化性质，可作增稠剂、凝固剂、悬浮剂、乳化剂、黏结剂和稳定剂，在食品工业中用途很广。

【安全性】 ADI 不做特殊规定（FAO/WHO）；其钠盐和钙盐的 LD_{50} 为 $5.1\sim6.2g/kg$ 体重（大鼠，混入 25％玉米油乳浊液，经口）。

【应用】 《食品安全国家标准 食品添加剂使用标准》（GB 2760—2024）规定：婴幼儿配方食品以即食状态食品中的使用量计，最大用量为 0.3g/L；赤砂糖、原糖、其他糖和糖浆，最大用量为 5.0g/kg；生干面制品最大用量为 8.0g/kg；稀奶油、黄油和浓缩黄油、生湿面制品（如面条、饺子皮、馄饨皮、烧麦皮）、香辛料类、果蔬汁（浆）按生产需要适量使用。一般肉食品、果酱、果冻等添加量为 0.3％～0.8％，酱油、饮料等添加量为 0.1％～0.3％。

卡拉胶使用注意事项：干的粉末状卡拉胶很稳定，在中性和碱性溶液中很稳定，但在酸性溶液中，尤其是 pH<4 时较易水解，造成凝胶强度和黏度的下降，生产中为了减轻含有卡拉胶的酸性食品在消毒加热时可能发生的水解，应采用高温、短时消毒方法；κ-型能形成易碎脆性凝胶，λ-型能形成弹性凝胶，τ-型不能形成凝胶，根据不同的生产需要三种不同型号的卡拉胶进行复配得到不同用处的卡拉胶，如：果酱专用（增稠但不必形成凝胶，以 τ-型为主）、果冻专用（必须能形成弹性凝胶，以 λ-型为主）、肉食专用（以 κ-型为主形成强凝胶）、拌入盐类（氯化钾）增加凝胶强度、黏度；只有 κ-型和 τ-型卡拉胶的水溶液能形成凝胶，其凝固性受某些阳离子的影响很大，加入钾、铷、铯、铵或钙等阳离子能大大提高其凝固性，在一定的范围内，凝固性随这些阳离子浓度的增加而增强；卡拉胶可与多种胶复配，有些多糖对卡拉胶的凝固性也有影响，如添加黄原胶可使卡拉胶凝胶更柔软、更黏稠和更具弹性，黄原胶与 τ-型卡拉胶复配可减少食品脱水收缩，κ-型卡拉胶与魔芋胶相互作用形成一种具弹性的热可逆凝胶，加入槐豆胶可显著提高 κ-型卡拉胶的凝胶强度和弹性，玉米和小麦淀粉对其凝胶强度也有所提高，而羟甲基纤维素则降低其凝胶强度，马铃薯淀粉和木薯淀粉对其无作用。

③ 海藻酸钠（CNS：20.004；INS：401） 海藻酸钠又名褐藻酸钠、藻胶、藻朊酸钠、褐藻酸、海带胶，主要是从褐藻中提取的多糖类，其主要成分为一种直链糖醛酸聚糖，完全由 D-甘露糖醛酸和 L-古洛糖醛酸组成。

【性质】 为白色至浅黄色纤维状或颗粒状粉末，几乎无臭，无味，溶于水形成黏稠糊状胶体溶液。不溶于乙醚、乙醇或氯仿等，与淀粉、蛋白质、蔗糖、甘油、明胶互溶性好。具有吸湿性。易与金属离子结合。pH5～10 时黏度稳定，pH<4.5 时黏度增加，加热到 80℃以上则黏性降低，pH 为 3 时产生沉淀析出。可与多种食品原料配合使用。其溶液呈中性。与金属盐结合发生凝固。

【性能】 可作增稠剂、乳化剂、成膜剂。增稠能力一般为果胶的 10 倍，可作饮料、果汁、乳化香精的稳定剂，用于冰淇淋、冰糕中，可使产品体积膨胀，口感细腻，在啤酒生产中作澄清剂、稳定剂，还可用于汤类、面包、鱼糕、可可奶、罐头中，也可作黏结剂、成膜剂、乳化剂、水处理剂、酶固定化试剂等。在酸性较大的水果汁和酸性食品中效果不显著。

【安全性】 LD_{50} 为 100mg/kg（大鼠，静脉注射）；ADI 不做特殊规定（FAO/WHO）。

【应用】 可用于各类食品。《食品安全国家标准 食品添加剂使用标准》（GB 2760—2024）规定：稀奶油、黄油和浓缩黄油、生湿面制品（如面条、饺子皮、馄饨皮、烧麦皮）、生干面制品、香辛料类、果蔬汁（浆）按生产需要适量使用，赤砂糖、原糖、其他糖和糖浆最大使用量为 10.0g/kg。海藻酸钠使用注意事项：注意黏度选择，其低黏度适宜作分散剂、胶凝剂，中黏度适宜作增稠剂；配制溶液时注意使用软化水，最适水温为 50～60℃，应在搅拌下缓慢撒入水中，继续搅拌至全溶；海藻酸的 Na^+、K^+、Mg^{2+}、NH_4^+ 盐溶于水，与钙离子反应可形成海藻酸钙凝胶，遇草酸后生成海藻酸和草酸钙而软化，多价阳离子可改变凝胶性质，具热不可逆性，耐低温；用于挂面等面制品，可使其弹性增加，断条率下降，耐煮；是人体不可缺少的一种膳食纤维，可作为保健食品的原料；用于冰淇淋，可保持其形态，防止容积收缩和组织砂化；用于鱼、肉食品，可生成一种薄膜，可防止水分蒸发而引起干耗，抑制微生物的繁殖。

2. 合成类增稠剂

羧甲基纤维素钠（CNS：20.003；INS：466）

羧甲基纤维素钠又名纤维素胶、改性纤维素、CMC，是最主要的离子型纤维素胶，其结构由 2 个葡萄糖组成的多个纤维二糖构成，纤维素大分子的每个葡萄糖中有 3 个羟基。

【性质】 白色或微黄色粉末，无臭，无味，易溶于水形成高黏度溶液，不溶于乙醇等多种溶剂。

【性能】 用作增稠剂、稳定剂、组织改良剂、胶凝剂、非营养性膨松剂、水分移动控制剂、泡沫稳定剂，降低脂肪吸附。因吸水后膨胀性极强，又不被消化吸收，可作减肥食品填充物。

CMC 溶液的黏度受其分子量、浓度、温度及 pH 的影响，随 CMC 的浓度增加而增大，随溶液温度升高而降低，随溶液切变率的升高而降低，当 pH 为 7 时，CMC 溶液的黏度最高，pH4～11 时较稳定。耐酸型 CMC 正常酸性条件下（如 1% 柠檬酸或乳酸等）的溶液在室温下存放数月，黏度不发生明显变化。

【安全性】 ADI 不做特殊规定（FAO/WHO）；LD_{50} 为 27g/kg 体重（大鼠，经口）。

【应用】 可用于饮料、方便面、雪糕、冰棍、糕点、饼干、果冻、膨化食品、方便汤料、复合调味料、固体饮料、稀奶油。在酸性乳饮料中，具有防止沉淀分层、改善口感、提高品质、耐高温等特性，建议添加量为 0.3%～0.5%。CMC 常与果胶、瓜尔豆胶、黄原胶、交联变性淀粉等配合用于酸性乳饮料中，用量一般为 0.2%～0.6%。在豆奶、冰淇淋、雪糕、果冻、饮料、罐头中的用量为 1%～1.5%。CMC 还可与醋、酱油、植物油、果汁、肉汁、蔬菜汁等形成性能稳定的乳化分散液，其用量为 0.2%～0.5%。

【使用注意事项】

① 以碱金属盐和铵盐形式出现的羧甲基纤维素可溶于水。二价金属离子 Ca^{2+}、Mg^{2+}、Fe^{2+} 可影响其黏度。重金属如银、钡、铬或 Fe^{3+} 等可使其从溶液中析出。如果控制离子的浓度，如加入螯合剂柠檬酸，便可形成更黏稠的溶液，以形成软胶或硬胶。

② 遇到偏酸高盐溶液时，可选择耐酸抗盐型羧甲基纤维素钠，或与黄原胶复配，效果更佳。

③ 羧甲基纤维素钠有可与某些蛋白质发生胶溶作用的特性。在 pH 小于等电点时，其胶体的稳定性最佳。

④ 黏度与浓度、温度、pH 有关：温度升高，黏度下降，大于 45℃ 时黏度消失，pH 为 7 时黏度最高，高温成膜。

⑤ CMC 与羟乙基或羟丙基纤维素、明胶、黄原胶、卡拉胶、槐豆胶、瓜尔胶、琼脂、海藻酸钠、果胶、阿拉伯胶和淀粉及其衍生物等有良好的配伍性（协同增效作用）。

五、增稠剂在食品工业中的应用

1. 在肉制品加工中的应用

增稠剂不仅能赋予肉制品良好的口感，并且可以增加肉制品的结着性与持水性，减少油脂析出、提高出品率。目前，肉类工业中常用的增稠剂主要有淀粉、变性淀粉、大豆蛋白、明胶、琼脂、黄原胶、卡拉胶、瓜尔豆胶、复合食用胶及禽蛋等。如在西式火腿类制品中加入大豆蛋白以提高其出品率，增加蛋白质的含量，并赋予产品良好的组织形态；在火腿肠罐头中添加明胶，可形成透明度良好的光滑表面，同时可增加产品的弹性；在火腿、圆火腿、午餐肉、红肠等肉糜制品中使用黄原胶可明显提高制品的嫩度、色泽和风味，还可以提高肉制品的持水性，从而提高出品率。

2. 在饮品中的应用

由于增稠剂在饮品中具有增稠、稳定、均质、乳化胶凝、掩蔽、矫味、澄清及泡沫稳定等作用，所以被广泛应用于饮品加工中。

3. 在面制品中的应用

增稠剂是一类常用的面条改良剂，在食品工业中有着广泛的用途。研究表明，增稠剂可以提高面制品的韧性和滑爽性，可以降低面条的蒸煮损失，增加咬劲，改善表面状态，大大提高面条的综合品质。

4. 在调味品中的应用

增稠剂具有增稠、增浓、稳定、耐盐耐温、抗沉淀、防瓶垢生成等作用，被广泛应用于食品调味料中。

5. 在果冻、冰淇淋中的应用

增稠剂添加到果冻、冰淇淋中，可起到增稠、胶凝等作用。

6. 在焙烤食品中的应用

饼干、面包、蛋糕等焙烤食品的质量与面粉的质量有很大关系。一些面筋含量低的面粉，如面筋含量在 30％ 以下，一般不适宜做面包和饼干。由于面粉面筋含量低，用于生产面包，发酵效果不好，不易胀发；用于生产饼干，则使破碎率增加；用于生产蛋糕，由于韧性不好，烘烤后脱盒困难，易破碎。在这些食品中加入 0.02％～0.2％ 的增稠剂——海藻酸钠，均能使其质量提高。用于生产饼干、蛋卷，主要是可减少其破碎率，试验结果表明，破碎率降低 70％～80％，产品外观光滑，防潮性好；用于生产面包、蛋糕，可使其膨胀、体积增大、质地酥松、减少切片时落下的粒屑，还能防止老化，延长保藏期。

7. 在其他食品中的应用

增稠剂作为一种食品添加剂，在食品工业中具有广泛的用途，除在上述食品中应用外，还可以应用于罐头、糖果等食品中。把鱼、肉、家禽等食品在 0.5％～2％ 的海藻酸钠溶液中浸过之后，再与氯化钙溶液作用，可生成一种可塑性薄膜，这种薄膜 CO_2 透过率高，氧气的透过率低，在冷冻贮藏过程中可防止食品水分蒸发而引起的干耗，并能有效地抑制腐败微生物的繁殖，从而延长食品的保藏期。实验表明，对新捕获的海鱼采用成膜。保鲜方法，可使其保鲜期延长一倍以上。海藻酸盐具有抑制血清和肝脏中的胆固醇、总脂肪和总脂肪酸浓度上升的作用，并具有抑制人体吸收放射性锶和镉的作用，以及调整肠道和抑制病毒的作用，因而可用作低热值保健食品和疗效食品，通常将海藻酸盐与辅料配合后，加水溶解，混合均匀，再固化，制成颗粒状、面条状或纤维状食品。以琼脂作为凝胶剂生产琼脂软糖，透明度好，具有良好的弹性、韧性和脆性，多制成水果味型、清凉味型和奶味型。

典型工作任务

任务一　乳化剂性能测定

【任务目标】

1. 会正确利用常用的乳化剂的性能。

2. 掌握判断食品乳化剂性能的方法。

【任务原理】

乳化剂是一种分子中具有亲水基和亲油基的表面活性剂，可介于油和水的中间，使不相溶的一种液体很好地分散于另一种液体中，形成稳定的乳浊液，是食品加工中十分重要的一类食品添加剂，其具有稳定食品乳浊液的功能。乳化剂的性能可用乳化剂起泡性、乳化容量和乳化稳定性来表示。

所谓乳化剂起泡性是指在一定条件下，乳化剂、油脂与水混合，在高速搅拌下形成泡沫的多少。乳化容量是指在一定条件下，单位数量的乳化剂在形成 O/W 乳浊液体系时所能乳化的油脂的最大量。而乳化稳定性则表示其对所形成的乳浊液的稳定性的能力。

乳化剂在泡沫中的界面活性：一般在水和油相之间存在着很强的表面张力，即使高度搅拌，也不能使其相混合，通过添加一定的乳化剂，降低界面的表面张力，搅拌过程中使得空气较容易被搅打进去，可获得稳定性高的较多泡沫。因此，通过测量搅打后溶液形成泡沫的多少，可以测定乳化剂的性能。

乳化剂的乳化稳定性与它们和油脂的结合强度相关，结合强度越大，稳定性越好。当将乳化剂形成的乳浊液进行离心处理时，由于受到离心力的作用，乳化剂与油脂的结合程度会受到破坏，继而发生乳化剂与油脂的分离现象。根据离心处理后油脂的分层情况，可以判断乳化剂的乳化稳定性。

【任务条件】

1. 材料

单硬脂酸甘油酯、花生油。

2. 仪器

离心机、烧杯、量筒。

【任务实施】

1. 乳化剂起泡性能的测定

起泡能力及其起泡稳定性测定：乳化剂和水、油的混合液（水∶油＝9∶1），用高速组织捣碎机搅拌30s后，转入量筒中，马上测定泡沫高度，来表示起泡能力的大小。静置24h后再测其泡沫高度，来观测其泡沫稳定性。

2. 乳化稳定性能研究

以油∶水＝1∶9的比例，加入1％的乳化剂，搅拌混合均匀，制备出乳浊液，将乳浊液移至刻度离心管中，以4000r/min离心10～15min后读取乳化层高度。

【任务结果】

乳化稳定性＝乳化层高度/液体总高度

【任务思考】

1. 常用乳化剂有哪些类型，各有什么特点？

2. 比较单硬脂酸甘油酯、吐温60、司盘80的乳化稳定性和起泡性。

任务二　乳化剂和增稠剂的性能比较

【任务目标】

1. 了解常用增稠剂的特性。

2. 了解常用乳化剂的使用方法。

【任务原理】

影响增稠剂的因素有结构、分子量、浓度、pH、温度等，其中pH、温度对增稠剂影响最大；油、水、温度、搅拌等对乳化剂效果的影响也比较大。

【任务条件】

分析天平、滴瓶、容量瓶、烧杯、吸管、水浴锅，单硬脂酸甘油酯、淀粉、明胶、琼脂、羧甲基纤维素钠。

【任务实施】

1. 常用增稠剂的选择

分别配制淀粉、明胶、琼脂、羧甲基纤维素钠的5％水溶液100mL，比较其稠度；分别比较各种增稠剂在中性条件（2mL水）、酸性条件（2mL 20％盐酸）、碱性条件（2mL 20％氢氧化钠）下的黏度变化。

2. 油、水、温差、搅拌等对乳化剂效果的影响

按表3-27中油、水、乳化剂加入量进行实验，确定其乳化条件。

表3-27　油、水、乳化剂加入量

试管号	1	2	3	4	5
加入油/mL	8	4	4	4	4
加入乳化剂/g	0.4	0	0	0	0
加入1号试管溶液/mL	—	0.5	0.5	1	1

其中，1号试管，加入乳化剂加热溶解后才能取用；

2 号试管，慢慢倒入 2mL 冷水，再摇匀；

3 号试管，加热 10min，慢慢倒入 2mL 冷水，再摇匀；

4 号试管，加热 10min，慢慢倒入 2mL 冷水，再摇匀；

5 号试管，加热 10min，将混合液慢慢倒入 2mL 冷水中，再摇匀。

【任务结果】

1. 记录操作 1 实验结果（表 3-28）。

表 3-28　不同增稠剂的性能

不同处理	淀粉	琼脂	明胶	羧甲基纤维素钠
中性条件(2mL 水) 酸性条件(2mL 20%盐酸) 碱性条件(2mL 20%氢氧化钠)				

2. 记录操作 2 结果并思考影响乳化效果的因素有哪些？

任务三　乳化剂及增稠剂在果粒饮料加工中的应用

【任务目标】

在果粒饮料加工中会正确使用乳化剂及增稠剂。

【任务原理】

果粒饮料是果汁（或果浆、果汁与果汁的混合物）稀释后，加入如柑橘类果实的砂囊，或其他水果切细的果肉，经糖、酸等调配而成的一类饮料。以新鲜的橙子作为原料制作一种粒粒橙果粒饮料，选用合适的乳化剂和增稠剂，通过设计试验对果粒进行悬浮处理，从而掌握乳化剂和增稠剂的性能及应用。

在饮料中使用单硬脂酸甘油酯、蔗糖酯、失水山梨醇脂肪酸复配的乳化剂，可使饮料增香、浑浊化，并获得良好的色泽。按我国《食品安全国家标准 食品添加剂使用标准》（GB 2760—2024），琼脂可在各类食品中按生产需要适量使用；卡拉胶在果蔬汁饮料的使用范围和最大使用量（g/kg）为：按生产需要适量使用；黄原胶低浓度时即呈高黏度，对悬浮液和乳化液有很高的稳定性，黄原胶在果蔬汁饮料的使用范围和最大使用量（g/kg）为：按生产需要适量使用；明胶的使用范围为各类食品，最大使用量按生产需要适量使用；在冷饮食品中，利用明胶吸附水分的作用，可用作稳定剂；羧甲基纤维素钠（CMC）在食品生产中用于酸性饮料、乳饮料类，可提高稳定性和悬浮性，羧甲基纤维素钠的使用范围为各类食品，最大使用量按生产需要适量使用。

【任务条件】

1. 材料

新鲜的甜橙 1kg、琼脂、卡拉胶、黄原胶、羧甲基纤维素钠、柠檬酸、白砂糖 80g、柠檬酸 0.3g、橙砂囊 100g。

2. 仪器

不锈钢小刀（去皮用），菜刀，案板，电子秤，罐头瓶（250mL，带盖，6 个），吸量管（5mL 或 10mL，3 个），洗耳球（3 个），锅。

【任务实施】

1. 工艺流程

原料验收→清洗→热烫、去皮、去络、去瓣、去囊衣→砂囊硬化处理→调配→杀菌→罐装→密封→冷却→饮料成品。

2. 操作要点

（1）原料选择　加工粒粒橙汁的最佳原料是柑橘和甜橙类，这些果实的砂囊坚实、形态美观、口感爽脆。

（2）热烫、去皮、去络、去瓣、去囊衣　果实先在 95～100℃ 水中热烫 1min 左右，趁热人工去皮，剥皮时应先从果实蒂部剥起，这样既可避免对囊瓣的挤压，又可将囊瓣上的海绵层和橙络逐瓣分离。

（3）砂囊硬化处理　为了防止砂囊软化，分离后的砂囊常需进行硬化处理。具体做法是：将砂囊置于 0.1%～0.5% 的氯化钙溶液中，在 30～40℃ 下浸烫 25～30min。其原理是利用砂囊表皮中的果胶质与钙离子结合，从而使砂囊硬化。硬化时间不宜过长，否则会产生钙的苦味，并使砂囊表面泛白。硬化处理后的砂囊必须用清水漂洗干净，漂洗的同时利用相对密度的差别把破损的砂囊、果核、果肉瓣膜等除去。

（4）调配　先加入两种可起增稠悬浮作用的添加剂，观察饮料，并记录此次试验的效果。然后再换用另外几种添加剂，观察并记录试验效果。最后选出使果粒悬浮效果最好的配方。

粒粒橙果粒饮料实质就是将砂囊与橙汁相混合，使砂囊能均匀稳定地悬浮在果汁中。粒粒橙其他的调整包括糖度（12%～14%）、酸度（0.3%～0.5%）、适量的色素和香精，有时可添加适量的抗坏血酸。调配完毕后，取样分析其糖度、酸度以及砂囊的悬浮性，不合格者进行微调整。

（5）杀菌、罐装、冷却　将制作好的饮料装进罐头瓶，放入锅中加热杀菌，杀菌完毕后，将其放入冷水中冷却。

（6）评价制作的效果　对制作好的悬浮果粒饮料进行评价（见表3-29）。

【产品质量评价】

表 3-29　悬浮果粒饮料评价标准

说　明	评　分
将饮料中果粒的悬浮程度与市面上的悬浮饮料果粒悬浮程度相比较	满分 100，依据悬浮程度逐次递减

【知识拓展】

果粒果汁饮料大致可以分为两种类型。

① 加入柑橘类砂囊（汁胞）的果粒果汁饮料　如通常加入温州蜜柑果粒的粒粒橙饮料，还有类似的粒粒柚饮料。它们的果粒应为完整的、饱满的柑橘类砂囊。

② 加入桃、马蹄、菠萝、苹果等碎粒的饮料　如马蹄爽饮料等。这类饮料应选用组织硬、色泽好的水果果实，由破碎机或切粒机制得果实碎粒。水果粒的大小应考虑饮料悬浮性及饮用时的咀嚼性，通常为 2～3mm。为了保持果粒在汁中稳定而均匀的悬浮，切粒成形应大体均匀一致，粒与粒相互不黏结，还要控制最大果粒的粒径大小，以减少果粒与果汁的密度差。

乳化剂与增稠剂的异同

乳化剂是乳浊液的稳定剂，是一类表面活性剂。乳化剂的作用是，当它分散在分散质的表面时，形成薄膜或双电层，可使分散相带有电荷，这样就能阻止分散相的小液滴互相凝结，使形成的乳浊液比较稳定。例如，在农药的原药（固态）或原油（液态）中加入一定量的乳化剂，再把它们溶解在有机溶剂里，混合均匀后可制成透明液体，叫乳油。常用的乳化剂有明胶、阿拉伯胶、烷基苯磺酸钠等。

增稠剂是一种食品添加剂，主要用于改善和增加食品的黏稠度，保持流态食品、胶冻食品的色、香、味和稳定性，改善食品物理性状，并能使食品有润滑适口的感觉。增稠剂可提高食品的黏稠度或形成凝胶，并兼有乳化、稳定或使其呈悬浮状态的作用。增稠剂都是亲水性高分子化合物，也称水溶胶，按其来源可分为天然和化学合成（包括半合成）两大类。

增稠剂顾名思义就是使体系的黏度变大，一般在反应的后期或施工阶段加入从而改善施工效果。乳化剂大部分是参与有机聚合反应的，起稳定水油两相的作用。二者相同点就是改变体系的表面张力。增稠剂常常作为助乳化剂使用。

增稠剂是一种流变助剂，可分为有机和无机两大类，有机类又分为天然高分子衍生物和合成高分子类，前者如羧甲基纤维素钠、明胶、酪蛋白、甲基纤维素、羟乙基纤维素等，后者如聚(甲基)丙烯酸盐类、聚丙烯酰胺类、聚乙烯醇、聚醚等；无机的有膨润土、气相二氧化硅等。增稠剂的作用机理类似于其他流变助剂，使体系黏度增加，相互交联形成网状结构，使体系具有结构黏度。有些增稠剂也属于表面活性剂，在水性体系中通过疏水部分作用于粒子表面，亲水部分在分散介质（连续相）中相互作用，因而也可以形成网状结构从而增稠。

乳化剂则属于表面活性剂，要求是能降低分散介质与分散相的界面张力，能稳定乳胶粒子形成牢固的保护膜。

增稠剂均匀分散于分散介质（连续相）中产生作用，而乳化剂作用于分散相和分散介质界面上。

🅜 **目标检测**

1. 什么是食品乳化剂？怎样达到乳化效果？
2. 什么是乳化剂的 HLB 值？其与乳化剂的乳化作用有什么关系？研究 HLB 值有何意义？
3. 食品乳化剂在食品加工中的作用有哪些？
4. 什么是乳浊液？分为哪几类？
5. 乳化剂如何分类？常用的乳化剂有哪些？
6. 乳化剂使用时应注意的事项是什么？
7. 什么是食品增稠剂？
8. 影响增稠剂作用效果的因素有哪些？
9. 增稠剂在食品加工中的作用有哪些？

10. 常用天然增稠剂有哪些种类？

11. 人工合成增稠剂有哪些种类？

项目五　稳定剂、凝固剂、被膜剂

知识目标

1. 了解稳定剂和凝固剂的定义、分类，掌握其在食品加工中的作用。
2. 了解被膜剂的定义、分类，掌握其在食品加工中的作用。
3. 掌握复配稳定剂和凝固剂的定义及在食品中的应用。

技能目标

1. 在典型食品加工中能正确使用稳定剂和凝固剂。
2. 在典型食品加工中能正确使用被膜剂。

职业素养目标

1. 了解中国"卤水点豆腐"的悠久历史，增强民族自信和文化自信。
2. 学习稳定剂和凝固剂是食品的"骨架"，有力支撑着食品的形态，要思考自己的价值。

知识准备

知识一　稳定剂和凝固剂

一、稳定剂和凝固剂的概念及分类

1. 稳定剂和凝固剂的概念

稳定剂、凝固剂

　　稳定剂和凝固剂是可使加工食品的形态固化，降低或消除其流动性，从而使食品结构稳定或使食品组织结构不变，增强固形物黏性的物质。稳定剂和凝固剂的使用在我国具有悠久的历史，早在 2000 年前的东汉时期就已用盐卤点制豆腐，这种方法沿用至今。如今，这类添加剂已经广泛应用于各种食品的加工中，如在豆腐生产中，用盐卤、葡萄糖酸-δ-内酯作凝固剂，可使豆腐的机械化生产更加方便；在生产果蔬制品时，添加各种钙盐（如氯化钙、乳酸钙、柠檬酸钙等）使可溶性果胶酸成为凝胶状不溶性果胶酸钙，从而使制品有更好的硬度和脆度；在泡菜生产中，加入硫酸铝钠或硫酸铝钾，可使成品口感更脆、更硬。

2. 稳定剂和凝固剂的分类

按照用途不同，可以将常用的稳定剂和凝固剂分为以下几类。

（1）凝固剂　主要包括钙盐凝固剂（硫酸钙和氧化钙）、镁盐凝固剂（盐卤和卤片）和酸内酯凝固剂（葡萄糖酸-δ-内酯）。凝固剂主要用于豆腐生产，使豆浆凝固为不溶性凝胶状的豆腐脑。用钙盐凝固剂制作的豆腐称为嫩豆腐、石膏豆腐或南豆腐；用镁盐凝固剂制作的豆腐称为老豆腐、盐卤豆腐或北豆腐；以酸内酯凝固剂制作的豆腐为内酯豆腐。其主要机理是利用其分子所含的钙盐、镁盐或带多电荷的离子团，促进蛋白质变性而凝固。它们通过破坏蛋白质胶体溶液的夹电层，使悬浊液形成凝胶或沉淀。

（2）果蔬硬化剂　包括氯化钙等钙盐类物质，主要用于果蔬产品加工。其主要机理是使果蔬中的可溶性果胶酸与钙离子反应生成凝胶状不溶性果胶酸钙，加强了果胶分子的交联作用，从而保持果蔬加工制品的脆度和硬度。

（3）螯合剂　主要有乙二胺四乙酸二钠、葡萄糖酸-δ-内酯。其主要作用是与多价金属离子结合形成可溶性络合物，在食品中主要用于消除易引起有害氧化作用的金属离子，以提高食品的质量和稳定性。

（4）罐头除氧剂　主要指柠檬酸亚锡二钠，常用于果蔬罐头，能逐渐与罐中的残留氧发生作用，将 Sn^{2+} 氧化成 Sn^{4+}，而表现出良好的抗氧化性能，可起到保护食品色泽、抗氧化、防腐蚀的作用，并且不影响罐头的风味。

（5）保湿剂　主要指丙二醇，作为食品中许可使用的有机溶剂，用于糕点、生湿面制品中，能增加产品的柔软性、光泽和保水性。

二、常用稳定剂和凝固剂

我国允许使用的稳定剂和凝固剂主要有氯化钙、硫酸钙、氯化镁、葡萄糖酸-δ-内酯、丙二醇、乙二胺四乙酸二钠、柠檬酸亚锡二钠、不溶性聚乙烯聚吡咯烷酮、谷氨酰胺转氨酶、可得然胶、薪草提取物等。

1. 氯化钙（CNS：18.002；INS：509）

【性质与性能】　氯化钙是白色、硬质的碎块或颗粒，微苦，无臭，易吸水潮解，分子量为110.99，其存在形式有无水物、一水物、二水物、四水物等，一般商品以二水物为主。氯化钙主要是使可溶性果胶凝固为不溶性果胶酸钙，以保持果蔬加工制品的脆度和硬度。

【安全性】　美国FDA将氯化钙列为一般公认安全物质。ADI不做特殊规定。

【应用】　我国《食品安全国家标准 食品添加剂使用标准》（GB 2760—2024）规定氯化钙可作为稳定剂和凝固剂、增稠剂用于豆类制品、稀奶油、调制稀奶油，按生产需要适量使用；用于水果罐头、果酱、蔬菜罐头等最大使用量为 1.0g/kg；其他（仅限畜禽血制品）最大使用量 0.5g/kg；用于装饰糖果、顶饰和甜汁、调味糖浆等最大使用量为 0.4g/kg；用于其他类饮用水（自然来源饮用水除外）最大使用量为 0.1g/L。

2. 硫酸钙（CNS：18.001；INS：516）

【性质与性能】　硫酸钙俗称石膏，分子式为 $CaSO_4$，含有2分子结晶水的石膏又称生石膏，将其加热到100℃，失去部分结晶水而成为煅石膏，又称烧石膏、熟石膏。继续加热到 194℃以上，则失去全部结晶水成为无水硫酸钙。生石膏为白色结晶性粉末，无臭，有涩味。微溶于甘油，难溶于水，加水后成为可塑性浆体，很快凝固。

【安全性】 钙和硫酸根都是人体正常成分，而且硫酸钙溶解度较小，难以被吸收，被认为是无害的，ADI 无需规定。

【应用】 生产豆腐时常用磨细的煅石膏作为凝固剂，效果最佳。最适用量，相对豆浆为 0.3%～0.4%。对蛋白质凝固性缓和，所生产的豆腐质地细嫩，持水性好，有弹性。但因其难溶于水，易残留涩味和杂质。

硫酸钙可作为稳定剂和凝固剂、增稠剂、酸度调节剂等用于豆类制品，按生产需要适量使用；用于小麦粉制品最大使用量为 1.5g/kg。

3. 氯化镁（CNS：18.003；INS：511）

【性质与性能】 氯化镁，无色、无臭的小片、颗粒或块状式单斜晶系晶体，味苦，极易受潮，极易溶于水，溶于乙醇，分子量为 95.21，相对密度为 1.569。

作为稳定剂和凝固剂使用的氯化镁主要是指以含氯化镁为主的 2 种物质：盐卤和卤片。盐卤也称卤水，为海水或咸湖水制盐后的母液，淡黄色液体，呈苦涩味，主要成分为氯化镁、氯化钠、氯化钾等。卤片是氯化镁的六水合物（分子式为 $MgCl_2 \cdot 6H_2O$），为无色至白色结晶或粉末，无臭，味苦，极易溶于水和乙醇，加热到 100℃后失去 2 个结晶水，加热到 110℃时开始部分分解。

【应用】 盐卤一般用来制作老豆腐，具有独特的豆腐风味，用盐卤点浆时，18.5°Bé 的盐卤相对豆浆的最适用量为 0.7%～1.2%，以纯 $MgCl_2$ 计，其最适用量为 0.13%～0.22%。

4. 葡萄糖酸-δ-内酯（CNS：18.007；INS：575）

【性质与性能】 葡萄糖酸-δ-内酯为白色结晶或结晶性粉末，几乎无臭，口感先甜后酸，易溶于水，微溶于乙醇，几乎不溶于乙醚。葡萄糖酸-δ-内酯在水中发生解离生成葡萄糖酸，能使蛋白质溶胶形成凝胶，并且还具有一定的防腐性。

【安全性】 葡萄糖酸-δ-内酯的安全性好，在《食品安全国家标准 食品添加剂使用标准》（GB 2760—2024）中作为稳定剂和凝固剂被列为可在各类食品中按生产需要适量使用的添加剂。ADI 不做特殊规定。

【应用】 葡萄糖酸-δ-内酯在盒装内酯豆腐中使用广泛。用葡萄糖酸-δ-内酯制作的豆腐产品洁白细嫩，使用方便，质地细腻、滑嫩可口、保水性好、防腐性好、保存期长，一般在夏季放置 2～3d 不变质。无用卤水或石膏制作的豆腐具有的苦涩味。除此之外，葡萄糖酸-δ-内酯也可作为防腐剂、酸味剂和螯合剂使用。如葡萄糖酸-δ-内酯作为防腐剂，对霉菌和一般细菌有抑制作用，可用于鱼、肉、禽、虾等的防腐保鲜，使制品外观光泽好、不褐变，同时可保持肉质的弹性。

5. 丙二醇（CNS：18.004；INS：1520）

【性质与性能】 丙二醇又称 1,2-丙二醇，无色、清凉、透明、吸湿黏稠液体，无臭，稍具辛辣味和甜味。外观与甘油相似，有吸湿性，能与水、醇等多数有机试剂任意混溶，但与油脂不能混溶，对光热稳定，具可燃性。

丙二醇由环氧丙烷水解制得，将环氧丙烷配制成 10%～15% 的水溶液，加入 0.5%～

1%的稀硫酸，在温度为 $50\sim70℃$ 的水解槽中进行水解，然后经中和、减压浓缩、精制即得成品，得率为 85%。

【安全性】 丙二醇小鼠经口 LD_{50} 为 $22\sim23.9mg/kg$ 体重，ADI 为 $0\sim25mg/kg$ 体重。

【应用】 丙二醇可作为稳定剂和凝固剂、抗结剂、消泡剂、乳化剂、水分保持剂、增稠剂等，用于生湿面制品（如面条、饺子皮、馄饨皮、烧麦皮等），能增加弹性，防止面制品干燥崩裂，增加光泽，最大使用量为 $1.5g/kg$；用于糕点最大使用量为 $3.0g/kg$。

6. 乙二胺四乙酸二钠（CNS：18.005；INS：386）

乙二胺四乙酸二钠简称 EDTA 二钠，为白色结晶性颗粒和粉末，无臭，无味，易溶于水，微溶于乙醇，不溶于乙醚。其 5% 水溶液的 pH 为 $4\sim6$。在常温下稳定，加热至 $100℃$ 时结晶水开始挥发，至 $120℃$ 时失去结晶水而成为无水物，有吸湿性。

乙二胺四乙酸二钠作为稳定剂、凝固剂、抗氧化剂、防腐剂等可用于地瓜果脯、腌渍的蔬菜、蔬菜罐头、坚果等。乙二胺四乙酸二钠可与铁、铜、钙、镁等多价离子螯合成稳定的水溶性络合物，并可与放射性物质发生螯合，除去重金属离子，防止由金属引起的变色、变质、变浊及维生素 C 的氧化损失，提高食品质量。

7. 柠檬酸亚锡二钠（CNS：18.006；INS：—）

柠檬酸亚锡二钠又称 8301 护色剂，是由氯化亚锡、柠檬酸与氢氧化钠反应制得。为白色结晶，极易溶于水，易吸湿潮解，极易氧化，加热至 $250℃$ 开始分解，$260℃$ 开始变黄，$283℃$ 变成棕色。

柠檬酸亚锡二钠可作为稳定剂和凝固剂用于水果罐头、蔬菜罐头、食用菌和藻类罐头，最大使用量为 $0.3g/kg$。

8. 不溶性聚乙烯聚吡咯烷酮（CNS：18.008；INS：1202）

不溶性聚乙烯聚吡咯烷酮（PVPP）为白色或类似白色易流动性粉末，微有气味，不溶于水及一般溶剂，有吸湿性。

PVPP 具有强大的络合能力，可络合碘、果胶酸、海藻酸、多酚、花色苷、毒素等，并且会形成沉淀物。在啤酒、苹果醋等生产中用作澄清剂和稳定剂，可按生产需要适量使用。

三、复合稳定剂和凝固剂

稳定剂和凝固剂在使用过程中，可以单独添加，也可以将两种或两种以上的稳定剂和凝固剂以一定的比例混合搭配使用。

复合稳定剂和凝固剂就是人为地将两种或两种以上的成分以特定的比例加工而成的稳定剂和凝固剂。复合稳定剂和凝固剂的应用是随着豆制品生产的工业化、机械化、自动化的进程而产生的，它们与传统的稳定剂和凝固剂相比都有其独特之处。

传统的豆腐生产中，主要采用的是石膏和盐卤作单一稳定剂和凝固剂，所生产出来的豆腐风味单一，缺乏大豆香味，且持水性较差。用葡萄糖酸-δ-内酯做出的豆腐质地滑润爽口，口味鲜美，营养价值高，但是内酯豆腐偏软，不适合煎炒。因此，研究以内酯为主的复合稳定剂和凝固剂配方，不仅可以保持内酯豆腐的细腻爽口性，又可增加豆腐的硬度，使豆腐弹性更佳，提高豆腐的质量和产量。如我国的郑立红学者，研究了以内酯为主的豆腐复合稳定剂和凝固剂，并重点探讨了复合稳定剂和凝固剂中石膏、磷酸氢二钠（改良剂）与单甘酯（乳化剂）添加量对豆腐凝胶强度及品质的影响，从而确定了以内酯为主的豆腐复合稳定剂和凝固剂最佳配方：内酯 0.3％、石膏 0.069％、磷酸氢二钠 0.047％、单甘酯 0.019％（以豆浆计）。由复合稳定剂和凝固剂制作的豆腐产量高、硬度高，煎炒均可，色白味香，质地细腻，弹性好，干净无杂质，质量、口感都优于用单一稳定剂和凝固剂所制的豆腐。

国外还成功研制了片状调和稳定剂和凝固剂，即将氯化钙和氯化镁加热除去结晶水后，按适当比例与硫酸钙混合，制成粉末，将这些粉末与一定比例的无水乳酸钙混合，再与丙二醇和无水酒精混合一起调制，用制片机压制成片状调和稳定剂和凝固剂。乳酸钙的加入，起到加强钙离子效果的作用，并能缓和硫酸钙、氯化钙和氯化镁对豆腐过于灵敏的稳定和凝固作用。此外，日本还成功研制出由硫酸钙与氯化钙、氯化镁与氯化钙、硫酸钙与葡萄糖酸-δ-内酯等按比例混合的复合稳定剂和凝固剂。所制得豆腐的外形、风味、质量和保存时间都优于由单一稳定剂和凝固剂所制得的豆腐。

知识二　被膜剂

一、被膜剂的概念和分类

被膜剂是一种涂抹于食品外表，起保质、保鲜、上光、防止水分蒸发等作用的物质。为了长期贮存水果，往往在果皮表面涂以薄膜，以抑制水分蒸发、调节呼吸作用、防止细菌侵袭，从而达到保持新鲜度的目的。还有一些食品如糖果、巧克力等，在其表面涂膜后不仅可以防止粘连，保持质量稳定，而且还可使其外表光亮美观。还可在被膜剂中加入某些防腐剂、抗氧化剂等进一步制成复合保鲜剂。

被膜剂根据其来源分为两类：天然被膜剂，如紫胶、桃胶、蜂蜡等；人工被膜剂，如石蜡、液体石蜡等。

二、常用被膜剂

1. 紫胶（虫胶）（CNS：14.001；INS：904）

【性质与性能】　紫胶又名虫胶，其主要成分是树脂。紫胶为淡黄色至褐色的片状物或粉末，有光泽，脆而坚，稍有特殊气味，可溶于碱、乙醇，不溶于酸，有一定的防潮能力和防腐能力。涂于食品表面可以形成光亮的膜，不仅能隔离水分、保持食品质量稳定，而且美观。

紫胶为寄生于豆科或桑科植物上的紫胶虫所分泌的树脂状物质（称紫梗）的提取物，产于我国云南、西藏、台湾等地。将紫梗粉碎、过筛、洗色后干燥成颗粒状，用酒精溶解，过筛，真空浓缩后压成片状。漂白紫胶是将紫胶溶解在碳酸钠水溶液中，用次氯酸钠漂白，稀硫酸沉淀，分离，干燥而制得。现在食品工业主要用的是漂白紫胶。漂白紫胶为白色无定型颗粒状树脂，微溶于醇，不溶于水，易溶于丙酮及乙醚。

【安全性】　由于紫胶的原料紫梗是天然的动物性树脂，安全性较好。据《本草纲目》记载，紫胶具有清热凉血、解毒之功能，在长期使用过程中未发现有害作用。紫胶大鼠经口 LD_{50} 为 15000mg/kg 体重。

【应用】 我国《食品安全国家标准 食品添加剂使用标准》（GB 2760—2024）规定：紫胶作为被膜剂和胶姆糖基础剂可用于经表面处理的柑橘类鲜水果，最大使用量为 0.5g/kg；用于经表面处理的鲜苹果，最大使用量为 0.4g/kg；可用于可可制品、巧克力和巧克力制品，包括代可可脂巧克力及制品，最大使用量为 0.2g/kg；用于胶基糖果、除胶基糖果以外的其他糖果，最大使用量为 3.0g/kg；用于威化饼干，最大使用量为 0.2g/kg。

2. 石蜡（INS：905c；CAS：8002-74-2）

【性质与性能】 石蜡又称固体石蜡、矿蜡或微晶蜡，为石蜡碳氢化合物的混合物，由天然石油含蜡馏分经冷榨或脱蜡制得。石蜡为白色半透明块状物，常显结晶性的构造，无臭，无味，手指接触有滑腻感。不溶于水，微溶于无水乙醇，易溶于挥发油或多数油脂中。在紫外线的影响下色泽变黄。石蜡的化学性质十分稳定，具有良好的隔离性能。

【安全性】 石蜡不被机体消化吸收。少量的石蜡几乎是无毒的。大量长期服用则食欲减退，出现消化器官及肝脏的功能障碍。在含有杂质（硫化物、多环芳烃等）时对健康不利。

【应用】 石蜡多用于水果被膜剂和胶姆糖基础剂，也可用于食品包装材料的防潮、防粘、防油等。

3. 白油（CNS：14.003；INS：905a）

【性质与性能】 白油又称液体石蜡、石蜡油或白矿物油，是由石油所得精炼液态烃的混合物，主要为饱和的环烷烃与链烷烃混合物，碳链的碳数在 16～24，为无色半透明油状液体，常温下无臭，无味，但加热时稍有石油气味，不溶于水，易溶于挥发性的油，并可与大多数非挥发油混溶。对光、热、酸等稳定，但长时间接触光和热会慢慢氧化。

【安全性】 实验表明，液体石蜡无急性毒性。亚急性毒性试验发现：高剂量食用液体石蜡的大白鼠体重增长缓慢，食物利用率低，但各种生化指标及血系均无特殊变化。

【应用】 白油具有消泡、润滑、脱模、抑菌等作用，不被细菌污染，易乳化，有渗透性、软化性和可塑性。在我国，本品可用于面包脱模剂、味精发酵消泡剂以及鸡蛋和软糖的保鲜被膜剂等。用于面包脱模、发酵食品（如味精的生产），可按生产需要适量使用；用于除胶基糖果以外的其他糖果、鲜蛋的保鲜，最大用量为 5.0g/kg。

4. 吗啉脂肪酸盐果蜡（CNS：14.004；INS：—）

【性质与性能】 吗啉脂肪酸盐果蜡是用天然动植物蜡和水制成的淡黄色至黄褐色的油状或蜡状物质。

【安全性】 大白鼠经口 LD_{50} 为 1600mg/kg 体重。无蓄积、致畸、致突变作用。

【应用】 果蜡主要用作水果保鲜剂。将果蜡涂于柑橘、苹果等果实表面，形成薄膜，以达到抑制果实呼吸、防止内部水分蒸发、抑制微生物侵入，并改善商品外观、提高商品价值、延长货架期的目的，可按生产需要适量添加。

5. 巴西棕榈蜡（CNS：14.008；INS：903）

【性质与性能】 巴西棕榈蜡是由巴西棕榈树的叶芽和叶中提取而得的棕色至淡黄色的脆

性蜡，是由不同碳链的脂肪酸酯及脂肪酸组成的混合物，具有树脂状断面，微有气味，熔点80~86℃，相对密度为0.997。不溶于水，微溶于乙醇，溶于氯仿、乙醚、碱液及40℃以上的脂肪。

【安全性】 ADI 为 0~7mg/kg 体重。

【应用】 我国《食品安全国家标准 食品添加剂使用标准》（GB 2760—2024）规定：巴西棕榈蜡作为被膜剂、抗结剂，可用于新鲜水果，最大使用量为 0.0004g/kg；用于可可制品、巧克力和巧克力制品（包括代可可脂巧克力及制品）以及糖果，最大使用量为 0.6g/kg。

6. 松香季戊四醇酯（CNS：14.005；INS：—）

【性质与性能】 松香季戊四醇酯是硬质浅琥珀色树脂，溶于丙酮、苯，不溶于水及乙醇，是由浅色松香与季戊四醇酯化后，经蒸汽气提法精制而成的。

【安全性】 大鼠摄入含有 1% 松香季戊四醇酯的饲料，经 90d 喂养未见毒性作用。

【应用】 我国《食品安全国家标准 食品添加剂使用标准》（GB 2760—2024）规定：松香季戊四醇酯作为被膜剂、胶姆糖基础剂，用于经表面处理的鲜水果，最大使用量为 0.09g/kg；用于经表面处理的新鲜蔬菜，最大使用量为 0.09g/kg。

典型工作任务

任务　葡萄糖酸-δ-内酯在内酯豆腐加工中的应用

【任务内容】

葡萄糖酸-δ-内酯对内酯豆腐品质有很大影响。本实验中，改变葡萄糖酸-δ-内酯在内酯豆腐加工中的用量，测定成品的凝胶特性、保水性及感官特性，以考察葡萄糖酸-δ-内酯对内酯豆腐品质的影响。葡萄糖酸-δ-内酯的用量依次为 0.2%、0.5%、0.8%、1.2%、1.6%。

【任务条件】

市售大豆、葡萄糖酸-δ-内酯，磨浆机、干燥箱、水浴锅、电子天平、离心机、尼龙布、不锈钢盆等。

【任务实施】

1. 工艺流程

原料大豆精选→浸泡→磨浆→煮浆→滤浆→冷却→混合灌装→凝固杀菌→冷却→成型→成品品质评定。

2. 操作要点

（1）原料大豆精选　将大豆除去杂质，选择粒大皮薄、粒重饱满、表皮无皱而有光泽的大豆作为原料。称取原料大豆 100g。

（2）浸泡　将原料大豆置于合适的不锈钢盆内，加 400mL 自来水，于 20℃浸泡 10h。浸泡好的大豆约为原料干豆重量的 2.2 倍。泡好的大豆要求豆瓣饱满，裂开一条线。

（3）磨浆　将浸泡好的大豆以水：干豆为 8:1 的比例用磨浆机磨浆。

（4）**煮浆滤浆** 把磨好的浆煮沸后，用 120 目和 30 目的尼龙布依次过滤。

（5）**冷却** 将过滤后的浆迅速冷却至 35℃左右，添加葡萄糖酸-δ-内酯，搅拌均匀。

（6）**成型** 将点酯后的浆倒进成型模中，放入凝固槽。以 80～85℃保温 20min，静置冷却即为成品。

【成品质量评定】

1. 凝胶特性

用质构仪测定成品的凝胶特性。同一样品选择 3 个不同部位进行穿刺试验，得到豆腐被穿破时受到的最大力 $F(g)$，结果取其平均值。

质构仪运行模式：Texture Profile Analysis（TPA）；测前速度，5.0mm/s；测试速度，1.0mm/s；测后速度，1.0mm/s；穿刺距离，50%；时间，1s；数据采集率，200pps；探头，10mm 圆柱形（P/10）。

2. 保水性

称取 2～3g（精确到 0.01g）豆腐置于底部放有脱脂棉的 50mL 离心管中，以 1500r/min 转速离心 10min 后称重并记录（M），置于 105℃下干燥至恒重（W）。

$$保水率 = \frac{W}{M} \tag{3-7}$$

式中，W 为干燥后样品的质量，g；M 为离心后样品的质量，g。

3. 感官评价

由小组内 8 位同学组成感官评定小组对成品豆腐进行感官评价。评价人员应根据评价标准对成品进行相关评定，取其平均值作为样品的最终得分。豆腐品质的评分标准见表 3-30。

表 3-30 豆腐品质的评分标准

项目	评分标准	分值	备注
色泽	乳白色	2.5	
	淡黄色	2.0	
	黄色	1.5	
滋味及气味	具有豆腐应有的豆香味	3.0	
	有豆香味，但有少量酸味	2.5	
	有豆香味，且有大量酸味	2.0	
组织形态	细腻滑嫩，刀切后不塌陷，不裂	3.0	
	较细腻滑嫩，刀切后不塌陷，不裂	2.5	
	粗糙，刀切后塌陷，裂开	2.0	
杂质	无肉眼可见外来杂质	1.5	
	有少量可见外来杂质	1.0	
	有较多杂质	0.5	

【葡萄糖酸-δ-内酯不同添加量对成品豆腐的品质影响分析】

将试验结果填入表 3-31 并进行比较。

表 3-31　葡萄糖酸-δ-内酯不同添加量对成品豆腐的品质影响

葡萄糖酸-δ-内酯不同添加量/%	凝胶特性硬度 F/g	保水率/%	感官评价得分
0.2			
0.5			
0.8			
1.2			
1.6			

项目六　膨松剂、面粉处理剂、水分保持剂

知识目标

1. 了解膨松剂的定义、分类，掌握其在食品加工中的作用。
2. 了解面粉处理剂的定义、分类，掌握其在食品加工中的作用。
3. 了解水分保持剂的定义、分类，掌握其在食品加工中的作用。

技能目标

1. 在典型食品加工中能正确使用膨松剂。
2. 在典型食品加工中能正确使用面粉处理剂。
3. 在典型食品加工中能正确使用水分保持剂。

职业素养目标

1. 学习复合膨松剂的成分和应用优势，要善于团队合作、优势互补。
2. 由膨松剂从"单一"到"普通复合"再到"无铝"的发展历程，引出科学研究不断深入，善于用发展的眼光看待问题。
3. 通过超范围使用含铝膨松剂的案例，认识到超标、超范围使用食品添加剂的危害，灌输职业道德和法规意识。

知识准备

知识一　膨松剂

膨松剂

一、膨松剂的概念及其作用

1. 膨松剂的概念

　　膨松剂又叫膨胀剂、疏松剂或发粉，是指在食品加工过程中加入的、能使产品发起形成

致密多孔组织，从而使制品具有膨松、柔软或酥脆的特点的物质。在食品加工中，膨松剂广泛应用于面包、饼干、糕点等焙烤食品中。

2. 膨松剂的作用

（1）使制品内部形成多孔性组织，产生膨松的结构　通过化学变化、相变和气体热压效应原理，被加工物料内部产生气体，气体迅速升温气化，增压膨胀，并依靠气体的膨胀力，带动食品组织分子中高分子物质的结构变化，使之成为具有网状组织结构的多孔状物质。

（2）改善制品的口感　膨松剂可以使食品产生松软的组织结构，口感松软可口、体积膨大，而且咀嚼时能使唾液很快渗入制品的组织中，以透出制品中的可溶性物质，进而刺激味觉神经，从而使制品的风味更加突出。

（3）促进食品的消化吸收　由于制品的多孔性，当食品进入消化系统后，各种消化酶能快速进入食品组织中，使食品能快速地被消化和吸收，从而提高食品的营养吸收率，避免营养损失。

二、膨松剂的分类

根据膨松剂的化学成分不同，可以将其分为化学膨松剂和生物膨松剂，化学膨松剂又可分为碱性膨松剂、酸性膨松剂和复合膨松剂。

酸性膨松剂包括硫酸铝钾、硫酸铝铵、磷酸氢钙和酒石酸氢钾等，主要作复合膨松剂的酸性成分，不能单独用作膨松剂。碱性膨松剂包括碳酸氢钠（钾）、碳酸氢铵、轻质碳酸钙等。碱性膨松剂具有价格低廉、易保存、使用稳定性较高等优点，所以仍在饼干、糕点中单独用作膨松剂。碱性膨松剂可单独使用，但需要严格控制其用量，否则容易使制品产生缺陷，如碳酸氢钠受热分解后，除产生 CO_2 气体外，还残留碳酸钠，使成品呈碱性，影响口味，使用不当时还会使成品表面呈黄色斑点。碳酸氢铵分解后产生气体的量比碳酸氢钠多，起发能力大，但容易造成成品过松，使成品内部或表面出现大的空洞，并且产生刺激性的氨气，残留于成品中时，会使成品具有特异臭。为了避免上述情况发生，可将几种混用，以改善成品的质量。复合膨松剂又称发酵粉、发泡粉，是目前实际应用最多的膨松剂。

三、碱性膨松剂

1. 碳酸氢钠（CNS：06.001；INS：500ii）

【性质与性能】　碳酸氢钠又称小苏打、酸式碳酸钠，是由碳酸钠吸收二氧化碳制得。为白色结晶性粉末，无臭，味咸，相对密度为 2.20。加热至 50℃时开始分解生成碳酸钠、二氧化碳和水，加热至 270℃时完全分解，转变为碳酸钠。在干燥空气中稳定，在潮湿空气中缓慢分解，产生二氧化碳。易溶于水，不溶于乙醇。水溶液呈弱碱性，0.8% 水溶液的 pH 为 8.3。遇酸立即强烈分解，产生二氧化碳。本品用于饼干、糕点时，多与碳酸氢铵合用，两者的总用量以面粉为基础，为 0.5%～1.5%。本品可与柠檬酸、酒石酸等配制固体清凉饮料，作为该类饮料的发泡剂。本品是配制复合膨松剂的主要原料之一。

【安全性】　钠离子是人体内的正常成分，一般认为无毒。美国 FDA 将碳酸氢钠列为一般公认安全物质。FAO/WHO 规定，ADI 不做特殊规定。但过量摄入，可能会造成碱中毒，损害肝脏，且可诱发高血压。同时，一次服用大量碳酸氢钠，可引起胃膨胀，甚至胃破裂。

【应用】 碳酸氢钠作为膨松剂，主要用于生产饼干、糕点、馒头、面包等，受热分解放出二氧化碳气体，使食品体积胀大，出现多孔海绵状疏松组织，但产气速度过快容易使食品出现大空洞。此外，碳酸氢钠分解后，形成碳酸钠，使食品呈强碱性，进而使制品风味变差，甚至导致食品发黄或有黄斑，还会破坏某些维生素，使食品品质降低，所以碳酸氢钠需要复配后使用。另外，碳酸氢钠与碳酸在体内形成 $NaHCO_3/H_2CO_3$ 缓冲体系，当多量酸性或碱性物质进入体内时起缓冲作用，使 pH 无显著变化。

除此之外，碳酸氢钠可在果蔬加工时作为酸度调节剂，调节酸度，用作果蔬的护色剂，洗涤果蔬时添加 0.1%～0.2% 的碳酸氢钠，可使绿色稳定。在果蔬加工中也用作处理剂，如用于食品烫漂、去涩味等。碳酸氢钠能使 pH 升高，可提高蛋白质的持水性，促使食品组织细胞软化，促进涩味成分溶出，且碳酸氢钠对羊乳有除膻作用。我国《食品安全国家标准 食品添加剂使用标准》（GB 2760—2024）规定，碳酸氢钠可在大米制品（仅限发酵大米制品）、婴幼儿谷类辅助食品中按生产需要适量添加。使用时注意分散均匀，否则产品容易出现黄色斑点。

2. 碳酸氢铵（CNS：06.002；INS：503ii）

【性质与性能】 碳酸氢铵，又称重碳酸铵、酸式碳酸铵、食臭粉或臭粉。白色粉状结晶，有氨臭，稍有吸湿性，易溶于水，水溶液呈碱性，可溶于甘油，不溶于乙醇。对热不稳定，在 36℃ 以上分解为二氧化碳、氨和水，分解速度随温度升高而增加。在室温下稳定，在空气中易风化，稍吸湿潮解后分解加快。

【安全性】 碳酸氢铵的分解产物二氧化碳和氨都是易挥发气体，在产品中残留较少，且均为人体代谢物，没有潜在的污染性，安全性高，适量摄入对人体健康无害。美国 FDA 将碳酸氢铵列为一般公认安全物质。FAO/WHO 规定，ADI 不做特殊规定。

【应用】 碳酸氢铵作为膨松剂，目前广泛应用于饼干、糕点的生产中。我国《食品安全国家标准 食品添加剂使用标准》（GB 2760—2024）规定，碳酸氢铵可在婴幼儿谷类辅助食品中按生产需要适量添加。

碳酸氢铵受热后分解为二氧化碳和氨气，使食品形成海绵状疏松结构体而对食品起膨松作用。碳酸氢铵分解温度较高，适宜在加工温度较高的面团中使用。由于膨胀效果较好，很多膨化食品、泡芙、萨其马等食品都会含有碳酸氢铵。在含水量较高的食品中分解时，产生的氨气溶于食品的水中生成氢氧化铵，可使食品的碱性增加，会带有氨的臭味，影响食品的风味，故适宜在含水量少的食品中使用，如饼干。

与碳酸氢钠相比，碳酸氢铵分解后产生的气体较碳酸氢钠多，起发力大，但使用不当易造成成品过松，使成品内部或表面出现大的空洞，影响感官品质。而且加热产生强烈刺激性氨味而影响了产品的风味。在实际生产中，经常把碳酸氢铵与碳酸氢钠相互配合使用，从而弥补各自缺陷，获得较好的效果。

碳酸氢铵和碳酸氢钠都是碱性膨松剂，膨松效果好，价格低廉，易保藏，制备工艺简单，使用稳定性高，在食品加工中得到了广泛应用。

3. 碳酸钙（CNS：13.006；INS：170i）

【性质与性能】 碳酸钙依粉末粒径大小不同，分为重质碳酸钙（30～50μm）、轻质碳酸钙（5μm）和胶体碳酸钙（0.03～0.05μm）3种，其他性状基本相同。碳酸钙为白色微晶粉末或无色结晶，无味，相对密度为2.5～2.7。在空气中稳定，不发生化学变化，易吸收臭气，有轻微吸湿性。它可与所有的强酸发生反应，生成水和相应的钙盐并产生二氧化碳。难溶于稀硫酸。几乎不溶于水和乙醇。

【安全性】 钙为人体的正常成分，需经常由食物补充。钙内服无毒性反应，摄入后只有部分转变为可溶性钙盐被吸收，参与机体代谢。美国FDA将碳酸钙列为一般公认安全物质。FAO/WHO规定，ADI不做特殊规定。

【应用】 我国《食品安全国家标准 食品添加剂使用标准》（GB 2760—2024）规定，碳酸钙作为膨松剂在小麦粉中的最大使用量为0.03g/kg。

四、酸性膨松剂

1. 硫酸铝钾（CNS：06.004；INS：522）

【性质与性能】 硫酸铝钾，又称钾明矾、明矾或钾矾。硫酸铝钾为无色透明坚硬的大块结晶或结晶性碎块或白色结晶性粉末，是含有结晶水的硫酸钾和硫酸铝的复盐。无臭、味微甜，有酸涩味。可溶于水，在水中水解生成氢氧化铝胶状沉淀，受热时失去结晶水而成为白色粉末状的烧明矾。

【安全性】 钾明矾是我国传统的食品添加剂，在正常使用量范围内，没有明显的毒性。但是钾明矾稀溶液有收敛作用，浓溶液有腐蚀性，2g钾明矾可引起胃痛、恶心和呕吐，大量内服可因局部腐蚀而发生炎症，大量服用时甚至能引起致死性腐蚀现象。另外，硫酸铝钾中含有的铝对人体有害。它有很大的毒害性，过量摄入会影响人体对铁、钙等成分的吸收，导致骨质疏松、贫血，甚至影响神经细胞的发育。故在实际使用中，需要严格控制其残留量。

【应用】 我国《食品安全国家标准 食品添加剂使用标准》（GB 2760—2024）规定，硫酸铝钾作为膨松剂、稳定剂，豆类制品、面糊（如用于鱼和禽肉的拖面糊）、裹粉、煎炸粉、油炸面制品、虾味片、焙烤食品可按生产需要适量使用，但铝的残留量要小于等于100mg/kg；腌制水产品（仅限海蜇），可按生产需要适量使用，但铝的残留量要小于等于500mg/kg。

2. 硫酸铝铵（CNS：06.005；INS：523）

【性质与性能】 硫酸铝铵又称铵明矾、铵矾或铝铵矾。无色至白色结晶，或结晶性粉末、片、块。相对密度为1.65。无臭，味微甜而涩，易溶于水，水溶液呈酸性。易溶于甘油，几乎不溶于乙醇。

【安全性】 硫酸铝铵是我国长期以来使用的食品添加剂，在正常使用量范围内，无明显的毒性影响。

【应用】 硫酸铝铵的应用范围及限量同硫酸铝钾。

3. 磷酸盐

【性质与性能】 用作膨松剂的磷酸盐主要有磷酸氢钙一水合物、无水磷酸一钙、磷酸二钙、磷酸铝钠和不同级别的酸式焦磷酸钠，最常用的是磷酸氢钙，白色结晶性粉末，无臭、无味，在空气中稳定，几乎不溶于水，易溶于稀盐酸、稀硝酸和乙酸，不溶于乙醇。

磷酸盐在食品加工工艺中并不直接产生气体，一般是作复合疏松剂中的酸性盐，与碳酸盐等作用产生气体，从而使产品膨松。

【应用】 我国《食品安全国家标准 食品添加剂使用标准》（GB 2760—2024）规定，磷酸盐作为膨松剂、水分保持剂和酸度调节剂，可用于焙烤食品，最大使用量为 15g/kg；可用于小麦粉及其制品、杂粮粉，最大使用量为 5.0g/kg。

4. 酒石酸氢钾（CNS：06.007；INS：336）

【性质】 酒石酸氢钾又称酸式酒石酸钾酒石或塔塔粉，无色或白色斜方晶系结晶性粉末，无臭，有清凉的酸味。在水中的溶解度随温度而变化，强热处理后炭化，且具有砂糖烧焦气味。难溶于冷水，不溶于乙醇、乙酸，易溶于无机酸。

【应用】 本品产气缓慢，多作为复合膨松剂的原料，也可用于发酵粉。我国《食品安全国家标准 食品添加剂使用标准》（GB 2760—2024）规定，酒石酸氢钾作为膨松剂，可用于小麦粉及其制品、焙烤制品，可按生产需要适量使用。

五、生物膨松剂

生物膨松剂主要是指酵母，主要用于发酵类面制品中，其作用主要是：使制品发酵产生 CO_2，从而使其内部产生多孔性海绵状结构，增大制品体积；发酵过程中产生乙醇、有机酸、酯类、羰基化合物以赋予制品独特的风味和营养价值。

常用的酵母主要有液体酵母、鲜酵母、干酵母 3 种。液体酵母是未经浓缩的酵母液，是把酵母菌扩大培养后得到的产品；鲜酵母又叫浓缩酵母或压榨酵母，是将酵母液除去部分水分（水分75％以下）后压榨而成的，与干酵母相比，鲜酵母具有活细胞多、发酵速度快、发酵风味足、使用成本低等优点。为保证鲜酵母的活力，其运输及贮藏温度要求在 0～4℃，不要反复冻融。鲜酵母分为高糖型和低糖型两种：高糖型鲜酵母主要用于各种面包、甜馒头、高档发酵型点心、高糖饼等；低糖型鲜酵母主要用于馒头、包子、花卷、含糖量较少的饼等。干酵母又叫活性酵母，是由鲜酵母制成的小颗粒，经低温干燥而成。使用前需要活化（用30℃左右的温水溶解并放置 10min 左右），干酵母常温下贮藏期可达 2 年，品质稳定，使用方便，目前应用较多。

六、复合膨松剂

1. 复合膨松剂的概念

复合膨松剂又称发酵粉或发泡粉，是将上述化学膨松剂中的一种或几种疏松剂同其他成分以一定的比例混合得到的膨松剂。目前，复合疏松剂以其产气均匀、效力高、碱性低等优点在生产中广泛应用。一般为白色粉末，遇水混合加热即产生二氧化碳。我国生产的发酵粉多是用碳酸氢钠、明矾、烧明矾及淀粉等混合配制而成的。

2. 复合膨松剂的分类

复合膨松剂按产气速度可分为快性发粉、慢性发粉、双重反应发粉3类。快性发粉一般是在食品烘焙前，产生气体使之膨松；慢性发粉是在食品烘焙前产生的气体较少，大部分均在加热后才释放；双重反应发粉是二者的混合物。

3. 复合膨松剂的组成

复合膨松剂一般由三部分组成：碳酸盐、酸性盐或有机酸、助剂。碳酸盐是其中的主要成分之一，常用的是碳酸氢钠，用量占20%～40%，作用是与酸反应产生二氧化碳。酸性盐作为复合疏松剂的重要成分，其作用是与碳酸氢盐发生中和反应或复分解反应产生气体，并降低产品的碱性，控制反应速度和膨松剂的作用效果，用量占35%～50%。常用的酸性物质有柠檬酸、酒石酸、富马酸、乳酸、酸性磷酸盐和明矾类（包括钾明矾和铵明矾）等。助剂主要有淀粉、脂肪酸等，用量占10%～40%，其作用是改善膨松剂的保存性，防止吸潮结块和失效，也有调节气体产生速度或使气泡均匀产生等作用。

配制复合膨松剂时，应将各种原料成分充分干燥，要粉碎过筛，使颗粒变细微，以便混合均匀。碳酸盐与酸性物质混合时，碳酸盐使用量最好适当高于理论量，以防残留酸味。产品最好密闭贮存于低温干燥处，以防分解失效。

4. 常见复合膨松剂的配方

复合膨松剂的配方很多，依具体食品生产需要而有所不同。常见的配方见表3-32。

表3-32 常见复合膨松剂配方

配方序号	成分(质量分数/%)
1	碳酸氢钠26,酒石酸氢钾10,磷酸氢钙7.5,磷酸二氢钙12,烧明矾10,酒石酸10,磷酸钙0.5,玉米淀粉24
2	碳酸氢钠48,酒石酸氢钾5,氯化铵46,碳酸镁1
3	烧明矾15,铵明矾15,酒石酸氢钾10,酒石酸8,碳酸氢钠32,玉米淀粉20
4	碳酸氢钠29,酒石酸氢钾4,磷酸氢钙1,烧明矾23,磷酸二氢钙1,磷酸一钠5,淀粉37
5	碳酸氢钠30,酒石酸氢钾10,磷酸氢钙30,烧明矾15,玉米淀粉15

知识二 面粉处理剂

一、面粉处理剂的概念

面粉处理剂是指促进面粉的熟化和提高制品质量的物质。新磨制的面粉，特别是用新小麦磨制的面粉无光泽，面团筋力小、弹性差，吸水率低，发酵力差，极易塌陷，做成的面包体积小，易收缩，内部组织不均匀。新面粉放置一段时间后，上述缺点会得到改善，这一过程称为面粉的后熟。面粉处理剂可促进面粉的后熟，故又叫促熟剂或增筋剂。

二、常用面粉处理剂

《食品安全国家标准 食品添加剂使用标准》（GB 2760—2024）中规定：目前允许使用的

面粉处理剂主要有 L-半胱氨酸盐酸盐、抗坏血酸、碳酸镁、碳酸钙等。

1. L-半胱氨酸盐酸盐（CNS：13.003；INS：920）

【性质与性能】 L-半胱氨酸盐酸盐为无色或白色结晶性粉末，略有异臭和酸味，易溶于水、醇、氨水和乙酸，水溶液为酸性，不溶于苯、乙醚、丙酮等。

【安全性】 小白鼠经口 $LD_{50} > 3460mg/kg$ 体重。

【应用】 L-半胱氨酸盐酸盐具有还原性，有抗氧化和防止非酶促褐变的作用。在面粉中，主要用于发酵面制品，与面粉增筋剂配合使用时，主要在面筋的网状结构形成后发挥作用，其作用具有滞后性，能够提高面团的持气性和延伸性，加速谷蛋白的形成，防止面团筋力过高引起的老化，从而缩短面制品的发酵时间。

根据《食品安全国家标准 食品添加剂使用标准》（GB 2760—2024）的规定，L-半胱氨酸盐酸盐可用于发酵面制品，最大使用量为 0.06g/kg；生湿面制品（如面条、饺子皮、馄饨皮、烧麦皮）（仅限拉面），最大使用量为 0.3g/kg；可用于冷冻米面制品，最大使用量为 0.6g/kg（以 L-半胱氨酸盐酸盐计）。

另外，L-抗坏血酸也被用作面粉还原剂，具有促进面包发酵的作用。

2. 碳酸镁（CNS：13.005；INS：504i）

【性质与性能】 碳酸镁有轻质和重质之分，用于面粉中的，一般为轻质。轻质碳酸镁为白色松散粉末或易碎块状，无臭，相对密度为 2.2，熔点为 350℃，在空气中稳定，加热至 700℃产生 CO_2，生成氧化镁，几乎不溶于水，但在水中会引起轻微碱性反应，不溶于乙醇，可以被稀酸溶解并冒泡。

【安全性】 碳酸镁安全性好，ADI 无需规定（FAO/WHO）。

【应用】 根据《食品安全国家标准 食品添加剂使用标准》（GB 2760—2024）的规定，碳酸镁可用于小麦粉，最大使用量为 1.5g/kg；也可以用于固体饮料，最大使用量为 10.0g/kg。

知识三　水分保持剂

一、水分保持剂的概念及作用

水分保持剂是指有助于保持食品中水分的物质，主要用于肉类和水产品的加工。我国《食品安全国家标准 食品添加剂使用标准》（GB 2760—2024）中允许使用的水分保持剂主要有磷酸盐类、乳酸盐类、山梨糖醇等，其中最主要的是磷酸盐类，常见的磷酸盐有焦磷酸二氢二钠、磷酸二氢钙、磷酸二氢钾、磷酸氢二铵、磷酸氢二钾、磷酸氢钙、磷酸三钙、磷酸三钾、磷酸三钠、六偏磷酸钠、三聚磷酸钠、磷酸二氢钠、磷酸氢二钠等。

水分保持剂在食品加工中的作用主要有增加食品中水分的含量及稳定性；减少加工过程中水分的流失，保证食品的新鲜；改善食品品质，延长食品的保质期。

二、水分保持剂的持水机理

水分保持剂主要是用于肉品及水产品中的磷酸盐类。在肉品加工中，添加磷酸盐可以提高肉的保水性，改善其嫩度，其持水机理还不是十分的清楚，但根据实验可归纳出以下几点原因。

① 由于蛋白质在等电点时溶解度最低，所以当肉的 pH 处于其中主要蛋白质的等电点时，肉的保水性最差。加入磷酸盐后，可提高肉的 pH，使其偏离肉中蛋白质的等电点（pH 约 5.5），从而提高肉的保水性。

② 磷酸盐是具有高离子强度的多价阴离子，当加入肉中后，使肉的离子强度增高，肉的肌球蛋白的溶解性增大而成为溶胶状态，持水能力增大，因此肉的持水性提高。

③ 磷酸根是多价阴离子，离子强度较大，能螯合肉中的二价金属离子，与肌肉组织中蛋白质结合的 Ca^{2+}、Mg^{2+} 等形成络合物，使蛋白质中的极性基团游离，极性基团之间的排斥力增大，蛋白质网状结构膨胀，网眼增大，持水性提高。

④ 磷酸盐可以将肌动球蛋白解离为肌动蛋白和肌球蛋白，而肌球蛋白具有较强的持水性，故能提高肉的持水性。

由于磷酸盐在人体内与钙能形成难溶于水的正磷酸钙，从而降低钙的吸收，因此使用时，应注意钙、磷比例，钙、磷比例在婴儿食品中不宜小于 1～1.2。

除了持水作用外，磷酸盐在食品加工中还有其他作用，如用于啤酒、饮料，防止浑浊的产生；用于鸡蛋外壳的清洗，防止鸡蛋因清洗而变质；用于果蔬的蒸煮，用以稳定果蔬中的天然色素；用作酸度调节剂、金属离子螯合剂和品质改良剂等。

三、常用水分保持剂

1. 磷酸三钠（CNS：15.001；INS：339iii）

【性质与性能】 磷酸三钠，也叫正磷酸钠、磷酸钠，常含 1～12 个结晶水，无色至白色针状六方晶体，可溶于水，不溶于有机溶剂，在水中几乎全部分解为磷酸氢二钠和氢氧化钠，水溶液呈碱性，对皮肤有一定的侵蚀作用。在干燥空气中风化，100℃ 时即失去 12 个结晶水而成无水物磷酸钠。

【安全性】 磷对所有活的机体是一个重要的元素，常以磷酸根的形式为生物体所利用，参与能量传递及糖类、脂肪、蛋白质的代谢，同时也是人体组织（如牙齿、骨骼及部分酶）的组成部分，因此磷酸盐又常用做食品的营养强化剂，在正常用量下，不会导致磷和钙的失衡，但用量过多，会与肠道中的钙结合成难溶于水的正磷酸钙，从而降低钙的吸收。土拨鼠经口 LD_{50}>2g/kg 体重。ADI 为 0～70mg/kg 体重（指食品和食品添加剂中的总量，以磷计，并且要注意与钙的平衡）。

【应用】 我国《食品安全国家标准 食品添加剂使用标准》（GB 2760—2024）规定，磷酸三钠用于米粉（包括汤圆粉等）、谷类和淀粉类甜品（如米布丁、木薯布丁）（仅限谷类甜品罐头）、预制水产品（半成品）、水产品罐头、最大使用量为 1.0g/kg；杂粮罐头、其他杂粮制品（仅限冷冻薯条、冷冻薯饼、冷冻土豆泥、冷冻红薯泥）最大使用量为 1.5g/kg；熟制坚果与籽类（仅限油炸坚果与籽类）、膨化食品最大使用量为 2.0g/kg；预制肉制品、熟肉制品、冷冻鱼糜制品（包括鱼丸等）、乳及乳制品（巴氏杀菌乳、灭菌乳、特殊膳食用食品涉及品种除外）、稀奶油、水油状脂肪乳化制品及以外的脂肪乳化制品，包括混合的和（或）调味的脂肪乳化制品、冷冻饮品（食用冰除外）、蔬菜罐头、可可制品、巧克力和巧克力制品（包括代可可脂巧克力及制品）以及糖果、小麦粉及其制品、面糊（如用于鱼和禽肉的拖面糊）、裹粉、煎炸粉、杂粮粉、食用淀粉、即食谷物包括碾轧燕麦（片）、方便米面制品、冷冻米面制品、冷冻水产品、热凝固蛋制品（如蛋黄酪、松花蛋肠）、饮料类（包装饮用水除外）、果冻等最大使用量为 5.0g/kg；乳粉和奶油粉、调味糖浆最大使用量为 10.0g/kg；再制干酪最大使用量为 14.0g/kg；焙烤食品最大使用量为 15.0g/kg；其他油脂或油脂制品（仅限植脂末）、复合调味料最大使用量为 20.0g/kg；其他固体复合调味料（仅限方便湿面调味料包）最大使用量为 80.0g/kg；此添加剂可单独或混合使用，最大使用量以磷酸根（PO_4^{3-}）计。

2. 六偏磷酸钠（CNS：15.002；INS：452i）

【性质与性能】 六偏磷酸钠，又称聚磷酸钠、偏磷酸钠，是一个长链的聚合物。六偏磷酸钠为无色透明玻璃片状或白色粒状结晶。吸湿性很强，置于空气中能逐渐吸收水分而呈黏胶状物。溶于水，不溶于乙酸或乙醚等有机溶剂，水溶液中，可与金属离子形成可溶性络合物，二价金属离子的络合物较一价金属离子的络合物稳定。六偏磷酸钠具有较强的分散性、乳化性、高黏性及与金属离子络合的特点。

【安全性】 六偏磷酸钠被美国 FDA 认定为 GRAS（一般公认安全物质）。大白鼠经口 LD_{50} 为 100mg/kg 体重。ADI 为 0～70mg/kg 体重（指食品和食品添加剂中的总量，以磷计，并要注意与钙的平衡）。

【应用】 六偏磷酸钠的适用范围和使用量同磷酸三钠。可单独使用，也可与其他磷酸盐配制成复合磷酸盐使用。

3. 三聚磷酸钠（CNS：15.003；INS：451i）

【性质与性能】 三聚磷酸钠为白色颗粒或粉末，有潮解性。有无水物和六水合物两种结构。25℃时，该产品的溶解度为 13%，其水溶液呈碱性。三聚磷酸钠在水溶液中发生水解，水解程度因温度和溶液 pH 不同而不同，水解产物为焦磷酸盐和正磷酸盐。可与铜、镍、镁等金属离子形成极稳定的水溶性络合物，也可与碱土金属形成相当稳定的水溶性络合物，与碱金属仅能形成弱的络合物。

【安全性】 小白鼠经口 LD_{50} 为 3210mg/kg 体重，大白鼠腹腔注射 LD_{50} 为 134mg/kg 体重，ADI 为 0～70mg/kg 体重（指食品和食品添加剂中的总量，以磷计，并且要注意与钙的平衡）。

【应用】 三聚磷酸钠在食品加工中的适用范围和使用量同磷酸三钠，常与其他磷酸盐复配使用。

4. 焦磷酸钠（CNS：15.004；INS：450iii）

【性质与性能】 焦磷酸钠有无水物和十水物两种，无水物为白色粉末，十水物为无色至白色结晶或结晶性粉末。易溶于水，其水溶液呈碱性；不溶于醇。对热极稳定，在 988℃下加热才分解。能与金属离子发生络合反应。其 1% 水溶液的 pH 为 10.0～10.2。它具有普通聚合磷酸盐的通性，即乳化性、分散性、防止脂肪氧化、提高蛋白质的结着性，还具有在高 pH 下抑制食品氧化和发酵的作用。

【安全性】 小鼠经口 LD_{50} 为 40mg/kg 体重，大鼠经口 LD_{50}＞400mg/kg 体重。ADI 为 0～70mg/kg（指食品和食品添加剂中的总量，以磷计，并且要注意与钙的平衡）。

【应用】 焦磷酸钠在食品加工中的适用范围和使用量同磷酸三钠，常与其他磷酸盐复配使用。

5. 磷酸二氢钠（CNS：15.005；INS：339i）

【性质与性能】 磷酸二氢钠为白色结晶或粉末，无臭，微具潮解性，加热至100℃就失去结晶水，若继续加热则分解成酸性焦磷酸钠，易溶于水，其水溶液呈酸性。磷酸二氢钠具有调节 pH、膨松和结着作用，通常与磷酸氢二钠复配使用。

【安全性】 小鼠腹腔注射 LD_{50} 为 8290mg/kg 体重，ADI 为 0~70mg/kg（以磷计的总磷酸盐量）。

【应用】 根据我国《食品添加剂使用标准》（GB 2760—2024）的规定，磷酸二氢钠除了磷酸三钠适用的食品种类以外，还可用于婴幼儿配方食品、婴幼儿辅助食品，最大添加量为1.0g/kg。

6. 磷酸氢二钠（CNS：15.006；INS：339ii）

【性质与性能】 磷酸氢二钠，又称磷酸二钠，有无水物和十二水合物两种。

磷酸氢二钠的十二水合物为白色结晶，相对密度为 1.52，熔点为 34.6。在空气中迅速风化成七水盐，易溶于水，水溶液呈碱性，3.5%的水溶液 pH 为 9.0~9.4。在250℃时分解成焦磷酸钠。它对乳制品和肉制品等有调节 pH 和结着作用，还可提高乳制品的热稳定性。

【安全性】 磷酸氢二钠的毒性同磷酸二氢钠。

【应用】 磷酸氢二钠在食品加工中的适用范围和使用量同磷酸三钠，一般和磷酸二氢钠配合使用，并与其他磷酸盐复配使用。

四、水分保持剂的复配

几种水分保持剂按照一定的比例复合在一起成为复配型水分保持剂。这类复配型水分保持剂近几年在国内外发展十分迅速，而且经时间证明非常方便有效。在美国，卡拉胶-磷酸盐添加剂已成功地用于低脂、低盐、低热量和高蛋白的具有保健作用的禽肉类生产，使禽肉的保水性增加，并使产品中的含盐量比原来降低50%，同时还可增加蒸煮禽肉产品的体积、改良其内部结构，提高其可切片性。

几种常见的复配型水分保持剂的配方及用途见表 3-33。

表 3-33　几种常见的复配型水分保持剂配方及用途

序号	配方（质量分数/%）	用　途
1	无水焦磷酸钠 60，三聚磷酸钠 10，偏磷酸钠 30	冰淇淋、火腿肠、香肠
2	无水焦磷酸钠 30，三聚磷酸钠 40，偏磷酸钠 20，偏磷酸钾 10	香肠
3	无水焦磷酸钠 2，无水焦磷酸钾 2，三聚磷酸钠 60，偏磷酸铵 22，偏磷酸钾 14	肉糜
4	聚磷酸钠 77，焦磷酸钠 18，琥珀酸二钠 5	火腿
5	聚磷酸钠 10，六偏磷酸钠 30，焦磷酸钠 60	冰淇淋
6	三聚磷酸钠 29，六偏磷酸钠 55，焦磷酸钠 4，磷酸二氢钠 12	方便面
7	三聚磷酸钠 30，六偏磷酸钠 55，磷酸二氢钠 15	面条
8	三聚磷酸钠 85，六偏磷酸钠 12，焦磷酸钠 3	禽肉罐头
9	聚磷酸钠 28，六偏磷酸钠 55，焦磷酸钠 17	糖果

任务　无铝复合膨松剂在蛋糕加工中的应用

【任务内容】

膨松剂是蛋糕加工中不可缺少的添加剂，无铝复合膨松剂更符合人们对饮食健康营养的需求。通过分析不同无铝复合膨松剂对蛋糕成品品质的影响，掌握膨松剂在蛋糕加工中的作用及其应用。蛋糕成品品质评定选用比容、质构分析、感官评价等指标进行分析。

几个无铝复合膨松剂配方如下（质量分数，%）：

① 碳酸氢钠26，葡萄糖酸内酯13，酒石酸氢钾19，柠檬酸5，淀粉37；

② 碳酸氢钠26，葡萄糖酸内酯15，酒石酸氢钾21，柠檬酸9，淀粉29；

③ 碳酸氢钠27，葡萄糖酸内酯15，酒石酸氢钾23，柠檬酸10，淀粉25；

④ 碳酸氢钠27，葡萄糖酸内酯13，酒石酸氢钾23，柠檬酸8，淀粉29；

⑤ 碳酸氢钠28，葡萄糖酸内酯17，酒石酸氢钾20，柠檬酸6，淀粉29。

【任务条件】

低筋面粉、鸡蛋、白砂糖、人造奶油、碳酸氢钠、葡萄糖酸内酯、酒石酸氢钾、柠檬酸、淀粉、盐，电子天平、烤炉等。

【任务实施】

1. 工艺流程及配方

原料准备称量→打糊→拌粉→装模→烘烤→冷却→成品。

参考配方：低筋面粉100g，鸡蛋50g，白砂糖40g，人造奶油70g，无铝复合膨松剂2g。

2. 操作要点

（1）原料准备称量　准备所需要的原辅料：低筋面粉、鸡蛋、白砂糖和人造奶油，面粉要过筛，白砂糖碾碎过筛。按上述参考配方比例准确称量。

（2）打糊　将鸡蛋与白砂糖粉混合，充分搅打，使鸡蛋胀发，尽量使更多的空气溶入其中，并使糖粉溶解。打好的蛋糊为稳定的泡沫状，体积约为原来的3倍，呈乳白色。

（3）拌粉　将过筛后的面粉与打好的蛋糊充分混合并搅拌均匀。

（4）装模　将拌好的面糊立即装入放好的模具中。时间长了面粉容易下沉。

（5）烘烤　将装好模具的蛋糕放入烤箱中烘烤，烘烤温度在200℃左右，时间根据蛋糕模具大小而定。

（6）冷却　刚出炉的蛋糕温度高，质地软，不好脱模，充分冷却后，脱模得到成品。

【成品质量评定】

1. 比容

将冷却后的蛋糕切成边长为5cm的正方体样品，计算蛋糕的体积，用电子天平称取蛋糕的质量（精确至0.1g），按以下公式计算蛋糕的比容。

$$D = \frac{V}{m}$$

（3-8）

式中，D 为比容，cm^3/g；V 为蛋糕体积，cm^3；m 为蛋糕质量，g。

2. 质构分析

用质构仪测定蛋糕的硬度和弹性。蛋糕采用测比容时的样品。测定参数为：质构仪运行模式，Texture Profile Analysis（TPA）；测前速度，5.0mm/s；测试速度，1.0mm/s；测后速度，1.0mm/s；下压距离，80%。

3. 感官评价

由小组内 8 位同学组成感官评定小组对成品蛋糕进行感官评价。评价人员应根据评价标准对成品进行相关评定，取其平均值作为样品的最终得分。蛋糕的品质评分项目及分数分配见表 3-33。

【不同无铝复合膨松剂对蛋糕品质的影响分析】

具体参见表 3-34。

表 3-34　蛋糕的感官评价表

项目	评分标准	分值	备注
外观	表面光滑无斑点,环纹,且上部有较大弧度,不开裂	10	
芯部	亮黄、淡黄有光泽,气孔细密均匀、孔壁薄	30	
弹性	柔软有弹性,按下去后复原很快	30	
硬度	硬度适中	20	
口感	绵软、细腻稍有潮湿感	10	

将试验结果填入表 3-35 中并进行比较。

表 3-35　不同无铝复合膨松剂对蛋糕品质的影响

复合膨松剂配方编号	比容	硬度/g	弹性/%	感官评价得分
配方 1				
配方 2				
配方 3				
配方 4				
配方 5				

知识拓展与链接

南豆腐、北豆腐与内酯豆腐

南豆腐又称石膏豆腐，是以石膏为凝固剂制成的。其质地比较软嫩、细腻，口感爽滑。制作时需要用豆包布包裹，经过挤压、脱水等过程，所以形状呈椭圆形。颜色呈乳白色，适合于制作汤羹等菜肴。

北豆腐又称卤水豆腐或老豆腐，是以卤水为凝固剂制成的。其特点是质地坚实，硬度、弹性、韧性较南豆腐强，含水量比南豆腐低，一般在 80%～85%，口味较南豆腐香。加工时因用纱布加压脱水，北豆腐表面会有粗糙的布纹，色泽白中偏黄，适合煎、炸、酿、红烧等。

内酯豆腐是以葡萄糖酸-δ-内酯为凝固剂生产的豆腐。它改变了传统的用卤水点豆腐的制作方法，可减少蛋白质流失，并使豆腐的保水率提高，且豆腐质地细嫩、有光泽，适口性好，清洁卫生。由于普通豆腐用的凝固剂含有大量钙质，所以内酯豆腐要比普通豆腐钙含量低。

目标检测

1. 什么是稳定剂和凝固剂？
2. 常用的稳定剂和凝固剂有哪些？它们在食品工业中各有什么作用？
3. 什么是被膜剂？
4. 常用的被膜剂有哪些？它们在食品工业中有什么作用？
5. 什么是膨松剂？
6. 常用的膨松剂有哪些？它们在面制品加工中的作用是什么？
7. 什么是面粉处理剂？
8. 常用的面粉处理剂有哪些？它们在面粉中的作用主要是什么？
9. 什么是水分保持剂？
10. 常用的水分保持剂有哪些？主要用于什么产品的加工？

模块四
功能性食品添加剂

项目一 　 酶制剂

知识目标

1. 了解常用酶制剂在食品生产加工中的意义。
2. 掌握常用酶制剂的定义、分类和特点。
3. 掌握常用酶制剂在食品生产加工中的应用。

技能目标

1. 在典型食品加工中能正确使用酶制剂。
2. 在食品加工中合理控制影响酶活性的因素。

职业素养目标

1. 了解酶的使用历史，培养文化自信、民族自豪感。
2. 酶制剂被用于造假引发的食品安全问题，培养责任意识和社会责任感教育，强调依法和按标准使用食品添加剂，遵纪守法意识教育。

知识准备

知识一 　 酶制剂概述

酶制剂

一、酶及酶制剂的定义及作用

酶可以改变食品及调味品的风味，改进食品质量，改变蛋白质的性质，补充氨基酸成分，使食品易于消化，酶能除掉食品中的毒性物质。

酶制剂是由动物或植物的可食或非可食部分直接提取，或由传统或通过基因修饰的微生物

（包括但不限于细菌、放线菌、真菌菌种）发酵、提取制得，用于食品加工，具有特殊催化功能的生物制品。酶制剂几乎可以在一切食品加工业中应用。

二、酶制剂的发展

食品酶制剂的研制与生产至今已有 100 多年的历史，到目前为止，自然界中发现的酶共有 2500 多种，其中有经济价值的有 60 多种。工业化生产的酶制剂只有 20 多种，在已知酶中占 0.8%。在酶制剂的产量中 55% 是水解酶，主要用于焙烤、食品酿酒、淀粉加工、酒精等食品工业。

随着生物工程技术的迅速发展，酶制剂工业在品种、数量、活力单位、应用技术等各个方面都取得了很大的进步。如固定化富马酸酶，由富马酸通过固定化的富马酸酶柱连续生产 L-苹果酸，聚乙烯固定化的天冬氨酸酶，由富马酸通过格氏反应连续生产 L-天冬氨酸等新技术，在工业生产中已推广使用。近年来，利用各种转移酶制备具有特殊功能的低聚糖，包括歧化低聚糖、直链低聚糖、低聚果糖、低聚半乳糖、麦芽糖、木糖以及葡萄糖-蔗糖、乳糖-蔗糖、卟啉-海藻糖和高环状低聚糖等具特殊功能的酶制剂正在大力开发。有多种肽酶类开发出许多功能性基料，如作用于 C 末端的羧肽酶、作用于 N 末端的氨肽酶、作用于二肽键的二肽酶等。利用酶技术可制造出一系列寡肽类的功能性物质。在食用香料方面也有使用酶来创造出特殊香型的香料。酶制剂的研究和应用领域在不断地扩大，发展速度惊人。新型酶，高活性、高纯度、高质量的复合酶，是今后酶制剂的研究发展方向。

知识二　常用酶制剂应用技术

一、淀粉酶

淀粉酶是加水分解淀粉及类似多糖类的酶的总称。以下介绍几种常用的淀粉酶。

1. α-淀粉酶（EC3.2.1.1；CAS：9000-90-2）

α-淀粉酶又称液化型淀粉酶，亦称细菌 α-淀粉酶、退浆淀粉酶、糊精化淀粉酶和高温淀粉酶等。

淀粉是以 α-1,4-键及 α-1,6-键连接的高分子多糖，只含有 α-1,4-键的直链状聚合物称为直链淀粉；在 α-1,4-键的直链上通过 α-1,6-键而形成分支的称为支链淀粉。α-淀粉酶是指能水解糊化后的直链淀粉和支链淀粉中直链部分 α-1,4-键的酶，对 α-1,6-键不起作用。

【性质与性能】　淀粉酶一般为浅棕色粉末，溶于水，几乎不溶于有机溶剂。在高浓度淀粉保护下，α-淀粉酶的耐热性很强，在适量的钙盐和食盐存在下，pH 为 5.3～7.0 时，温度提高到 93～95℃仍保持足够高的活性。嗜热芽孢杆菌 α-淀粉酶在 110℃仍能液化淀粉。α-淀粉酶对热稳定性高，这一特性在食品加工中极为宝贵。在工业生产中，可选用 α-淀粉酶降低淀粉糊化时的黏度。为便于保藏，本品中常加入适量的碳酸钙等作为抗结剂防止结块。

α-淀粉酶的最适 pH 一般为 5.0～7.0，其最适 pH 因来源不同差异很大。如：枯草杆菌 α-淀粉酶的最适 pH 范围较宽，为 5.0～7.0；嗜热芽孢杆菌 α-淀粉酶的最适 pH 则只在 3.0

左右；其他来源α-淀粉酶的最适 pH 也有不同。

α-淀粉酶可水解直链淀粉分子内的 α-1,4-糖苷键，将直链淀粉分解为麦芽糖、葡萄糖和糊精，使淀粉液的黏度迅速下降，碘反应由蓝变紫，再转变成红色、棕色以至无色，这种作用称为液化作用。α-淀粉酶不能水解支链淀粉的 α-1,6-糖苷键。

【安全性】 据报道，由枯草杆菌属菌株生产的 α-淀粉酶，一般认为是安全的。FAO/WHO 规定，ADI 无限制性规定。

【应用】 α-淀粉酶主要用于水解淀粉来制造饴糖、葡萄糖和糖浆等，以及生产糊精、啤酒、黄酒、酒精、酱油、醋、果汁和味精等；用于面包的生产，以改良面团，如降低面团黏度、加速发酵进程、增加含糖量和缓和面包老化等；在婴幼儿食品中用于谷类原料预处理。此外，还用于蔬菜加工中。用量：以枯草杆菌 α-淀粉酶（6000IU/g）计，添加量约为 0.1%。

2. β-淀粉酶（EC3.2.1.2；CAS：9000-91-3）

β-淀粉酶又称淀粉-1,4-麦芽糖苷酶，是外切酶。

【性质与性能】 其分子量略高于 α-淀粉酶，棕黄色粉末。产品常制成液体状。广泛存在于谷物（麦芽、小麦、稞麦）、山芋和大豆等植物及各种微生物（芽孢杆菌、假单胞杆菌等）中。近年来发现，某些放线菌可水解淀粉生成麦芽糖，转化率可达 80%，这种酶的作用机制与 β-淀粉酶不同，称为麦芽糖生成酶。植物 β-淀粉酶的最适 pH 为 5.0～6.0，在 pH5～8 稳定，最适反应温度 50～60℃；细菌 β-淀粉酶的最适 pH 为 6～7，最适反应温度约为 50℃。β-淀粉酶的活性中心都含有巯基（—SH），重金属、巯基试剂能使之失活，还原性谷胱甘肽、半胱氨酸可使之复活。

β-淀粉酶水解淀粉时，可以从淀粉分子非还原性末端依次切开 α-1,4-糖苷键而生成麦芽糖，但是不能水解支链淀粉的 α-1,6-糖苷键。用 β-淀粉酶水解淀粉：麦芽糖的生成量通常不超过 50%，除非同时用脱支酶处理，来切开分支点的 α-1,6-糖苷键。

【安全性】 按 FAO/WHO 规定，ADI 无限制性规定。

【应用】 根据 GB 2760—2024 规定：β-淀粉酶主要用于啤酒酿造、饴糖（麦芽糖浆）制造，按生产需要适量添加。

3. 糖化酶（EC3.2.1.3；CAS：9032-08-0）

糖化酶又称葡萄糖淀粉酶、淀粉葡萄糖苷酶。

【性质与性能】 白色至浅棕色无定形粉末或棕色液体。最适反应温度 55～60℃，最适 pH4.5～5.5，视菌株而稍异。

糖化酶可以从淀粉、糖原、糊精等分子的非还原性末端依次将葡萄糖切下，既可水解 α-1,4-糖苷键，也可水解 α-1,6-糖苷键，因此，作用于直链淀粉和支链淀粉时，能将它们全部分解为葡萄糖，另外，还能催化其逆反应，即葡萄糖分子的缩合反应，从而生成麦芽糖和异麦芽糖。

【安全性】 按 FAO/WHO 规定，ADI 无限制性规定。

【应用】 重要的糖化剂，在淀粉糖浆、葡萄糖、蒸馏酒、酒精及其他发酵工业生产中，用以将淀粉转化为可发酵性的葡萄糖，也大量用作饲料添加剂。

二、蛋白酶

1. 凝乳酶（EC3.4.23.4；CAS：9001-98-3）

【性质与性能】 凝乳酶又称皱胃酶，是干酪制品的凝乳剂，可以分为液态、粉状及片状三种制剂。凝乳酶是澄清的琥珀至暗棕色液体或白色至浅棕色粉末，略有咸味和吸湿性，是一种含硫的特殊蛋白质，分子量为 $36000\sim310000$，等电点为 $4.45\sim4.65$，其作用的最适 pH 为 4.8 左右。凝乳酶在弱碱（pH 为 9）、强酸、热、超声波的作用下会失去活性。其干燥制品活性稳定，但水溶液不稳定。对牛乳的最适凝固 pH 为 5.8，最适温度 $37\sim43℃$，在 $15℃$ 以下、$55℃$ 以上时发生钝化。1g 商品凝乳酶加入 10L 牛乳中，在 $35℃$ 下可在 40min 内使其凝固，可溶于水，不溶于乙醇、氯仿和乙醚，所含主要作用酶为蛋白酶，主要作用为对多肽类的水解，尤其是胃蛋白酶等难以水解的多肽。

凝乳酶可由犊牛、小山羊或羊羔的皱胃（第四胃）中提取，或通过发酵的方法制备。目前，从转基因的细菌中可提取质量高的凝乳酶，但这只是将转基因技术用于生产凝乳酶的细菌，而不是对凝乳酶本身进行了基因修改，因此在奶酪中并非存在转基因物质，并且该凝乳酶与天然物质提取的凝乳酶具有完全相同的成分。对于凝乳酶的代用品研究，人们对植物、动物、微生物酶做了大量的工作，目前还没有达到完全代替的程度。但是，人们通过基因工程技术生产出了重组凝乳酶，小牛凝乳酶是第一个在微生物中被克隆和表达的哺乳动物酶。人们已开发出许多来源于动物、植物和微生物的凝乳酶，都具有凝乳性，但也有许多缺陷。美国、日本等国家利用生物工程技术将控制犊牛凝乳酶合成的 DNA 分离出来并导入微生物细胞中，使其得到表达，获得成功。1993 年 9 月得到美国 FDA 的认定和批准，人工合成的凝乳酶在美国、瑞士、英国、澳大利亚等国家已经得到较为广泛的推广使用。

【安全性】 关于凝乳酶的毒性问题，由牛胃制得的产品 ADI 没有限制性规定，由栗疫菌和毛霉制备的产品，不做特殊规定，由蜡状芽孢杆菌制得的产品延缓规定，凝乳酶一般认为是安全的。

【应用】 在天然干酪的加工过程中，凝乳的形成是一个主要环节。一般情况下按凝乳酶的效价和原料的重量计算出酶的用量，用 1% 的食盐水将酶配成 2% 的酶溶液加入原料中，充分搅拌 $2\sim3min$ 后加盖（不至起泡沫），在 $28\sim30℃$ 下保温 30min 使乳凝固，并达到要求。然后切块、除乳清、堆积、成型、加盐、成熟。

2. 胃蛋白酶（EC3.4.23.1；CAS：9001-75-6）

胃蛋白酶是 1825 年首先从胃壁分离并命名的，由 Northrop 所结晶的胃蛋白酶，在消化液中开始分泌时不是作为胃蛋白酶，而是胃蛋白酶原，在酸性环境中（盐酸作用下）才成为胃蛋白酶。

【性质与性能】 胃蛋白酶为白色至淡棕黄色粉末，无臭，或为琥珀色糊状，或为澄清的琥珀色液体。已从猪、牛、羊、鲸、鲛、鲔、鳕等的胃液中制得精品。溶于水，不溶于乙醇，有吸湿性。主要作用是使多肽类水解为低分子的肽类。在酸性环境中有极高的活性，最适作用 pH 为 $1.8\sim2.0$。酶溶液在 pH$5.0\sim5.5$ 时非常稳定，pH 为 2 时可发生自身消化，变得不稳定。分子量为 33000 的从猪胃中获得的胃蛋白酶是由 321 个氨基酸组成的一条多肽链。天然的胃蛋白酶抑制剂、聚 L-赖氨酸、脂肪醇能抑制其活性，胃蛋白酶含有一个磷酸，如果失去磷酸，活性不受影响。

胃蛋白酶由猪胃黏膜以稀盐酸提取后再用乙醇或丙酮处理而制得。作用最适温度为 $40\sim65\degree C$，胃蛋白酶可分解酪蛋白、球蛋白、麸质、弹性硬蛋白、骨胶原、组蛋白及角蛋白。胃蛋白酶 0.2g 溶于 pH5.4 乙酸缓冲液 100mL 中，取 5mL 加 0.1% 茚三酮溶液 1mL，加热 10min 应呈蓝紫色。

【安全性】 关于胃蛋白酶的毒性，对人体没有限量使用，而 ADI 无限制性规定。

【应用】 作为消化剂，胃蛋白酶可用于谷类的前处理（在方便食品的制造上使用淀粉酶和胃蛋白酶）及婴儿食品，也可应用于口香糖，还与凝乳酶混合制造奶酪等。

3. 菠萝蛋白酶（EC3.4.22.4；CAS：9001-00-7）

【性质与性能】 菠萝蛋白酶为白色至浅棕黄色无定形粉末颗粒或块状，或为透明至褐色液体，溶于水，水溶液呈无色至浅黄色，有时为乳白色，不溶于乙醇、氯仿和乙醚。属糖蛋白。优先水解碱性氨基酸（如精氨酸）或芳香族氨基酸（如苯丙氨酸、酪氨酸）的羧基侧的肽键，使多肽类水解为低分子的肽类，尚有水解酰胺基键和酯类的作用。分子量约为 33000，等电点为 9.35，最适 pH 是 $6\sim8$，最适作用温度为 $55\degree C$。菠萝蛋白酶是由菠萝果实及茎（主要利用其外皮），经压榨提取，盐析（丙酮、乙醇沉淀）再分离，干燥而制备，也可用水提取然后再处理制得。

【安全性】 菠萝蛋白酶 ADI 无限制性规定。

【应用】 菠萝蛋白酶主要用于啤酒抗冷（水解啤酒中的蛋白质，以避免冷浑浊）、肉类嫩化（水解肌肉蛋白和胶原蛋白，使肉类嫩化）、水解蛋白的生产以及面包、家禽、葡萄酒等生产。用于分割肉的处理液或注射液中含量不超过 3%（以原料计）。

4. 木瓜蛋白酶（EC3.4.22.2；CAS：9001-73-4）

木瓜蛋白酶属巯基蛋白酶，其商品名为木瓜酶。巯基蛋白酶是酶蛋白中含有半胱氨酸残基、巯基（—SH）的酶，—SH 是酶活力表现必不可少的基团。木瓜蛋白酶是 1937 年 Balls 等由结晶的木瓜乳胶中发现的。

【性质与性能】 该商品酶为白色至浅棕黄色无定形粉末（或为液体），有一定吸湿性；溶于水和甘油，水溶液无色至淡黄色，有时是乳白色，几乎不溶于乙醇、氯仿和乙醚等有机溶剂。由木瓜制备的商品酶制剂中含有三种酶，因此木瓜酶是一种混合酶：木瓜蛋白酶，分子量 21000，约占可溶性蛋白质的 10%，等电点为 8.75；木瓜凝乳酶，分子量 36000，约占可溶性蛋白质的 45%，等电点为 10.1；溶菌酶，分子量 25000，约占可溶性蛋白质的 20%，水解细菌细胞壁黏多糖的溶菌酶，等电点为 10.5。木瓜蛋白酶的主要作用是对蛋白质有极强的加水分解能力，特异性较广，肽链的 C 末端有精氨酸、赖氨酸、谷氨酸、组氨酸、甘氨酸、酪氨酸残基者均能切断，最适 pH 为 $5.0\sim7.0$，最适作用温度 $65\degree C$，在中性或弱碱性时亦有作用。有耐热性，$50\sim60\degree C$ 时可正常使用，$90\degree C$ 时不会完全失活。

【安全性】 木瓜蛋白酶 ADI 无限制性规定。

【应用】 木瓜酶在食品工业中主要是用于肉的嫩化。如用于牛肉、鸡肉的嫩化。在宰杀前做静脉注射，牛和羊按每千克体重注射 1mL（60 单位）较适当，在颈静脉 $3\sim5$min 内徐徐地注入，注射 $10\sim15$min 后宰杀。鸡每千克体重用 1mL（60 单位）较好，在翼下静脉以普通速度注射，结束后马上宰杀。以后的处理：在肉类加工方法中应用木瓜蛋白酶，根据惯常的方法，将肉在 4℃冷藏，牛和羊 3d、鸡放 1d 后便可使用。除用于咸牛肉罐头、烤猪肉串、烩烧内脏等外，对于老家禽制腊肉和火腿也有效。其用量为肉量的 1/30000～1/20000 为宜。在腊肉、火腿、咸牛肉罐头、烤猪肉串等中，配制注射用的盐水浸泡液，在其中溶解木瓜蛋白酶，让它均匀地渗透进肉块，在冷库中贮藏数天后，进行下道加工工序。红烧时，要在切细的肉中，预先加入木瓜蛋白酶的水溶液，使其混合均匀，再行加热。

知识三　其他酶制剂

1. 果胶酶（EC3.2.1.15；CAS：9032-75-1）

果胶酶主要存在于高等植物和微生物中，主要作用是将果胶水解成乳糖醛酸。

【性质与性能】　果胶酶为灰白色或微黄色粉末。果胶酶的最适 pH 因底物而异，以果皮为底物时，pH 为 3.5；以多聚半乳糖醛酸为底物时，pH 为 4.5。最适温度为 50℃。Fe^{3+}、Fe^{2+}、Cu^{2+} 等能明显抑制其活性，多酚物质对其也有抑制作用。在低温和干燥条件下失活较慢，保存 1 年至数年活力不减。

【安全性】　ADI 不做特殊规定（由黑曲霉、尿曲霉制得者尚未做出规定；FAO/WHO）。

【应用】　主要用于果汁澄清，能提高果汁过滤速率，降低果汁黏度，防止果泥和浓缩果汁胶凝化，提高果汁得率，还可用于果蔬脱内皮、内膜和囊衣等。

用于果汁澄清时，果胶酶的用量和作用条件因果实的种类、品种、成熟程度以及酶制剂的种类和活力不同而不同。葡萄汁用 0.2% 的果胶酶在 40～42℃下放置 3h，即可完全澄清。用于苹果汁澄清，果胶酶最高用量为 3%。

使用果胶酶脱除莲子内皮、蒜内膜、橘子囊衣时，通常是将其放入 pH 为 3.0 的酶液中，在温度低于 50℃条件下搅拌 1h 左右即可。橘子（罐头制品）经脱囊衣后果味浓郁，品质提高。

2. 乳糖酶（EC3.2.1.23；CAS：9031-11-2）

乳糖酶学名 β-半乳糖苷酶，由酵母菌发酵制得。

【性质与性能】　乳糖酶可催化乳糖分子中的 β-1,4-半乳糖苷键水解而成为半乳糖和葡萄糖，此为可逆反应。在高浓度乳糖存在的条件下，乳糖酶可催化半乳糖分子的转移反应，生成杂低聚乳糖，后者也是一个双歧因子，也可用于生产含半乳糖苷键的低聚糖。最适 pH：由大肠杆菌制得者为 7.0～7.5，由酵母菌制得者为 6.0～7.0，而以霉菌制得者为 5.0 左右。最适温度为 37～50℃。

【安全性】　FAO/WHO 规定，ADI 不做特殊规定。

【应用】　主要用于乳品工业。可使低甜度和低溶解度的乳糖转变为较甜的、溶解度较大的单糖（葡萄糖和半乳糖）；使冰淇淋、淡炼乳中乳糖结晶的可能性降低，同时增加甜度。

3. 葡萄糖氧化酶（EC1.1.3.4；CAS：9001-37-0）

葡萄糖氧化酶（简称 GOD）可以由黑曲霉、青霉菌制得。

【性质与性能】　近乎白色至浅黄色粉末，或黄色至棕色液体。溶于水，水溶液一般呈淡黄色，几乎不溶于乙醇、氯仿和乙醚。适宜 pH 为 4.5～7.5，最适温度 30～60℃。在 80℃、2min 酶失活 90%；70℃、3min 失活 90%；65℃、10min 失活 90%。

【安全性】 FAO/WHO 规定，制得自黑曲霉者，ADI 不做特殊规定。

【应用】 主要用于从蛋液中除去葡萄糖，以防止蛋白成品在贮藏期间变色、变质，最高用量为 0.05%。用于柑橘类饮料及啤酒等的脱氧，以防色泽增深、降低风味和金属溶出，最高用量为 0.01%。用于全脂乳粉、谷物、可可、咖啡、虾类、肉等食品，防止由葡萄糖引起的褐变。葡萄糖氧化酶还可作为溴酸钾的替代品，用于面粉中，改善面粉特性。

4. 纤维素酶（EC3.2.1.4；CAS：9012-54-8）

纤维素酶一般用黑曲霉或木霉菌经斜面培养、制酶曲后制成酶液。

【性质与性能】 纤维素酶为灰白色粉末或液体。作用的最适 pH 为 4.5～5.5。对热较稳定，即使在 100℃、10min 仍可保持原有活性的 20%，一般最适作用温度为 50～60℃。

【安全性】 FAO/WHO 规定，由黑曲霉提取者，ADI 不做特殊规定。

【应用】 用于提高大豆蛋白的提取率。酶法提取工艺用在原碱法提取大豆蛋白工艺前，增加酶液浸泡豆粕的处理，豆粕用酶液在 40～45℃下保温、pH4.5 条件下浸泡 2～3h，以后按原工艺进行。提取率可增加 11.5%，质量也有提高。

用于制酒生产，可提高酒的出酒率和原料利用率，降低溶液黏度，缩短发酵时间，使酒口感醇香，杂醇油含量低。葡萄酒生产中，在原料葡萄经分选、破碎、除梗后加入曲酶进行降解（30℃保温），然后按正常发酵。结果出汁率提高 6.7%，原酒无糖浸出物提高 28.1%。梨酒中应用纤维素酶可使梨的出汁率较旧法提高 9%，无糖浸出物提高 2 倍。柑橘果汁生产中，可防止纤维性浑浊。

5. 脂肪酶（EC3.1.1.3；CAS：9001-62-1）

脂肪酶是小牛、小山羊或羊羔的第一胃可食组织，或动物的胰腺净化后用水抽提而得，或由黑曲菌变种、米曲菌变种或假囊酵母等培养后，将发酵液过滤，用 50% 饱和硫酸铵液盐化，用丙酮分段沉淀，再经透析、结晶而成。

【性质与性能】 脂肪酶一般为近白色至淡棕黄色结晶性粉末。由米曲霉制成者可为粉末，亦可为脂肪状。可溶于水（水溶液呈淡黄色），几乎不溶于乙醇、氯仿和乙醚。我国试制的粉末脂肪酶的活力为 35000IU/g 左右。最适 pH 为 7～9，一般脂肪酸的链越长则 pH 越高。增香作用最适温度为 20℃。

【安全性】 按 FAO/WHO 规定，由动物组织提取者 ADI 以 GMP 为限；由米曲霉制得者，ADI 不做特殊规定。

【应用】 脂肪酶常用于奶油增香，增香后的乳脂产生很强烈的香味。增香后的奶油可以用于巧克力，也可用于需增加奶香的冷饮、奶糖、饼干等食品。

知识四　酶制剂的安全性问题

食品加工和食品发酵越来越重视活细胞中的非离体酶或以农产品及其副产品为原料生产的各种酶制剂。酶可以改变食品及调味品的风味，改善食品质量，改变蛋白质的性质，补充氨基酸成分，使食品易于消化，酶能除掉食品中的毒性物质，酶制剂几乎可以在一切食品加工业中应用。随着食品工业的发展，越来越多的酶制剂出现，那么就要考虑酶制剂的安全性问题，使用微生物酶制剂时必须选择不产生真菌毒素的生产菌种，尤其是以微生物所制成的酶制剂更要加以注意。需要严格按照国家食品添加剂生产管理办法执行。如在美国必须FDA认为是安全的才能使用。

酶和其他与酶制剂相结合的蛋白质同食品一起摄入人体后，有可能引起过敏反应，这类反应的程度一般不可能超过正常摄入的蛋白质所引起的类似反应的程度。在食品加工业中使用的商品酶制剂，经过加工过程，大多数已变性失活，但也有例外的情况，如啤酒中的木瓜蛋白酶和焙烤食品中的细菌淀粉酶的活性有可能部分地残存下来。由于食品中外加酶制剂含量很低，目前还没有证据表明食品工业中的酶是有害人体健康的。但是，有时酶作用的底物本身无毒，在经酶催化降解后变成有害物质，如木薯中含有生氰糖苷，本身无毒，在内源糖酶的作用下产生氢氰酸，变成有毒的产物。因此，酶作为食品添加剂使用时，在食品包装的标签上注明所添加的酶是十分必要的。如果食品中有活性酶，经加工后仍有活性酶存在也应将它作为食品的一个成分加以说明，并对其进行安全性评价，包括酶制剂的生产菌种。

典型工作任务

任务　果胶酶在果汁生产中的应用

【任务目标】

探究温度和 pH 对果胶酶活性的影响及果胶酶的最佳用量。

【任务原理】

果胶酶主要存在于高等植物和微生物中，主要作用是将果胶水解成乳糖醛酸。主要用于果汁澄清，能提高果汁过滤速率，降低果汁黏度，防止果泥和浓缩果汁胶凝化，提高果汁得率，还可用于果蔬脱内皮、内膜和囊衣等。

【任务条件】

电子天平、精密电子天平、试管、榨汁机、过滤装置、pH 计、移液枪、恒温水浴锅、EP 管。0.1mol/L HCl 溶液，0.1mol/L NaOH 溶液，果胶酶。

【任务实施】

1. 测定温度对果胶酶活力的影响

（1）制备苹果泥　苹果不去皮，按苹果与水 1∶4 的比例加入榨汁机制备苹果泥；将试管和试管架放在电子天平上去皮，用滴管将苹果泥滴入试管中，在试管中装入 5g 苹果泥，共六支试管，并编号 1～6。

（2）配制果胶酶溶液　用精密电子天平准确称取果胶酶 30mg，用蒸馏水配制成 12mL 水溶液，另取六支试管，编号，分别量取 2mL 果胶酶水溶液。

（3）水浴加热　将分别装有苹果泥和果胶酶的试管放入 20℃的恒温水浴锅中加热 5min。

（4）酶促反应　将 1 号试管中的果胶酶水溶液迅速加入苹果泥中，继续在水浴锅中加热 20min；过滤试管内混合液，收集滤液，记录滤液体积。

（5）重复实验　重复实验并记录滤液体积。

（6）数据记录与计算　见表4-1。

表4-1　加热温度对果胶酶活力的影响

试管号	1	2	3	4	5	6
加热温度/℃	20	30	40	50	60	70
果汁体积/mL						

2. 测定 pH 对果胶酶活力的影响

（1）制备苹果泥　取 7 支试管，编号 1～7，每支试管中装入 5g 苹果泥。

（2）配置果胶酶溶液　用精密电子天平准确称取 35mg 果胶酶，加蒸馏水配制成 14mL 水溶液，量取 2mL 果胶酶溶液，加入 EP 管中，用 pH 计测出 pH；滴入数滴 0.1mol/L 的 HCl 溶液和 0.1mol/L NaOH 溶液，调节 pH 至 4.0。

（3）配置不同 pH 的果胶酶溶液　另取 7 支试管，编号 1～7，将 EP 管中的溶液转至试管中，用等量的 2mL 果胶酶配置成 pH 分别为 4.0、5.0、6.0、7.0、8.0、9.0、10.0 的果胶酶溶液。

（4）恒温水浴　将分别装有苹果泥和果胶酶的试管放入 40℃ 的恒温水浴锅中加热 20min。

（5）酶促反应　将果胶酶溶液迅速加入相同编号的苹果泥试管中混合，继续在 40℃ 的恒温水浴锅中加热 20min。

（6）收集滤液　对各试管中的混合液进行过滤，记录各组滤液体积。

（7）数据记录与处理　见表4-2。

表4-2　pH 对果胶酶活力的影响

试管号	1	2	3	4	5	6	7
pH	4.0	5.0	6.0	7.0	8.0	9.0	10.0
果汁体积/mL							

3. 测定果胶酶的最适用量

（1）制备苹果泥　取 9 支试管，编号 1～9，每支试管中装入 5g 苹果泥。

（2）果胶酶溶液　用精密电子天平准确称取 50mg 果胶酶，加蒸馏水配制成 5mL 水溶液。

（3）配置果胶酶梯度溶液　另取 9 支试管，用移液枪将果胶酶稀释成 0.5mg/mL、1.0mg/mL、1.5mg/mL、2.0mg/mL、2.5mg/mL、3.0mg/mL、3.5mg/mL、4.0mg/mL、4.5mg/mL 的 2mL 果胶酶溶液。

（4）恒温水浴　将分别装有苹果泥和果胶酶的试管放入 40℃ 的恒温水浴锅中加热 20min。

（5）酶促反应　将同一编号试管的果胶酶和苹果泥迅速混合，继续在 40℃ 的恒温水浴锅中加热 20min。

（6）收集滤液　对各试管中的混合液进行过滤，记录各组滤液体积。

（7）数据记录与处理　见表4-3。

表4-3　酶液浓度对果胶酶活力的影响

试管号	1	2	3	4	5	6	7	8	9
酶液浓度/(mg/mL)	0.5	1.0	1.5	2.0	2.5	3.0	3.5	4.0	4.5
果汁体积/mL									

【注意事项】

1. 在混合苹果泥和果胶酶之前，要将苹果泥和果胶酶分别装在不同的试管中，恒温处理。

2. 在用果胶酶处理果泥时，为了使果胶酶能充分催化反应，应用玻璃棒不时地搅拌反应混合物。

3. 在测 pH 之前，pH 计探头要用蒸馏水冲洗，以保证 pH 计的读数准确。整个实验过程中，pH 计的探头要处于润湿状态。

项目二　食品营养强化剂

知识目标

1. 了解常用营养强化剂在食品生产加工中的意义。
2. 掌握常用营养强化剂的定义、分类及特点。
3. 掌握常用营养强化剂在食品生产加工中的应用。

技能目标

1. 在典型食品加工中能正确使用营养强化剂。
2. 学会强化食品中钙含量的测定方法。

职业素养目标

1. 通过营养强化的噱头与过度营销，培养辩证思维、良好的职业道德，树立核心价值观。
2. 由营养强化剂的滥用问题，要具体问题具体分析，不同人群对营养的不同需求。

知识准备

知识一　食品营养强化剂概述

一、营养强化的意义

食品营养强化是在现代营养科学的指导下，根据不同地区、不同人群的营养缺乏状况和营养需要，以及为弥补食品在正常加工、储存时造成的营养素损失，在食品中选择性地加入一种或者多种微量营养素或其他营养物质。

营养强化剂

食品营养强化不需要改变人们的饮食习惯就可以增加人群对某些营养素的摄入量，从而达到纠正或预防人群微量营养素缺乏的目的。食品营养强化与平衡膳食/膳食多样化、应用营养素补充剂是世界卫生组织推荐的改善人群微量营养素缺乏的三种主要措施。营养强化的

意义如下。

1. 弥补天然食物的缺陷，使其营养趋于均衡

人类的天然食物中，几乎没有一种单纯食物可以满足人体的全部营养需要，由于各国人民的膳食习惯，地区的食物收获品种及生产、生活水平等的限制，很少能使日常的膳食中包含所有的营养素，往往会出现某些营养上的缺陷。根据营养调查，各地普遍缺少维生素 B_2，食用精白米、精白面的地区缺少维生素 B_1，果蔬缺乏的地区常有维生素 C 缺乏，而内地往往缺碘。这些问题如能在当地的基础膳食中有的放矢地通过营养强化来解决，就能减少和防止疾病的发生，增强人体体质。

2. 弥补营养素的损失，维持食品的天然营养特性

食品在加工、贮藏和运输中往往会损失某些营养素。从表 4-4 可以明显看出精白面、精加工大米在各种烹调方法中维生素 B_1、维生素 B_2、烟酸损失的比例相当大。同一种原料，因加工方法不同，其营养素的损失也不同。由表 4-5 可以看出，大米在加工过程中，加工精度越深，营养素损失越多，因此在实际生产中，应尽量减少食品在加工过程中的损耗。

表 4-4　食品加工中损失的营养素

名称	烹调方法	维生素 B_1/%	维生素 B_2/%	烟酸/%
标一米饭	捞、蒸	33	50	24
小米粥	熬	18	30	67
特一粉馒头	发酵、蒸	28	62	91
特一粉面条	煮	69	71	73
特一粉大饼	烙	97	86	96
标粉烧饼	烙、烤	64	100	94
标粉油条	炸	0	50	52

表 4-5　不同加工精度大米中的两种维生素含量

营养物质种类	糙米	出白率/%				
		96.6	94.3	91.9	90.2	88.8
硫胺素/(mg/100g)	0.35	0.27	0.22	0.15	0.13	0.11
烟酸/(mg/100g)	5.82	4.66	3.85	3.25	3.03	2.19

注：出白率即加工所得大米质量占稻谷质量的比例。

3. 简化膳食处理，更加方便

由于天然的单一食物仅能供应人体所需的某些营养素，人们为了获得全面的营养，就要同时食用好多种类的食物，食谱广泛，膳食处理也就比较复杂。采用食品强化就可以克服这些复杂的膳食处理。

4. 适应特殊职业的需要

军队以及从事矿井、高温、低温作业及某些易引起职业病的工作人员，由于劳动条件特殊，均需要高能量、高营养的特殊食品。而每一种工作对某些特定营养素都有特殊的需要。因而这类强化食品极为重要，已逐渐地被广泛应用。

5. 强化的其他意义

某些强化剂可提高食品的感官质量及改善食品的保藏性能。如维生素 E、卵磷脂、维生素 C 既是食品中主要的强化剂，又是良好的抗氧化剂。

二、营养强化剂强化的方法

（1）在原料或必要的食物中添加　如面粉、谷类、米、饮用水、食盐等，这种强化剂都有一定程度的损失。

（2）在食品加工过程中添加　这是食品强化最普遍采用的方法，各类牛乳、糖果、糕点、焙烤食品、婴儿食品、饮料罐头等都采用这种方法。采用这种方法时要注意制定适宜的工艺，以保证强化剂的稳定。

（3）在成品中加入　为了减少强化剂在加工前原料的处理过程及加工中的破坏损失，可采取在成品的最后工序中加入的方法。奶粉类、各种冲调食品类、压缩食品类及一些军用食品都采用这种方法。

（4）用生物学方法添加　先使强化剂被生物吸收利用，使其成为生物有机体，然后再将这类含有强化剂的生物有机体加工成产品或者是直接食用，如碘蛋、乳、富硒食品等，也可以用发酵等方法获取，如维生素发酵制品。

（5）用物理化学方法添加　例如用紫外线照射牛乳使其中的麦角甾醇变成维生素 D。考虑到营养素加入目的的不同，可用不同的术语来表示。例如，复原，补充食品加工中损失的营养素；强化，向食品中添加原来含量不足的营养素；标准化，将营养素加到食品标准中所规定的水平；维生素化，向原来不含某种维生素的食品中添加该种维生素。

三、食品营养强化剂使用注意事项

营养强化剂的基础是营养素平衡，滥加营养素不仅不能达到增加营养的目的，反而易造成营养失调而有害健康。因此，在进行食品的营养强化时，应注意以下各点：①添加的营养素应是大多数人的膳食中的含量低于所需的，被强化的食品应是人们大量消费的；②食品强化要符合营养学原理，强化剂量要适当，应不致破坏机体营养平衡，更不致因摄取过量而引起中毒，一般强化量以人体每日推荐膳食供给量的 $1/3 \sim 1/2$ 为宜；③营养强化剂在食品加工及保存等过程中，应不易分解、破坏，或转变成其他物质，有较好的稳定性，并且不影响该食品中其他营养成分的含量及食品的色、香、味等感官性状；④营养强化剂易被机体吸收利用；⑤营养强化剂应符合我国使用卫生标准和质量规格标准，并应经济合理。

知识二　常用食品营养强化剂应用技术

一、氨基酸

蛋白质是人体重要的营养素，在体内主要作用是构成肌肉组织，还有调节生理机能和提供热量的作用。氨基酸是蛋白质合成的基本结构单位，也是代谢所需其他胺类物质的前体。

蛋白质的应用价值取决于氨基酸的组成，组成蛋白质的氨基酸有 20 多种，其中大部分在体内可由其他物质合成。但赖氨酸、异亮氨酸、亮氨酸、蛋氨酸、苯丙氨酸、苏氨酸、色氨酸及缬氨酸 8 种氨基酸，在体内不能合成，必须由食物供给。这八种氨基酸中即使某一种不足，蛋白质的构成成分就不足，就不能有效地合成蛋白质。机体不能合成的这 8 种氨基酸称为必需氨基酸。组氨酸为婴儿所必需，据报告，组氨酸对成人也是一种必需氨基酸。

作为食品强化用的氨基酸主要是这些必需氨基酸或其盐类。它们中有的又因为人类膳食中比较缺乏，被称为限制氨基酸，主要是赖氨酸、蛋氨酸、苏氨酸和色氨酸 4 种，其中尤以赖氨酸为最重要。此外，对于婴幼儿尚有必要适当强化牛磺酸。

1. 赖氨酸（CAS：56-87-1）

L-赖氨酸，是合成蛋白质的各种氨基酸中最重要的一种，少了它，其他氨基酸的利用就受到限制或得不到利用，科学家称它为人体第一必需氨基酸。科学家还发现，赖氨酸在人体内不能自行合成，因此必须从食品中摄取。

【性质与性能】 本品为白色粉末，无臭味或略带有特殊的臭味。水溶性好，难溶于乙醇或乙醚。无味，口感略带苦涩味和有酸味。

【生理功能】 人体缺乏赖氨酸会影响蛋白质代谢，导致神经功能障碍。L-赖氨酸是控制人体生长的重要物质抑生长素中最重要的也是最必需的成分，对人的中枢神经和周围神经系统都起着重要作用。

【应用】 饮食中缺乏赖氨酸的情况是比较常见的。通常情况下吃素的人发生率较高，一些运动员如果没有采取适当的饮食也会出现赖氨酸缺乏的问题。植物性蛋白质内赖氨酸含量低，称之为第一限制氨基酸。赖氨酸是大米、玉米、小麦粉的第一限制氨基酸，其含量仅为畜肉、鱼肉等动物性蛋白质的 1/3，因为植物性蛋白质的效价远比动物性蛋白质的低。在中国的膳食结构中，植物性蛋白质的供给约占 70%，所以在大米、玉米、小麦粉之类的谷类农作物食品中强化赖氨酸是十分必要的。成人每天最低需要量约为 0.8g。添加量一般为食品总质量的 0.1%～0.3%。人体对氨基酸的需要有一个均衡的问题，过多添加赖氨酸，会影响其他氨基酸的吸收和代谢。

2. 蛋氨酸（CAS：65-82-7）

【性质与性能】 本品是白色的薄片状结晶或结晶性粉末，有特异的臭气，稍有苦味。外观呈半透明的细颗粒，有的呈长棱状。有旋光性，熔点 281℃，相对密度 1.34，溶于水、稀酸和稀碱，微溶于醇，不溶于醚。对热和空气稳定，对强酸不稳定。

【生理功能】 蛋氨酸是人体必需的氨基酸，与生物体内各种含硫化合物的代谢密切相关。当缺乏蛋氨酸时，会引起食欲减退、生长减缓或体重不增加、肾脏肿大和肝脏铁堆积等现象，最后导致肝坏死或纤维化。

【应用】 在食品中添加量一般占总蛋白量的 3.1%。

3. 牛磺酸（CAS：107-35-7）

【性质与性能】 牛磺酸通常是白色晶体或粉末，无旋光性，熔点 328℃。无臭、味微酸。溶于水，不溶于乙醇、乙醚或丙酮。在水溶液中呈中性，对热稳定。

【生理功能】 牛磺酸有多种生理功能，列举如下。

① 促进婴幼儿脑组织和智力发育　牛磺酸在脑内的含量丰富、分布广泛，能明显促进神经系统的生长发育和细胞增殖、分化，且呈剂量依赖性，在脑神经细胞发育过程中起重要作用。研究表明，早产儿脑中的牛磺酸含量明显低于足月儿，这是因为早产儿体内的半胱氨酸亚磺酸脱氢酶（CSAD）尚未发育成熟，合成的牛磺酸不足以满足机体的需要，需由母乳补充。母乳中的牛磺酸含量较高，尤其初乳中含量更高。如果补充不足，将会使幼儿生长发育缓慢、智力发育迟缓。牛磺酸与幼儿、胎儿的中枢神经及视网膜等的发育有密切关系，长期单纯的牛乳喂养，易造成牛磺酸的缺乏。

② 提高神经传导和视觉机能　1975 年 Hayes 等报道，猫的饲料中若缺少牛磺酸，会导致其视网膜变性，长期缺乏，终至失明。猫以及夜行猫头鹰之所以要捕食老鼠，其主要原因是老鼠体内含有丰富的牛磺酸，多食可保持其锐利的视觉。婴幼儿如果缺乏牛磺酸，会发生视网膜功能紊乱。需长期静脉营养的病人，若营养液中没有牛磺酸，会使病人视网膜电流图发生变化，只有补充大剂量的牛磺酸才能纠正这一变化。

③ 防止心血管病　牛磺酸在循环系统中可抑制血小板凝集，降低血脂，保持人体正常血压和防止动脉硬化；对心肌细胞有保护作用，可抗心律失常；对降低血液中胆固醇含量有特殊疗效，可治疗心力衰竭。

④ 影响脂类的吸收　肝脏中牛磺酸的作用是与胆汁酸结合形成牛磺胆酸，牛磺胆酸对消化道中脂类的吸收是必需的。牛磺胆酸能增加脂质和胆固醇的溶解性，解除胆汁阻塞，降低某些游离胆汁酸的细胞毒性，抑制胆固醇结石的形成，增加胆汁流量等。

【应用】　牛磺酸是非必需氨基酸，也是含硫氨基酸。它存在于人及哺乳动物的几乎所有脏器中，以游离形式存在，其中在脑、小肠、骨骼肌中含量较高。机体中的牛磺酸主要来自外界，部分由自身合成。牛磺酸在动物体内含量较高，尤其在海鱼、贝类中含量较高，而一般肉类中牛磺酸含量仅为鱼贝类的 $1\%\sim10\%$，故动物性食品是膳食中牛磺酸的主要来源。体内牛磺酸的合成来自半胱氨酸双氧歧化酶作用下的氧化产物半胱亚磺酸。

二、维生素类

维生素是一类具有调节人体各项新陈代谢功能的，维持机体生命和健康必不可少的营养素。它不能或几乎不能在人体内合成，必须从外界不断摄取。当膳食中长期缺乏某种维生素时，就会引起代谢失调、生长停滞，甚至进入病理状态。因此，维生素在人体营养上具有重大意义。而维生素强化剂在食品强化中亦占有重要地位。维生素的种类很多，化学结构差异很大，通常按其溶解性分为两大类：脂溶性维生素和水溶性维生素。脂溶性维生素包括维生素 A、维生素 D、维生素 E 和维生素 K 4 种。人体易于缺乏，需要予以强化的是维生素 A 和维生素 D，近年来认为适当强化维生素 E 也很重要。水溶性维生素包括维生素 B 复合物和维生素 C，通常需要强化的 B 族维生素主要是维生素 B_1（硫胺素）、维生素 B_2（核黄素）、维生素 B_3（烟酸、烟酰胺）、维生素 B_6（包括吡哆醇、吡哆醛和吡哆胺）、维生素 B_{12}（钴胺素）以及叶酸等。它们在人体内通过构成辅酶来发挥其对物质代谢的影响。对于婴幼儿还有进一步强化胆碱、肌醇的必要。维生素 C 又称抗坏血酸，用于食品强化的有 L-抗坏血酸、L-抗坏血酸钠、抗坏血酸烟酰胺等。

1. 维生素 A（CAS：68-26-8）

维生素 A 又称视黄醇，是最早被发现的维生素。

【性质与性能】 维生素 A 有两种：一种是维生素 A 醇，是最初的维生素 A 形态，其只存在于动物性食物中；另一种是类胡萝卜素，可在体内转变为维生素 A，因此被称为维生素 A 原，可从植物性及动物性食物中摄取。比较重要的类胡萝卜素有 β-胡萝卜素、α-胡萝卜素、γ-胡萝卜素等，以 β-胡萝卜素的活性最高，常与叶绿素并存。由 β-胡萝卜素转化成的维生素 A 约占人体维生素 A 需要量的 2/3。

【生理功能】 维生素 A 是一般细胞代谢和亚细胞结构必不可少的重要成分，其作用对儿童尤为重要，有促进生长发育、维护骨骼健康及正常嗅觉的作用，缺乏时骨骼钙化不良、甲状腺过度增生、肝内各种氨基酸不能合成蛋白质，无法发挥其合成和修补细胞的功能。缺乏维生素 A 的儿童生长停滞、发育不良。维生素 A 是构成视觉细胞内感光物质的原料，缺乏维生素 A，夜间视力减退，暗适应能力降低，导致夜盲症。维护上皮组织健康，增强对疾病的抵抗力。缺乏维生素 A 对身体的每个器官都有重要影响，其中对眼睛、皮肤、呼吸道、泌尿道、生殖器官的影响最显著。

维生素 A 最好的来源是各种动物肝脏、鱼肝油、鱼卵、全乳、奶油、禽蛋，鲟鱼肝油中维生素 A 的含量高达 37%。胡萝卜、菠菜、番薯、香瓜等中也含有丰富的 β-胡萝卜素。

【应用】 维生素 A 的纯品很少作为食品添加剂使用，一般使用维生素 A 油，也有用含有维生素 A、维生素 D 的鱼肝油者。β-胡萝卜素既具有维生素 A 的功效，又可作为食用天然色素使用。

2. 维生素 D（CAS：50-14-6）

维生素 D 为固醇类衍生物，具抗佝偻病作用，又称抗佝偻病维生素。维生素 D 均为不同的维生素 D 原经紫外照射后的衍生物。植物不含维生素 D，但维生素 D 原在动植物体内都存在。维生素 D 是一种脂溶性维生素，有 5 种化合物，与健康关系较密切的是维生素 D_2 和维生素 D_3。它存在于部分天然食物中；受紫外线照射后，人体内的胆固醇能转化为维生素 D。

【性质与性能】 为无色针状结晶或白色结晶性粉末，无臭、无味。熔点 115～118℃。能溶于乙醇、丙酮、氯仿和油脂，不溶于水。对热相当稳定。溶于油脂中亦相当稳定，但有无机盐存在时则迅速分解。在空气中易氧化，对光不稳定。

【生理功能】 维生素 D 主要用于组成骨骼和维持骨骼的强壮。维生素 D 缺乏会导致少儿佝偻病和成年人的软骨病。症状包括骨头和关节疼痛，肌肉萎缩，失眠，紧张以及痢疾腹泻。它被用来防治儿童的佝偻病和成人的软骨病、关节痛等。患有骨质疏松症的人通过添加合适的维生素 D 和镁可以有效地提高钙离子的吸收度。

【应用】 牛乳、乳制品如奶粉和含乳饮料、果蔬饮料等可被维生素 D 强化。要保证在膳食中至少有 400IU/d 的摄入量。

3. 维生素 E（CNS：04.016；INS：307）

维生素 E 是一种脂溶性维生素，又称生育酚，是最主要的抗氧化剂之一。

【性质与性能】 溶于脂肪和乙醇等有机溶剂中，不溶于水，对热、酸稳定，对碱不稳定，对氧敏感，对热不敏感，但油炸时维生素 E 活性明显降低。

【生理功能】 生育酚能促进性激素分泌，使男子精子活力和数量增加；使女子雌性激素浓度增高，提高生育能力，预防流产。还可用于防治男性不育症、烧伤、冻伤、毛细血管出血、更年期综合征等方面，近来还发现维生素 E 可抑制眼睛晶状体内的脂质过氧化反应，使末梢血管扩张，改善血液循环，预防近视发生和发展。

【应用】 生育酚食物强化最大使用量在食用油脂中为 200mg/kg（或按需要适量添加），油炸小食品中为 200mg/kg（按油脂计），即食早餐谷类食品中为 50～125mg/kg，果冻中为 10～70mg/kg，调制乳中为 50mg/kg。

4. 维生素 C（CNS: 04.014; INS: 300）

维生素 C 又称抗坏血酸，是一种水溶性维生素。

【性质与性能】 抗坏血酸为白色粉末，水溶性好，极易受温度、pH、盐和糖的浓度、氧、酶、金属催化剂、水分活度、抗坏血酸的初始浓度等因素的影响而发生降解。有强酸味。

【生理功能】 维生素 C 广泛存在于植物和动物组织中。柑橘类等是维生素 C 的很好来源。常被用作食品添加剂起抗氧化和抗菌作用。维生素 C 主要生理功能列举如下。

① 参与胶原蛋白的合成 胶原蛋白的合成需要维生素 C 参加，所以维生素 C 缺乏时，胶原蛋白不能正常合成，导致细胞连接障碍。人体由细胞组成，细胞靠细胞间质联系起来，细胞间质的关键成分是胶原蛋白。胶原蛋白占身体蛋白质的 1/3，可生成结缔组织，构成身体骨架，如骨骼、血管、韧带等，决定了皮肤的弹性，保护大脑，并且有助于人体创伤的愈合。

② 治疗坏血病 血管壁的强度和维生素 C 有很大关系。微血管是所有血管中最细小的，管壁可能只有一个细胞的厚度，其强度、弹性由负责连接细胞的具有胶泥作用的胶原蛋白所决定。当体内维生素 C 不足，微血管容易破裂，血液流到邻近组织。这种情况在皮肤表面发生，则产生淤血、紫斑；在体内发生则引起疼痛和关节胀痛。严重时在胃、肠道、鼻、肾脏及骨膜下面均会有出血现象，乃至死亡。

③ 预防牙龈萎缩、出血 健康的牙床会紧紧包住每一颗牙齿。牙龈是软组织，当缺乏蛋白质、钙、维生素 C 时易产生牙龈萎缩、出血。

【应用】 未经烹调的食品是维生素 C 强化的良好载体。混合食品，如紧急救援粮食，往往强化维生素 C，因为混合食品是公认的对维生素 C 缺乏症人群最有效的补给方式。市场上的强化食品如奶粉、婴儿乳粉、谷物营养补充食品和软饮料能够有效地增加维生素 C 的摄入量，因为软饮料中的糖分有利于保护抗坏血酸，糖也可作为维生素 C 的载体。

5. B 族维生素

（1）维生素 B$_1$

维生素 B$_1$ 即硫胺素，又称抗脚气病维生素或抗神经炎维生素。广泛分布于植物和动物体中，动物性食物中以肝、肾、心及猪肉含量较多。植物性食品中豆类含量较多，维生素 B$_1$ 主要存在于种子的表层。因此，精米、白面中维生素 B$_1$ 被大量减少，必要时应予以补充。

【性质与性能】 白色粉末。有微弱的米糠似的特异臭，味苦。极易溶于水，微溶于乙醇，几乎不溶于乙醚或苯。在食品中都是完全离子化的。硫胺素是所有维生素中最不稳定的一种。其稳定性易受 pH、温度、离子强度、缓冲液以及其他反应物的影响，其降解反应遵循一级反应动力学机制。硫胺素热分解可形成具有特殊气味的成分，可在烹调食物中产生"肉"的香味。

【生理功能】 维生素 B_1 能帮助消化，特别是碳水化合物的消化。它对改善精神状况以及维持神经组织、肌肉、心脏的正常活动具有重要作用。缺乏则易患脚气病、周围神经炎及消化不良。

【应用】 FAO 将维生素 B_1 列为一般公认安全物质。一般摄取量没有什么毒性。但大量静脉注射会引起神经冲动。《食品安全国家标准 食品营养强化剂使用标准》（GB 14880—2012）规定：维生素 B_1 在调制乳粉（仅限儿童用乳粉）中用量为 1.5～14mg/kg，调制乳粉（仅限孕产妇用乳粉）中用量为 3～17mg/kg，豆粉、豆浆粉中用量为 6～15mg/kg，豆浆中用量为 1～3mg/kg，胶基糖果中用量为 16～33mg/kg，大米及其制品、小麦粉及其制品、杂粮粉及其制品、面包中用量为 3～5mg/kg，即时谷物包括碾轧燕麦（片）中用量为 7.5～17.5mg/kg，西式糕点和饼干中用量为 3～6mg/kg，含乳饮料中用量为 1～2mg/kg，风味饮料中用量为 2～3mg/kg，固体饮料类中用量为 9～22mg/kg，果冻中用量为 1～7mg/kg。

（2）维生素 B_2（INS：101i；CAS：83-88-5）

【性质与性能】 维生素 B_2 为黄色至橙黄色结晶性粉末，稍有臭味，味苦。熔点为 275～282℃，在 240℃时色变暗，并且发生分解。它易溶于稀碱溶液，微溶于水和乙醇，不溶于乙醚和氯仿。饱和水溶液呈中性。对酸、热稳定，对氧化剂较稳定。在 pH 为 3.5～7.5 时，发出强荧光。遇还原剂失去荧光和黄色。在碱性溶液中不稳定，在光照和紫外线照射下发生不可逆分解。

【生理功能】 维生素 B_2 是促进机体生长发育的维生素。进入人体后，经磷酸化作用转变成为磷酸核黄素及黄素腺嘌呤二核苷酸，作为与传递氢有关的黄素酶的辅酶，在人体代谢过程中起着重要作用。缺乏维生素 B_2 则易发生口角炎、舌炎、唇炎、脂溢性皮炎、结膜炎、角膜炎等症状。

【应用】 按《食品安全国家标准 食品营养强化剂使用标准》（GB 14880—2012）规定，维生素 B_2 在调制乳粉（仅限儿童用乳粉）中用量为 8～14mg/kg，调制乳粉（仅限孕产妇用乳粉）中用量为 4～22mg/kg，豆粉、豆浆粉中用量为 6～15mg/kg，豆浆中用量为 1～3mg/kg，胶基糖果中用量为 16～33mg/kg，大米及其制品、小麦粉及其制品、杂粮粉及其制品、面包中用量为 3～5mg/kg，即时谷物包括碾轧燕麦（片）中用量为 7.5～17.5mg/kg，西式糕点和饼干中用量为 3.3～7.0mg/kg，含乳饮料中用量为 1～2mg/kg，固体饮料类中用量为 9～22mg/kg，果冻中用量为 1～7mg/kg。

三、无机盐类

无机盐亦称矿物质，是构成人体组织和维持机体正常生理活动所必需的成分。无机盐既不能在机体内合成，除了排出体外，也不会在新陈代谢过程中消失。人体每天都有一定量无机盐排出，所以需要从膳食中摄取足够量的各种无机盐来补充。构成人体的无机元素，按其含量多少，一般可分为大量或常量元素，以及微量或痕量元素两类。前者含量较大，通常以百分比计，有钙、磷、钾、钠、硫、氯、镁 7 种。后者含量甚微，食品中含量通常以 mg/

kg 计。目前所知的必需微量元素有 14 种，即 Fe、Zn、Cu、I、Mn、Mo、Co、Se、Cr、Ni、Sn、Si、F 和 V。无机盐不仅是构成机体骨骼支架的成分，而且对维持神经、肌肉的正常生理功能起着十分重要的作用，同时还参与调节体液的渗透压和酸碱度，又是机体多种酶的组成成分，或是某些具有生物活性的大分子物质的组成成分。无机盐在食物中分布很广，一般均能满足机体需要，只有某些种类比较易于缺乏，如钙、铁和碘等。特别是对正在生长发育的婴幼儿、青少年，孕妇和哺乳期妇女，钙和铁的缺乏较为常见，而碘和硒的缺乏，则依环境条件而异。对不能经常吃到海产食物的山区人民，则易缺碘，某些贫硒地区易缺硒。此外，近年来还认为像锌、钾、镁、铜、锰等也有强化的必要，除了钙盐和铁盐以外，还有锌盐、钾盐、镁盐、铜盐、锰盐以及碘、硒等，它们在人体内含量甚微，但对维持机体的正常生长发育非常重要，缺乏时亦可引起各种不同程度的病症。

1. 钙盐

钙是人体含量最丰富的矿物质，其含量占体重的 1.5%～2%。99% 都集中于骨骼和牙齿中，并是其重要的组成成分。其余 1% 存在于软组织和体液中。

【性质与性能】　用于食品强化的钙盐品种很多，它们不一定是可溶性的（尽管易溶于水有利吸收），但应是较细的颗粒。

【生理功能】　血中的钙作为有机酸盐可维持细胞的活力。钙对神经的感应性、肌肉的收缩和血液的凝固等都是必需的，并且还是机体许多酶系统的激活剂。缺乏时还可导致儿童时期的佝偻病、成人期的骨软化病、老年期的骨质疏松症和骨折等。提高儿童钙营养不仅能促进儿童健康发育，而且对预防老年骨质疏松症、提高生命质量具有积极意义。

【应用】　食品强化的钙盐摄取时应注意维持适当的钙、磷比例。食品中植酸等含量高，可影响钙的吸收，而维生素 D 则可促进钙的吸收。补钙的同时要补充维生素 D。维生素 D 对钙的代谢具有极为重要的作用。维生素 D 能增强肠道对钙的吸收，减少肾脏对钙的排泄，在血钙过低时能动员骨钙进入血液，在整个钙代谢过程中起调节作用。应该批驳某些广告宣传中"吃钙保健品不需要服维生素 D，不用晒太阳"的谬论，以免贻害人民健康。一些促进钙吸收的物质，如乳糖、低聚糖、酪蛋白磷酸肽（CPP）、氨基酸等，也可与钙保健品同时服用或加入保健品中。

当膳食钙的摄入满足不了需求，服用钙保健品就成为必要，这对于生长发育迅速或膳食量较少的儿童、孕妇、哺乳期妇女及老年人尤为重要。保健品中钙强化剂一般分为两种：一种是有机酸钙，其含钙量较少，溶解度高，对胃肠刺激小；另一种是无机酸钙，含钙量一般较高，溶解度较低，对胃肠刺激大。全国食品添加剂标准化技术委员会审定，卫健委公布列入食用卫生标准的钙营养强化剂中属于有机酸钙［含钙量（%）］者有：葡萄糖酸钙（8.9%）、乳酸钙（13.0%）、苏糖酸钙（136.%）、柠檬酸钙（21.08%）、甘氨酸钙（21.27%）、乙酸钙（22.7%）、天冬氨酸钙（23.39%）等；属无机酸钙［含钙量（%）］者有：磷酸氢钙（23.0%）、碳酸钙（40%）、活性钙（48%）等。钙保健品的选择因人而异，但对于婴儿、老年人及胃病患者（如萎缩性胃炎等）因胃酸浓度较低或胃肠功能较弱，选择有机酸钙较适宜。补钙剂量的原则是"缺多少，补多少"。一般情况下补充钙适宜摄入量的 1/3 或 1/2 为宜。

2. 铁盐

铁是人体需要量最大，又最易缺乏的一种微量元素，是构成血液不可缺少的重要成分，许多生命活动都需要铁参加。铁营养强化剂主要成分为无机铁和有机铁两种，按在人体的存在形式可分为血红素铁和非血红素铁两大类。一般来说，二价状态的铁较三价状态的铁更易于人体吸收，有机铁比无机铁对肠胃刺激性小且易于吸收，血红素铁较非血红素铁易于吸收。常用于强化的铁盐有氯化铁、柠檬酸铁、柠檬酸铁铵、乳酸亚铁等。

【性质与性能】 氯化铁为黄褐色的结晶或块状，在空气中易潮解成红褐色的液体，易溶于水，水溶液呈强酸性，有使蛋白质凝固的作用。柠檬酸铁为红褐色透明的小片，或褐色粉末，组成成分不一，在冷水中逐渐溶解，极易溶于热水，不溶于乙醇，水溶液呈酸性，可被光或热还原，慢慢变成柠檬酸亚铁。

【生理功能】 近年来，有关铁的生理功能的研究日益受到重视，缺铁所导致的疾病和发育缺陷也受到人们的关注。为了改善人群中铁营养缺乏状况，对我国人民进行普遍、合理的补铁是切实必要的。安全、高效、经济又实用的铁营养强化剂的研制与生产，已成为我国营养学界、食品学界科技工作者的重要课题。

缺铁性贫血（IDA）是当今世界普遍存在、需要大力防治的一种常见营养缺乏病。缺铁性贫血对人体的健康具有十分严重的危害，易致各类人群免疫力下降；儿童和青少年智力发育及学习能力降低；成年人工作效率低，易疲劳；孕产妇健康水平低下，同时可引起胎儿及乳儿贫血。最新统计结果表明，全世界约有 11.2 亿人患病，21.5 亿患有不同程度的铁缺乏症，且尤以发展中国家多见。我国营养调查结果显示，18～60 岁人群中，贫血患者约为 25%，学龄前儿童约为 23.35%。

【应用】 因氯化铁吸湿性强，且酸性较强，故不宜直接使用。通常可将氯化铁与乳清作用，成为乳清铁，再添加到食品中去，调制乳粉或婴儿食品时宜添加乳清铁 1.0%～1.5%。柠檬酸铁作为铁强化剂可用于强化调制乳粉、面粉和饼干等。因呈褐色，不适用于不宜着色的食品。

抗坏血酸和肉类可增加铁的吸收，而植酸盐和磷酸盐等则可降低铁的吸收。铁化合物一般对光不稳定，抗氧化剂可与铁离子反应而着色。因此，凡使用抗氧化剂的食品最好不用铁强化剂。

3. 锌盐

【性质与性能】 常用作食品强化剂的锌化合物有硫酸锌、葡萄糖酸锌、甘氨酸锌、乳酸锌、柠檬酸锌、乙酸锌、氧化锌、氯化锌等。它们呈白色或无色，有不同的水溶性。硫酸锌为无色透明菱形状或针状结晶或结晶性粉末，无臭，味涩，易溶于水和甘油，几乎不溶于乙醇。

【生理功能】 锌是微量元素的一种，在人体内的含量以及每天所需摄入量都很少，人体正常含锌量为 2～3g，对机体的性发育、性功能、生殖细胞的生成却能起到举足轻重的作用。绝大部分组织中都有极微量的锌分布，其中肝脏、肌肉和骨骼中含量较高。锌是体内数十种酶的主要成分。锌还与大脑发育和智力有关。美国一所大学发现，聪明、学习好的青少年，体内含锌量均比愚钝者高。锌还有促进淋巴细胞增殖和活动能力的作用，对维持上皮和黏膜组织正常、防御细菌和病毒侵入、促进伤口愈合、减少痤疮等皮肤病变，及矫正味觉失灵等均有妙用。锌缺乏时全身各系统都会受到不良影响。尤其对青春期性腺成熟的影响更为直接。

【应用】 我国《食品安全国家标准 食品营养强化剂使用标准》规定：调制乳中用量为 5～10mg/kg，调制乳粉（儿童用乳粉和孕产妇用乳粉除外）中用量为 30～60mg/kg，调制乳粉（仅限儿童用乳粉）中用量为 50～175mg/kg，调制乳粉（仅限孕产妇用乳粉）中用量为 30～140mg/kg，豆粉、豆浆粉中用量为 29～55.5mg/kg，大米及其制品、小麦粉及其制品、杂粮粉及其制品、面包中用量为 10～40mg/kg，即食谷物包括碾轧燕麦（片）中用量为 37.5～112.5mg/kg，西式糕点和饼干中用量为 45～80mg/kg，饮料类（包装饮用水类及固体饮料类涉及品种除外）中用量为 $3 \sim 20 mg/kg$，固体饮料类中用量为 $60 \sim 180 mg/kg$，果冻中用量为 $10 \sim 20 mg/kg$。

4. 碘盐

碘在人体内含量较少，主要存在于甲状腺中。碘在体内主要参与甲状腺素的合成，其生理作用是通过甲状腺素表现出来的。甲状腺素调节和促进代谢，与生长发育关系密切。

【性质与性能】 用于食品强化的碘有两种形式，一种是碘化物，一种是碘酸盐。常用碘的钾盐，但也用钙盐或钠盐。碘化物较易被氧化损失，阳光直射、潮湿的环境，食盐中杂质的存在都会使氧化加剧。碘酸盐在水中的溶解性比碘化盐小，但其抗氧化能力较强，挥发性低，稳定性强，不需要添加稳定剂。

【生理功能】 碘缺乏会导致许多功能异常，统称为"碘缺乏综合征"。最常见的是甲状腺肿和呆小病，其他还包括甲状腺机能减退、生育能力降低、婴幼儿死亡率增加等。

【应用】 碘强化最广泛的食品是食盐。食盐是人们每天都要消费的食品，而且碘加入食盐中不会影响其感官性状。食盐一般都是加碘强化的。碘化钾作为强化剂用于食盐中已经有80年的历史，而碘酸钾只有50年的历史。由于历史的原因，欧洲和北美洲仍然在食用碘化钾，而绝大多数的热带气候国家都用碘酸钾。严格控制的碘强化是安全的。碘的最大耐受摄入量为 $1 mg/d$。碘酸钾和碘化钾作为食盐强化剂没有发现任何明显的毒副作用，是控制碘缺乏症的有效预防措施。

✿ 典型工作任务

任务 高钙饼干中钙含量的测定

【任务目标】
掌握络合滴定法测钙含量的原理，熟练其操作过程。

【任务原理】
钙与氨羧络合剂能定量地形成金属络合物，其稳定性较钙与指示剂所形成的络合物强。在适当的 pH 范围内，以氨羧络合剂 EDTA 滴定，在达到等电点时，EDTA 就自指示剂络合物中夺取钙离子，使溶液呈现游离指示剂的颜色（终点）。根据 EDTA 络合剂用量可计算钙的含量。

【任务条件】
碱式滴定管 10mL 及 25mL，万分之一天平，电炉，凯氏烧瓶，容量瓶，蒸发皿，高钙饼干。

① 三乙醇胺（75%）：水＝1：1。

② 2mol/L 氢氧化钠：称取 80g 氢氧化钠用水定容至 1000mL。

③ 10% 盐酸羟胺。

④ 混合消化液：硝酸：高氯酸＝4：1。

⑤ 钙指示剂：称取 0.2g 钙指示剂、20g 氯化钠于研钵中，充分研细，混合均匀。

⑥ 镁溶液：1g $MgSO_4 \cdot 7H_2O$ 溶于 200mL 水中。

⑦ 1% 甲基红指示液。

⑧ 20％氢氧化钠溶液。

⑨ 0.01mol/L EDTA 标准溶液。

【任务实施】

1. 样品处理

含钙量低的样品用灰化法为宜，含钙量高的样品用消化法为宜。

（1）灰化法　对样品进行灰化处理，即将 10g 样品置于蒸发皿中加热，使其中的有机物脱水、分解、氧化、炭化，再在高温电炉中灼烧，灰化，直至残留物为白色或浅灰色为止。加入 1：4 盐酸 5mL，移入 50mL 容量瓶，用 80℃热水少量多次洗涤蒸发皿，洗液合并于容量瓶中，冷却后加水定容，备用。

（2）消化法　精确称取均匀干试样 1～1.5g（湿样 2.0～4.0g，饮料等液体 5.0～10.0g），于 100mL 凯氏瓶中，加玻璃珠两粒，再加混合酸 25mL，盖上小漏斗，置于电热板或沙浴上加热消化，如果未消化好而酸液过少时，再补加 10mL 混合酸继续消化，直至无色透明为止。加约 5mL 水，加热以除去多余的硝酸，待烧杯中液体接近 2～3mL 时，取下冷却，用水洗并转入 50mL 容量瓶中，并定容至刻度。取与消化试样同量的混合酸消化液做空白试验。

2. 样品钙含量的测定

分别吸取 10mL 试样及空白于三角瓶中，加 20mL 水、2mL 镁溶液、2mL 三乙醇胺，摇匀后，加甲基红指示剂一滴，用 20％氢氧化钠溶液调至中性后再加盐酸羟胺液 1mL。用滴管加 2mL 2mol/L 氢氧化钠溶液，加 20mL 钙红指示剂，立即以标准 EDTA 溶液滴定。至指示剂由紫红变成蓝色为止。做三份平行试样，取平均值。

【数据记录与处理】

具体数据记录于表 4-6 中。

表 4-6　样品钙含量的测定数据记录表

内容	第 1 次	第 2 次	第 3 次	平均值
样品消耗体积 V/mL				
空白消耗体积 V_0/mL				
样品量 m/g				
EDTA 的浓度 c/(mol/L)				

含钙量的计算：

$$含钙量(mg/100g)=\frac{c(V-V_0)40f}{m}\times100 \tag{4-1}$$

式中　c——EDTA 的浓度，mol/L；

　　　V——试样消耗 EDTA 体积，mL；

　　　V_0——空白试样消耗 EDTA 体积，mL；

　　　40——钙的摩尔质量，g/mol；

　　　f——稀释的倍数；

　　　m——试样的质量，g。

【任务思考】

1. 熟悉钙含量测定原理，写出化学反应式。

2. 计算实验结果，并与饼干包装标明的含量作比较。

项目三　食品加工助剂

知识目标

1. 了解常用加工助剂在食品生产加工中的意义。
2. 掌握常用加工助剂的定义、分类及特点。
3. 掌握常用加工助剂在食品生产加工中的应用。

技能目标

1. 在典型食品加工中能正确使用加工助剂。
2. 学会硅藻土等助滤剂在啤酒等食品中残留量的检测方法。

职业素养目标

食品加工助剂与最终的食品无关，一般不会出现在配料表中，但却能帮助食品加工过程顺利完成，培养凡事不过度计较结果、过程同样重要、无私奉献的精神。

知识准备

知识一　溶剂

1. 丙二醇（CNS：18.004；INS：1520）

丙二醇分子式为 $C_3H_8O_2$。

【性质与性能】　无色透明、无臭的黏稠液体，有极微的辛辣味。沸点 188.2℃，能与水、醇及多数有机溶剂任意混合。有吸湿性。对光、热稳定，其闪点为 104℃，可燃。

【应用】

① 防腐剂、色素、抗氧化剂等食品添加剂中难溶于水的物质，可先用少量丙二醇将其溶解，然后再添加到食品中。

② 食用香精，除使用乙醇作香精原料的溶剂外，有时也配合使用丙二醇。

③ 丙二醇的水溶液不易冻结，40% 的丙二醇水溶液到 −20℃ 仍不冻结。对食品有抗冻作用。

2. 甘油（CNS：15.014；INS：422）

学名：丙三醇，分子式：$C_3H_8O_3$。

【性质与性能】　无色透明或微黄色的糖浆状液体。无臭，有甜味，沸点 290℃（分解），相对密度 1.265。纯粹的甘油冷却至 0℃ 时，可以慢慢地结晶出来，此晶体熔点为 17.8℃。

甘油可与水、乙醇混溶，但不溶于乙醚、氯仿、己烷、油脂等非极性有机溶剂。甘油具有吸湿性，易吸收空气中的水分，其水溶液呈中性。遇强氧化剂会爆炸。

【应用】 难溶于水的防腐剂、抗氧化剂、色素等在添加于食品前，可使用甘油作为溶剂。食用香精，除用乙醇作香精原料的溶剂外，有时也配合使用甘油，如在有些食用水溶性香精中配合使用约5%的甘油。

3. 香花溶剂油

本品是馏程为60~71℃的溶剂汽油。

【性质与性能】 无色、透明挥发性强的液体。本品馏程为：初馏点60℃，98%馏出温度不高于71℃，极易挥发着火。不溶于水，溶于乙醇、乙醚和丙酮。

【应用】 在香花香料和油脂抽提中作抽提溶剂。如用于油脂抽提可比压榨法提高5%出油率。可安全使用的关键之一是除尽成品中的残留溶剂。在适当的工艺条件下，油脂中残留溶剂可在10mg/kg以下。

知识二 消泡剂

在食品加工如发酵、搅拌、煮沸、提取和浓缩等过程中常常会产生大量的泡沫，影响正常操作的进行，必须及时消除或防止泡沫的产生。例如，大豆磨成豆浆，然后制成各种豆制品的生产中会产生大量泡沫，特别是在煮浆的过程中。在加工高淀粉、高蛋白、高糖、高油脂的植物性原料时，会产生大量泡沫，导致物料随泡沫溢出，不仅造成浪费，而且严重影响加工设备和车间的清洁卫生；在煎炸过程中，由于煎炸用油精制不充分（含有磷脂），煎炸的食物中含有使油料起泡的成分或者煎炸用油是混合油，很容易起泡溢出，造成经济损失及伤害操作工人，在明火加热的情况下还易引起火灾。另外，在酱油等调味品的生产中，以及葡萄酒、啤酒、味精等的生产发酵过程中都会产生有害泡沫。因此，使用消泡剂非常有必要。消泡剂是在食品加工过程中降低表面张力、消除泡沫的物质。

消泡剂可分为两类：一类能消除已产生的气泡，如低级醇、山梨糖醇酐、脂肪酸酯、聚氧乙烯山梨糖醇酐脂肪酸酯、天然油脂等，这类消泡剂分子的亲水端与溶液的亲和性较强，在溶液中分散较快，因此随着时间的推移或温度的上升，消泡效力会迅速降低；另一类则能抑制气泡的形成，如乳化硅油、聚醚等，这类消泡剂通常是与溶液亲和性很弱的难溶或不溶的分子，具有比起泡剂更大的表面活性，当溶液中产生气泡时，能首先吸附到泡膜上去，抑制起泡分子的吸附，从而抑制起泡。但一般消泡剂使用量大时常常兼有破泡与抑泡的双重作用。起泡过程非常复杂，在选择合适的消泡剂时，大多还是按经验进行。一般是选择亲油性比较小、分支多、相对密度小及能使水溶液表面张力降低的有机化合物作为水溶液的消泡剂。

乳化硅油是硅油（聚二甲基硅氧烷）经乳化而成。

【性质与性能】 乳白色黏稠液体，几乎无臭，相对密度0.9~81.02。化学稳定性高，不挥发，不燃烧，久置空气中不易胶化，对金属无腐蚀性。溶于苯、甲苯、四氯化碳等芳香族碳氢化合物和氯代脂肪族化合物，不溶于水、乙醇、甲醇，但可分散于水中。亲油性表面活性剂，表面张力小，消泡能力很强。

【安全性】 以日剂量20mg/kg体重的乳化硅油灌喂小鼠，经一周观察，无急性中毒和死亡现象。用含 0.3％硅油的饲料喂养大鼠两年，未发现异常，主要内脏器官也无变化。乳化硅油 ADI 为 0～1.5mg/kg 体重。

【应用】 豆制品工艺（最大使用量 0.3g/kg，以每千克黄豆的使用量计）、肉制品、啤酒加工工艺（上述加工工艺最大使用量 0.2g/kg）、焙烤食品工艺（在模具中的最大使用量 30mg/dm^2）、油脂加工工艺（最大使用量 0.01g/kg）、果冻、果汁、浓缩果粉、饮料、速溶食品、冰淇淋、果酱、调味品和蔬菜加工工艺（上述加工工艺最大使用量 0.05g/kg）、发酵工艺（最大使用量 0.1g/kg）。

知识三　吸附剂及助滤剂

在食品生产中用于淀粉糖浆的脱色和提纯及在葡萄酒的澄清等生产过程中起吸附作用的物质即称为吸附剂。食品加工常用的助滤剂及吸附剂有活性炭、硅藻土和高岭土等。

1. 活性炭（CAS：64365-11-3）

活性炭是由少量氢、氧、氮、硫等与碳原子化合而成的络合物。

【性质与性能】 黑色多孔性物质，无臭无味，粒形呈圆柱形、粗颗粒或细粉末粒子，对气体、蒸汽或胶态固体有强大的吸附能力。最适 pH 为 4.0～4.8，最佳温度为 70～80℃。每克的总表面积可达 500～1000m^2。不溶于水和任何有机溶剂。

【应用】 用于蔗糖、葡萄糖、饴糖等的脱色，也可用于油脂和酒类的脱色、脱臭。据报道，活性炭吸附油脂中残留的黄曲霉毒素或 3,4-苯并芘的效果也很好。

用活性炭对淀粉糖浆进行脱色和提纯，方法是首先将糖液中的胶黏物滤去，然后将其蒸发至 48％～52％浓度的糖液，最后加入一定量的活性炭进行脱色，并压滤，以便将残存糖液中的一些微量色素吸附干净，得到无色澄清的糖液。

2. 硅藻土（CAS：68855-54-9）

【性质与性能】 白色至灰色或浅灰褐色，细腻、松散、质轻、多孔、吸水和渗透性强。能吸收其本身质量 1.5～4.0 倍的水，化学稳定性高，不溶于氢氟酸以外的酸，能溶于强碱溶液。硅藻土中的 SiO$_2$ 通常占 80％以上，此外还含有 Al$_2$O$_3$（3％～4％）、Fe$_2$O$_3$（1％～1.5％），以及少量的钙、镁、钠和钾的化合物。

【应用】 用于淀粉糖浆的脱色，若采用硅藻土、高岭土等吸附糖液中的胶质物，可提高活性炭的脱色效率。用作葡萄酒、啤酒等的助滤剂也有效。方法是先将硅藻土放在水中搅匀，然后流经过滤机网片，使其在网片上形成硅藻土薄层，当硅藻土薄层达 1mm 厚左右，即可过滤得到澄清的制品。视成品澄清度的下降情况，在适当的时候换一次硅藻土。

除必不可少的情况，不得用于食品加工，在成品中应将其除去。

3. 高岭土

高岭土主要成分为含水硅酸铝：H$_2$Al$_2$Si$_2$O$_8$·H$_2$O；Al$_2$O$_3$SiO$_2$·2H$_2$O。

【性质与性能】 纯净的高岭土为白色粉末，一般含有杂质，呈灰色或淡黄色，质软，易分散于水或其他液体中，有滑腻感，并有土味。

【应用】 葡萄酒的澄清助滤剂。每 100L 葡萄酒，用高岭土 500g，加水 1000mL，打成极均匀的泥浆，加入葡萄酒充分搅匀，使其自然澄清。缺点是澄清很慢，需 3～4 周。且高岭土若含有微量铁时，有使酒变黑的缺点，必须使用品质纯净的高岭土。

4. 膨润土（CAS：1302-78-9；INS：558）

膨润土以蒙脱石为主要成分（约占 90%），其余 10% 包括长石、硫酸钙、碳酸钙、石英、云母、碳酸锰等。

【性质与性能】 由于所取土层深度的不同，可有白色至灰、黄、青或蓝色乃至粉红、砖红、灰黑等各种色调。蒙脱石含量高的，具蜡状光泽，皂状断面，相对密度 2 左右，具有良好的吸收膨胀性、黏结性、吸收性、催化活性、悬浮性、可塑性、阳离子交换性等。

【应用】 净化剂、抗结剂、悬浮剂、乳化剂等，主要用于葡萄酒的澄清，生啤酒中悬浮酵母的助滤剂等。

知识四　抗结剂

常用的抗结剂是亚铁氰化钾，别名黄血盐。

【性质与性能】 浅黄色单斜体结晶或粉末，无臭，略有咸味，相对密度 1.85。常温下稳定，加热至 70℃ 开始失去结晶水，高温下发生分解，放出氮气，生成氰化钾和碳化铁。溶于水，不溶于乙醇、乙醚等。其水溶液遇光分解为氢氧化铁，与过量 Fe^{3+} 反应，生成普鲁士蓝颜料。具有抗结性能，可用于防止细粉、结晶性食品板结。例如，食盐长久堆放易发生板结，加入亚铁氰化钾后食盐的正六面体结晶转变为星状结晶，从而不易发生结块。

【应用】 添加于食盐中，用量 0.055g/kg（以亚铁氰根计）。具体使用时，可配制成浓度为 0.25～0.5g/100mL 的水溶液，再喷入 100kg 食盐中。

典型工作任务

任务　啤酒中硅藻土含量的测定

【任务目标】

准确测定食品中硅藻土含量，从而严格控制其在食品中的残留量。

【任务原理】

试样中的游离二氧化硅用氟硼酸分离后，经氢氟酸分解，在与盐酸共存时形成硅氟酸钾沉淀，经过滤后的沉淀物水解成氢氟酸，用标准氢氧化钠液滴定，求出二氧化硅含量。

【任务条件】

啤酒、氟硼酸、氢氟酸-氯化钾饱和液、氯化钾-乙醇液、甲基红指示剂、溴麝香草酚蓝试液、0.5mol/L 氢氧化钠溶液。

聚四氟乙烯坩埚、烘箱、塑料漏斗、定性滤纸。

【任务实施】

1. 准确称取试样 0.1g 于聚四氟乙烯坩埚中，加氟硼酸 3mL，摇匀，加盖。
2. 于 90℃ 烘箱中放置 30min，取出冷却至室温，用塑料漏斗和定性滤纸过滤。

3. 将沉淀和滤纸放入聚四氟乙烯坩埚中，加氢氟酸-氯化钾饱和液（100g 氯化钾加于 250mL 氢氟酸中，饱和，过夜）5～10mL，加盖，文火煮沸 1min，冷至室温，用塑料漏斗和定性滤纸过滤，用氯化钾-乙醇液（氯化钾 20g，加入 50％乙醇水溶液 200mL，过饱和，加甲基红指示剂 2 滴，用 NaOH 溶液调至黄色，pH 为 6 左右）洗涤滤纸和沉淀 2～3 次。

4. 将滤纸和沉淀移入塑料烧杯中，加氯化钾-乙醇液 10mL 及溴麝香草酚蓝试液 3 滴，在塑料棒搅拌下，用 0.5mol/L 氢氧化钠溶液滴定至蓝色。

5. 加沸水 30～40mL，立即用 0.5mol/L 氢氧化钠溶液滴定至稳定蓝色，0.5min 不变，所耗量为 V。

【数据处理】

$$二氧化硅含量(\%)=\frac{cV\times0.01502}{m}\times100\% \tag{4-2}$$

式中　　c——氢氧化钠溶液的准确浓度，mol/L；

　　　　V——消耗的氢氧化钠标准滴定溶液的体积，mL；

　　　　m——试样量，g；

0.01502——1.00mL 氢氧化钠标准滴定溶液 $[c(\text{NaOH})=1.000\text{mol/L}]$ 相当的二氧化硅的摩尔质量，g/mmol。

📖 知识拓展与链接

强化剂使用方案的确定（以面粉中钙强化为例）

1. 考虑各种营养物质在加工前后的变化

精白面、精加工大米在各种烹调方法中维生素 B_1、维生素 B_2、烟酸损失的比例相当大。同一种原料，因加工方法不同，其营养素的损失也不同。大米在加工过程中，加工精度越深，营养素损失越多，因此在实际生产中，应尽量减少食品在加工过程中的损耗。

2. 营养质量指数

营养质量指数（index of nutrition quality，INQ）即营养素密度（该食物所含某营养素占供给量的比）与热能密度（该食物所含热能占供给量的比）之比。

$$营养质量指数(\text{INQ})=\frac{一定食物中某营养素含量/该营养素推荐摄入量}{一定食物提供的能量/能量推荐摄入量} \tag{4-3}$$

INQ＝1，该食物提供营养素能力与提供能量能力相当，为营养质量合格产品；

INQ＞1，该食物提供营养素能力大于提供能量能力，为营养质量合格食物，并特别适合超重和肥胖者；

INQ＜1，该食物提供营养素能力小于提供能量能力，为营养质量不合格食物。

营养强化的依据是使强化的营养素 INQ 为 1。

3. 营养质量指数的计算

根据某一人群的营养素推荐摄入量（见表 4-7），计算小麦粉的营养质量指数（营养成分见表 4-8）。

表 4-7　某一人群的营养素推荐摄入量

营养素参考摄入量	能量/kcal	蛋白质/g	脂肪/g	碳水化合物/g	维生素 A/μgRE	维生素 B$_1$/mg	钙/mg	铁/mg
	2100	65	70	315	700	1.3	800	20

注：1cal＝4.1840J。

表 4-8　食物营养成分表（以每 100g 计）

食物名称	能量/kcal	蛋白质/g	脂肪/g	碳水化合物/g	维生素 A/μgRE	维生素 B$_1$/mg	钙/mg	铁/mg
稻米	344	7.4	0.8	77.9	0	0.11	13	2.3
小麦粉(标准粉)	346	11.2	1.5	73.6	0	0.28	31	3.5
鸡蛋	144	11.7	8.8	2.5	206	0.1	49	1.8
牛奶	135	3.0	3.2	3.4	24	0.03	104	0.3

100g 小麦粉的能量密度　　346÷2100＝0.16

蛋白质的能量密度　11.2÷65＝0.17

脂肪能量密度　1.5÷70＝0.02

碳水化合物　73.6÷315＝0.23

维生素 A 的能量密度　0

维生素 B$_1$ 的能量密度　0.28÷1.3＝0.22

钙的能量密度　31÷800＝0.04

铁的能量密度　3.5÷20＝0.18

100g 小麦粉的蛋白质营养质量指数　　0.17÷0.16＝1.06

脂肪的营养质量指数　0.02÷0.16＝0.12

碳水化合物的营养质量指数　0.23÷0.16＝1.44

维生素 A 的营养质量指数　　0

维生素 B$_1$ 的营养质量指数　0.22÷0.16＝1.38

钙的营养质量指数　0.04÷0.16＝0.25

铁的营养质量指数　0.18÷0.16＝1.13

4. 面粉中钙强化量的计算

① 计算需要强化的倍数（钙的 INQ 为 0.25）

$$1÷0.25＝4$$

② 求添加量（原面粉含钙量 31mg/100g）

$$(4-1)×31＝93mg/100g$$

③ 即每百克面粉可外加 93mg 钙。

注意：强化剂的使用要根据营养标准和具体膳食情况进行。

目标检测

1. 什么是酶制剂？

2. 有哪些常用的食品酶制剂？它们在食品工业中各有什么作用？

3. 何为淀粉酶?它的最适作用条件是什么？

4. 为什么要进行营养强化？营养强化要注意哪些方面？

5. 主要的营养强化剂有哪些？这些营养素对人体有什么重要作用？

6. 什么是加工助剂？常用的加工助剂有哪些？在食品加工中各有什么作用？

附　录

附录一　关于规范使用食品添加剂的指导意见

市监食生〔2019〕53 号

各省、自治区、直辖市及新疆生产建设兵团市场监管局（厅、委）：

为督促食品生产经营者（含餐饮服务提供者）落实食品安全主体责任，严格按标准规定使用食品添加剂，进一步加强食品添加剂使用监管，防止超范围超限量使用食品添加剂，扎实推进健康中国行动，现提出以下指导意见：

一、食品生产经营者对生产加工的食品应当制定产品标准或者确定产品配方，按照《食品安全国家标准　食品添加剂使用标准》（GB 2760）规定的食品添加剂的使用原则、允许使用的食品添加剂品种、使用范围及最大使用量或残留量，规范使用食品添加剂。

二、食品生产经营者应当加强生产加工制作过程控制，配备符合要求的计量器具，由专人负责投料，准确称量食品添加剂，并做好称量和投料记录，保证食品添加剂的使用符合产品标准或者产品配方。

三、食品生产经营者生产加工食品使用复配食品添加剂的，应当对复配食品添加剂中所包含的各单一品种食品添加剂的实际名称、含量进行确认计算，确保食品中含有的食品添加剂符合食品添加剂使用标准。

四、食品生产经营者应当加强食品原辅料控制和检验，对食品原辅料中带入的食品添加剂合并计算，防止因原辅料带入导致食品添加剂的超范围超限量使用。

五、食品生产经营者生产加工食品应当尽可能少用或者不用食品添加剂。积极推行减盐、减油、减糖行动。科学减少加工食品中的蔗糖含量，倡导使用食品安全标准允许使用的天然甜味物质和甜味剂取代蔗糖。

六、各地市场监管部门应当督促食品生产经营者落实本意见提出的要求，严格按照本意见和食品添加剂使用标准使用食品添加剂，防止超范围超限量使用食品添加剂。

七、各地市场监管部门应当加强监督检查和抽样检验，重点检查产品标准或者产品配方、原辅料及食品添加剂的采购管理和投料使用、产品检验和标签标识等，依法严厉查处超范围超限量使用食品添加剂的违法行为。

市场监管总局办公厅
2019 年 9 月 5 日

附录二　市场监管总局关于进一步规范餐饮服务提供者食品添加剂管理的公告

　　核心提示：为严格执行《中华人民共和国食品安全法》及其实施条例、食品安全国家标准和《企业落实食品安全主体责任监督管理规定》有关要求，保障人民群众身体健康，现就进一步规范餐饮服务提供者食品添加剂管理公告如下。

发布单位　　　国家市场监督管理总局
发布文号　　　国家市场监督管理总局公告 2023 年第 8 号
发布日期　　　2023-04-21　　生效日期　　2023-04-21

　　为严格执行《中华人民共和国食品安全法》及其实施条例、食品安全国家标准和《企业落实食品安全主体责任监督管理规定》有关要求，保障人民群众身体健康，现就进一步规范餐饮服务提供者食品添加剂管理公告如下：

　　一、餐饮服务提供者使用食品添加剂的（以下简称餐饮服务提供者），应当在技术上确有必要，并在达到预期效果的前提下尽可能降低在食品中的使用量；严格按照《食品安全国家标准 食品添加剂使用标准》（GB 2760）规定的食品添加剂使用原则、允许使用品种、使用范围以及最大使用量或残留量，规范食品添加剂管理。餐饮服务企业使用食品添加剂的，应当将食品添加剂管理情况作为日管控、周排查、月调度的重要内容。

　　二、餐饮服务提供者应当严格执行《食品安全国家标准 餐饮服务通用卫生规范》（GB 31654）规定，制定并实施食品添加剂采购控制要求，采购依法取得资质的供货者生产经营的食品添加剂，采购时按规定查验并留存供货者的资质证明复印件。

　　三、餐饮服务提供者应当按照 GB 31654 规定，设专柜（位）贮存食品添加剂，标注"食品添加剂"字样，并与食品、食品相关产品等分开存放。按照先进、先出、先用的原则，使用食品添加剂。存在感官性状异常、超过保质期等情形的，应当及时清理。

　　四、餐饮服务提供者使用 GB 2760 有最大使用量规定的食品添加剂，应当采用称量等方式定量使用。使用 GB 2760 规定按生产需要适量使用品种以外的食品添加剂的，应当记录食品名称、食品数量、加工时间以及使用的食品添加剂名称、生产日期或批号、使用量、使用人等信息。用容器盛放开封后的食品添加剂的，应当在容器上标明食品添加剂名称、生产日期或批号、使用期限，并保留食品添加剂原包装。开封后的食品添加剂应当避免受到污染。

　　五、餐饮服务提供者使用食品添加剂，不应当掩盖食品腐败变质；不应当掩盖食品本身或加工过程中的质量缺陷或以掺杂、掺假、伪造为目的而使用食品添加剂。餐饮服务提供者不应当采购、贮存、使用亚硝酸盐等国家禁止在餐饮业使用的品种。

　　六、鼓励相关行业协会推动餐饮服务提供者向消费者承诺规范使用食品添加剂，倡导采用适当方式公示餐饮食品加工制作时使用食品添加剂的情况。

　　七、各地市场监管部门要督促餐饮服务提供者落实食品安全主体责任，严格执行本公告要求，规范食品添加剂管理。进一步加强餐饮服务环节监督检查和抽样检验，构成《中华人民共和国食品安全法》及其实施条例规定的违法行为的，依法予以处罚。对涉嫌犯罪的，一律移送公安机关。

参 考 文 献

[1] 天津轻工业学院食品工业教学研究室. 食品添加剂. 北京：中国轻工业出版社，2002.

[2] 郝素娥，徐雅琴，郝璐瑜. 食品添加剂与功能性食品配方·制备·应用. 北京：化学工业出版社，2010.

[3] 刘钟栋. 食品添加剂. 南京：东南大学出版社，2006.

[4] 阮春梅. 食品添加剂应用技术. 北京：中国农业出版社，2008.

[5] 陈正行，狄济乐. 食品添加剂新产品新技术. 南京：江苏科学技术出版社，2009.

[6] 孙宝国. 食品添加剂. 北京：化学工业出版社，2013.

[7] 郝利平. 食品添加剂. 北京：中国农业出版社，2004.

[8] 国家卫生健康委员会，食品安全国家标准——食品添加剂使用标准（GB 2760—2024），2025.

[9] 侯振建. 食品添加剂及其应用技术. 北京：化学工业出版社，2004.

[10] 赵志峰. 食品添加剂. 北京：化学工业出版社，2024.

[11] 孙平. 食品添加剂使用手册. 北京：化学工业出版社，2004.

[12] 郭勇. 酶的生产与应用. 北京：化学工业出版社，2003.

[13] 唐劲松. 食品添加剂应用与检测技术. 北京：中国轻工业出版社，2012.

[14] 高彦祥. 食品添加剂基础. 北京：中国轻工业出版社，2012.

[15] 杨玉红. 食品添加剂应用技术. 北京：中国质检出版社，2013.

[16] 曹雁平，肖俊松，王蓓. 食品添加剂安全应用技术. 北京：化学工业出版社，2012.

[17] 彭姗姗，钟瑞敏，李琳. 食品添加剂. 北京：中国轻工业出版社，2009.

[18] 孙平. 食品添加剂. 北京：中国轻工业出版社，2010.

[19] 李祥. 食品添加剂使用技术. 北京：化学工业出版社，2011.

[20] 胡国华. 食品添加剂在饮料及发酵食品中的应用. 北京：化学工业出版社，2005.

[21] 迟玉洁. 食品添加剂. 北京：中国轻工业出版社，2013.

[22] 刘钟栋. 食品添加剂. 南京：东南大学出版社，2006.

[23] 高雪丽. 食品添加剂. 北京：中国科学技术出版社，2013.

[24] 陈正行，狄济乐. 食品添加剂新产品新技术. 南京：江苏科学技术出版社，2009.

[25] 汤高奇，曹斌. 食品添加剂. 北京：中国农业大学出版社，2010.

[26] 孙平. 新编食品添加剂应用手册. 北京：化学工业出版社，2017.

[27] 孙平，等. 化工产品手册·食品添加剂. 6版. 北京：化学工业出版社，2016.